Fritz Frech

Handbuch der Erdgeschichte

mit Abbildungen der für die Formationen bezeichnendsten Versteinerungen

Fritz Frech

Handbuch der Erdgeschichte

mit Abbildungen der für die Formationen bezeichnendsten Versteinerungen

ISBN/EAN: 9783741173387

Hergestellt in Europa, USA, Kanada, Australien, Japan

Cover: Foto ©Klaus-Uwe Gerhardt /pixelio.de

Manufactured and distributed by brebook publishing software (www.brebook.com)

Fritz Frech

Handbuch der Erdgeschichte

E. Schweizerbart'sche Verlagsbuchhandlung (E. Nägele) in Stuttgart.

Lethaea geognostica.

Handbuch der Erdgeschichte

mit Abbildungen der für die Formationen bezeichnendsten Versteinerungen

Herausgegeben von einer Vereinigung von Geologen

unter Redaktion von Fr. Frech - Breslau.

Bisher erschienen:

I. Teil: Das Palaeozoicum. (Komplett.)

Textband I. Von Ferd. Römer, fortgesetzt von Fritz Frech. Mit 236 Figuren und 2 Ta gr. 8°. 1880. 1897. (IV, 688 S.) Preis Mk. 58.—.

Atlas. Mit 62 Tafeln. gr. 8°. 1876. Kart. Preis Mk. 28.—

Textband II. 1. Liefg. Silur. Devon. Von Fr. Frech. Mit 81 Figuren, 13 Tafeln 4 Karten. gr. 8°. 1897. (366 S.) Preis Mk. 24.—.

Textband II. 2. Liefg. Die Steinkohlenformation. Von Fr. Frech. Mit 9 Ta 8 Karten und 99 Figuren gr. 8°. 1899. (177 S.) Preis Mk. 24.—.

Textband II. 3. Liefg. Die Dyas. I. Hälfte. Von Fr. Frech. Allgemeine Kennzei Fauna. Abgrenzung und Gliederung. Dyas der Nordhemisphäre. Mit 16 Tafeln und 236 Figu gr. 8°. 1901. (144 S.) Preis Mk. 24.—.

Textband II. 4. Liefg. Die Dyas. II. Hälfte. Von Fr. Frech unter Mitwirkung Fr. Noetling. Die dyadische Eiszeit der Südhemisphäre und die Kontinentalbildungen triadisch Alters. Grenze des marinen Palaeozoicum und Mesozoicum. — Rückblick auf das paläozoi Zeitalter. — Mit 166 Figuren (210 Seiten und viele Nachträge.) Preis Mk. 28.—.

II. Teil: Das Mesozoicum. (Im Erscheinen begriffen.)

Erster Band: Die Trias.

Erste Lieferung: Einleitung. Von Fr. Frech. Kontinentale Trias. Von E. Philippi Beiträgen von J. Wysogorski). Mit 6 Lichtdrucktafeln, 21 Texttafeln, 6 Tabellenbeilagen 76 Abbildungen im Text. (105 S.) Preis Mk. 28.—.

Zweite Lieferung: Die asiatische Trias. Von Fritz Noetling. Mit 26 Tafeln und 32 bildungen und mehreren Tabellen im Text. (115 S.) Preis Mk. 24.—.

Dritte Lieferung: Die alpine Trias des Mediterrangebiets. Von G. v. Arthaber. 27 Tafeln, 6 Texttafeln, 4 Tabellenbeilagen, 67 Abbildungen und zahlreichen Tabellen im T (840 S.) Preis Mk. 46.—.

Die Schlusslieferung (Lief. 4) des Trias-Bandes erscheint in kurzem.

III. Teil: Das Caenozoicum. (Im Erscheinen begriffen.)

Zweiter Band: Das Quartär.

Erste Abteilung: Flora und Fauna des Quartärs von Fr. Frech, mit Beiträgen E. Geinitz. Das Quartär von Nordeuropa von E. Geinitz. Mit 2 Lichtdruckta 4 Karten, 12 Texttafeln, 6 Beilagen, 163 Abbildungen, Figuren, Diagrammen und Karten zahlreichen Tabellen im Text. (X, 480 S.) Preis Mk. 58.—.

Weitere Bände, die in zwangloser Reihenfolge erscheinen werden, sind in Vorbereitu ——— Jeder Band resp. jede Lieferung wird auch einzeln abgegeben. ———

– – – –

Die Karnischen Alpen

Fr. Frech.

Ein Beitrag zur vergleichenden Gebirgstektonik.

Mit einem petrographischen Anhang von Dr. L. Mileb.

Mit 5 Karten, 16 Photogravuren, 2 Profilen und 98 Figuren.

Statt bisher Mk. 28. , jetzt Mk. 18. .

I.

Allgemeines über Cretacicum.

Allgemeine Kennzeichen der Unteren Kreide.

Cretacisches System (Kreideformation).[1]

Der Name des Cretacischen Systems ist von dem Vorwalten der kreidigen
Gesteine (weiße Schreibkreide) im oberen Teile dieser Formation abzuleiten, jedoch
hat man im Laufe der Zeit erkennen können, daß die kreidige Facies nur als
eine lokale Ausbildungsweise der nordeuropäischen Sedimente aufzufassen ist, und
weiter mag darauf hingewiesen werden, daß der untere Teil des gewaltigen
Schichtenkomplexes, den man als »Kreideformation« zusammenzufassen sich ge-
wohnt hat, nur sehr ausnahmsweise (z. B. bei Orgon in Südfrankreich) kreidige
Natur annimmt und gewöhnlich aus festeren, dunkleren, von denjenigen der
oberen Abteilungen sehr verschiedenen, an den Jura erinnernden Gesteinen besteht. Auch in paläontologischer Hinsicht sind diese Schichten, welche als
palaeocretacische oder *eocretacische* Abteilung (Infracrétacé) bezeichnet werden mögen,
leicht von den oberen, *neocretacischen* Gebilden zu unterscheiden. Ihre abweichende
geographische Verbreitung und das häufige Auftreten besonders bedeutsamer
Transgressionen an ihrer obersten Grenze lassen es zweckmäßig erscheinen, dieselbe als eine gesonderte einheitliche Abteilung an und für sich zu behandeln,
etwa ähnlich wie der Lias innerhalb des Jurasystems eine geschichtlich, palaeontologisch und geographisch gut gekennzeichnete Einheit bildet.

Das Cretacische System (Kreideformation) zerfällt demnach in zwei ungefähr
gleichwertige Gruppen:

A. Die *Palaeocretacische*[2] Abteilung oder Unterkreide (Infracrétacé de
Lapparent).

B. Die *Neocretacische* Abteilung oder Oberkreide (Supracrétacé de Lapparent).

---

[1] *Terrain crétacé*, Élie de Beaumont und Dufrénoy, Omalius d'Halloy, Huot etc.; *Terrain
crapeux* Huot, *Cretaceous group*, de la Bèche, Lyell (p. parte). Terrain Yéméen pélagique (p.
parte) Burgoualst; *Kreidegebirge* Hornes etc. — Die Kreideformation wurde von d'Orbigny in
sieben Hauptstufen eingeteilt, deren drei tiefste (Néocomien, Aptien und Albien) unserem Palaeocretacicum angehören.

[2] Manche Autoren und namentlich de Lapparent ziehen die Bezeichnung *Eocretacisch* vor,
welche den Nachteil hat, von der folgenden (,Neocretacisch') sich kaum zu unterscheiden.
Grabau (1881) nennt diese Abteilung „Eocretacische" Gruppe.

Zu der Unteren Kreide wird von den meisten Autoren[1] noch die Gaultstufe gestellt, welche den Übergang zur Oberen Kreide (Cenoman) bildet und in den meisten Gebieten bereits deutliche Anzeichen von transgredierenden Bewegungen der Meere erkennen läßt. Wird diese Zurechnung durch wichtige palaeontologische Merkmale und namentlich durch das Fortleben gewisser, aus dem obersten Teil des Neokoms bekannter Ammonitengattungen einigermaßen gerechtfertigt, so können andererseits ähnliche faunistische Verwandtschaften mit der Oberen Kreide, sowie weitverbreitete Anzeichen einer beginnenden Transgression, welche erst mit der folgenden Cenomanstufe ihren Höhepunkt erreicht, wahrgenommen werden.

Faßt man als *Mittlere Kreide* Gault- und Cenomanstufe zusammen, so begreift diese Ableitung sämtliche weniger (Gault) oder mehr (Cenoman) transgredierende Ablagerungen, welche auch ein palaeontologisch sehr einheitliches Gepräge zeigen (Reiches Aufblühen[2] der *Acanthoceras*, *Douvilleiceras*, *Schloenbachia*, *Scaphites*, *Puzosia*, *Hamiticeras*, *Turrilites*, *Gaudryceras*, *Tetragonites* etc.). Trotzdem uns aber die Aufstellung einer *mesocretacischen* Gruppe (Gault-Cenoman) in mancher Hinsicht vorteilhaft und zweckmäßig erscheinen möchte, so mag in diesem Buche aus historischen Gründen[3] die Gaultstufe zwar noch zur Unteren Kreide gestellt werden, aber als eine, durch die hier auftretenden Transgressionserscheinungen außergewöhnlich wichtige Stufe in einem besonderen Kapitel behandelt werden. —

Die Palaeocretacische Abteilung.

(Untere Kreide.)

Am Schlusse der Juraperiode kullerten sich im zentralen und westlichen Teile des europäischen Inselgebietes deutliche Regressionserscheinungen, welche ausgedehnte Gebiete wie z. B. das Pariser Becken, Südengland und NW. Deutschland vom offenen Meere abschlossen, während in den nördlicheren Gegenden und namentlich im Nordosten sich die marine Bedeckung auf weiten Flächen erstreckte

[1] Namentlich von NEUMAYR (Erdgeschichte).

[2] Auch die Echinidenfaunen der Gault- und Cenomanstufen sind nahe verwandt (*Holaster*, *Epiaster*, *Discoides* (= *Discoidea*), *Salenia*, *Goniopygus* entfallen sich hier, während andere Formen wie *Micraster*, *Echinocorys*, *Stenonia*, *Hemipneustes* erst in höheren Kreideschichten zur vollen Ausbildung gelangen). Ferner ist das massenhafte Vorkommen der *Orbitolinen* beiden Stufen gemein. — Die in der obersten Kreide so charakteristischen *Orbitoiden*, sowie die echten *Belemnitellen* fehlen noch im Cenoman. Endlich muß betont werden, daß die Rudistenfauna der Cenomanstufe von der folgenden sehr verschieden ist und durch das massenhafte Auftreten der übrigens schon in der unteren Kreide (nach PAQUIER) beginnenden *Caprinidae* sich auszeichnet.

[3] Es scheint in Fragen der Nomenklatur die historische Methode trotz ihres klassischen Wesens, ohne große Nachteile anwendbar zu sein. Ist die Möglichkeit doch in keinem Falle ausgeschlossen, daß neue palaeontologische Funde (wie unbekannte Übergangsfaunen uns enthüllen werden, und daß in noch unerforschten Gebieten manche Schichten, welche in allen bisher bekannten Ländern sich in konkordanter Lagerung zeigten, als transgredierend sich erwiesen oder umgekehrt und somit die angeblich natürlichen Abgrenzungen der Systeme und Stufen als künstlich erscheinen lassen. — An den Vorschlag OPPENHEIMS, alle zwischen Lias und Cenoman liegende Schichten in ein System zu begreifen, dessen obere Grenze die *Cenomantransgression* bilden würde, mag aus diesen Gründen hier ohne weitere Erörterung erinnert werden. — Ebenfalls ist der von HÉBERT und später von V. PAQUIER gemachte Vorschlag, das Tithon oder nur den oberen Teil desselben zum Neokom zu stellen, zu verwerfen.

und andererseits im Mediterranen Gebiete (sensu lato), d. h. in Südeuropa sich ununterbrochen Meeresabsätze weiterbildeten.

Mit dem Beginne der Palaeocretacischen Zeit sehen wir nun von letzterem Gebiete aus das Meer gegen Norden und Nordwesten, das heißt über einen Teil Mitteleuropas, sich allmählig wieder ausdehnen. Dies Übergreifen fängt zuerst im südlichen Juragebirge an und vollzieht sich während der Unteren Kreideperiode; es erreicht den südwestlichen Teil des Pariser Beckens, während noch im südlichen England, Nordfrankreich und Belgien eine Reihe von Binnenabsätzen [1], brackische, astuariale und kontinentale Bildungen das Andauern von Trockengebieten sowie lokaler Binnenmeere und Seen bezeugen; es folgen dann Wechsellagerungen von marinen und brackischen Sedimenten, aber gegen Ende des Palaeocretacicums (Apt- und Gaultstufe) breiten sich wiederum marine Transgressionen siegreich über alle genannten Gebiete aus.

Im Süden, namentlich in den Alpen-, Balkan- und Mittelmeerländern bildeten sich während dieser Zeit einförmige, bathyale, meist cephalopodenführende Absätze, sowie an randlichen und seichteren Stellen zoogene, durch besondere Pachyodonten und eigentümliche Foraminiferen gekennzeichnete kalkige Riffbildungen, in denen eine mannigfaltige, von der jurassischen schon beträchtlich verschiedene, an Echiniden, Brachiopoden u. a. reiche neritische [2] Fauna sich entwickelte.

Allgemeine Kennzeichen [3]. — Die untere Abteilung der Kreideformation weist mit den obersten Stufen des Jurasystems mancherlei Verwandtschaften auf, sowohl was die facielle Entwicklung der Sedimente, als auch was das allgemeine Gepräge der Fauna und Flora betrifft. Setzen sich in manchen Gebieten die ammonitenreichen Thonkalke der bathyalen Facies von den obersten Jurazonen (Tithon) bis in die mittlere Kreide ununterbrochen fort und verändern sich die darin enthaltenen Cephalopodenfaunen so allmählig, daß die Grenze oft schwer zu ziehen ist, und es nur einer schärferen palaeontologischen Kritik gelingt, dieselbe festzustellen, so sehen wir an anderen Orten zoogene Riffbildungen, die sich ununterbrochen durch das oberste Tithon und die ersten palaeocretacischen Zonen hindurch ziehen [4]. Anderwärts, so z. B. in einem Teile Norddeutschlands, sind es

---

[1] Das Gebiet des sogenannten „deutsch-englischen" Wealdenmers mag, der heutigen Ostsee nicht unähnlich, sich anfangs auch gegen Nordosten über einen Teil Norddeutschlands bis gegen Estland erstreckt haben. Auch in Nordost-Spanien herrschten zu dieser Zeit ähnliche Verhältnisse.

[2] Wir bezeichnen, nach dem Vorschlage E. Haug's (Revue génér. des Sciences, Paris, 30. Juni 1898), als neritische Gebilde die Seichtseebildungen — und als bathyale die tieferen, oft als pelagisch bezeichneten, einer Tiefe von 100—900 m entsprechenden, terrigenen Ablagerungen.

[3] Siehe am Schlusse dieses ersten Kapitels das Literaturverzeichnis der hauptsächlichsten Werke allgemeinen Inhalts über Untere Kreide. Nomenklatur, Leitfossilien etc. — Vergleiche ferner weiter unten die spezielleren Abschnitte über Entwicklung des Palaeocretacicums in den verschiedenen Gebieten der Erde (mit den dazu gehörenden Literaturverzeichnissen) und in den Schlußkapiteln die sich anschließende gründlichere Darstellung der geographischen Verhältnisse während den einzelnen Epochen (Stufen). — Die in der unteren Kreide verbreiteten Tier- und Pflanzengruppen, sowie die hauptsächlichsten Leitformen werden ebenfalls am Schlusse des Bandes in einem besonderen Kapitel eingehender besprochen und zum großen Teile durch Abbildungen veranschaulicht werden.

[4] Wenn auch die Pachyodonten- und Rifffauna der zoogenen Bildungen des Urgons von den ähnlichen Bildungen des oberen Jura schon beträchtlich verschieden sind.

limnische oder Brackwasserbildungen, welche den Übergang der Jurasedimente zur Unteren Kreide bilden. In Südengland dauern diese Binnensedimente sogar bis in den obersten Teil der Hauterivestufe, in Nordostspanien bis zur Barrémestufe an. Manchmal haben Bodenbewegungen und darauf folgende transgredierende Absätze eine **Lückenhaftigkeit** bedingt, welche die Grenze zwischen Jura und Kreide, oder zwischen den einzelnen palaeocretacischen Stufen verschärft; es sind das aber nur lokale, am Rande der großen Seebecken vorkommende Erscheinungen, denen keine allzu große Bedeutung beizulegen ist. So wurde z. B. von den älteren Jurageologen zwischen Portlandkalken und Purbeck eine diskordante Lagerung angenommen, welche D'ORBIGNY als die untere Grenze des Kreidesystems betrachten wollte. In Wirklichkeit aber ist eine solche Diskordanz nicht vorhanden; es sind die Süßwasserschichten sowohl mit den tieferen Portlandkalken als mit dem hangenden Palaeocretacicum durch Wechsellagerung eng verbunden, was insbesondere in den sog. Purbeckschichten des südlichen Juragebirges beobachtet wurde (Cluse de Chaille, Mont du Chat in Savoyen). Letztere, von D'ORBIGNY ehemals als tiefstes Glied des Kreidesystems aufgefaßte Gebilde des Purbeckianum, entsprechen übrigens zum größten Teile der oberen Portlandstufe (Obertithon) und gehören noch zur Juraformation. —

Innerhalb der unteren Kreide sind im Bereiche einiger Süßwasserseen oder an randlichen und seichteren Teilen der Meeresbecken infolge von Schwankungen des Bodens oder der Gewässer, sowie der Erosion, vielfache Lücken (discordances d'érosion D'ORBIGNY) in der Stufenfolge nachweisbar. In Norddeutschland haben G. MÜLLER und DENCKMANN westlich der Ems und bei Salinde ein Übergreifen des Wealden über älteren Jura und sogar Trias festgestellt. Ähnliche Transgressivität zeigt sich in marinen Gebilden, so z. B. ruht in der Krim die untere Valendisstufe (Berriasien) nach C. v. VOGDT[1] an gewissen Stellen auf erodiertem älterem Gebirge. Im nordwestlichen Indien (Salt range)[2] liegen, nach KOKEN, Mergel der Valendisstufe **transgredierend** auf der korrodierten Oberfläche der Nerineenkalke des Jura mit *Rhynch. trilobata*. An vielen Stellen Südostfrankreichs fehlen die Absätze der oberen Aptstufe infolge einer Erosion unter den Schichten des Gault. In den Seealpen bei Escragnolles fehlt ein Teil der Valendisstufe und, wie D'ORBIGNY bereits erkannte, die ganze Aptstufe; das Barrémien zeigt daselbst deutliche Erosionsspuren und wird von den Gaultschichten direkt überlagert, welche bei Eza, Vence etc. verschwemmte Fossilien der Barrémestufe enthalten. In den Pyrenäeen fehlen die unteren Stufen vollständig und das Palaeocretacicum beginnt mit den Urgonkalken. In der Dauphinée beobachtete CH. JACOB eine Erosionsfläche zwischen den oberen Urgonkalken (untere Aptstufe) und den darauffolgenden oberen Orbitolinen-Mergeln von le Rimet (oberes Aptien). Die russischen unteren Kreideschichten bieten ebenfalls eine beträchtliche Lückenhaftigkeit (Fehlen des unteren Hauteriviens und eines Teils der Barrémestufe) und mehrere Erosionsflächen. Auch in Texas und an verschiedenen Stellen Nordamerikas scheint das marine Palaeocretacicum erst mit dem oberen Aptien (Trinity-Sands mit *Hoplites furcatus* J. SOW.) oder mit der Gaultstufe einzusetzen.

[1] Mündliche Mitteilung von Herrn C. VON VOGDT.
[2] Zentralblatt für Min., Geol. und Pal. 1903, S. 435—441.

Im Pariser Becken (z. B. bei Vendoeuvre [Aube], Baudrecourt [Hte Marne], Chenay [Yonne] u. a. O.) tragen erodierte Jurakalke Schichten der Heuterivestufe; dergleichen bei A v i l l e y [1] (Doubs).

Dagegen sind in Gebieten bathyaler Ausbildung, wie z. B. in dem östlichen Teile der Basses-Alpes in Frankreich in gewissen Teilen Nordwestdeutschlands, sowie in einem Teile Nordafrikas solche Erosions- und Transgressionserscheinungen nicht zu beobachten und es überlagern sich in konkordanter Reihenfolge sämtliche, zwischen oberem Jura und oberer Kreide liegende Sedimente. Im östlichen Teile des Pariser Beckens und in England herrscht ebenfalls im großen und ganzen trotz der Lückenhaftigkeit und der linnischen Ausbildung der unteren Horizonte, sowie des Übergreifens der Gaultstufe eine konkordante Lagerung zwischen dem Jura und den verschiedenen Gliedern des Palaeocretacicums; namentlich liegen in den Départements Hte. Marne, Aube und Yonne die Schichten der Gaultstufe konkordant auf den Aptschichten, wie übrigens auch im Pays de Bray und in einem Teile Englands.

Die Absätze des Gault erstrecken sich aber transgredierend über die Area der Aptsedimente hinaus (NO. des Pariser Beckens, Meuse- und Ardennes-Departements; Küste von Wissant; Seealpen, Royanketten östlich von Valence, Pyrenäen etc.) Auch innerhalb der Gaultstufe sind häufig Spuren von Erosionen, Auswaschungen (Lückenhaftigkeit der Zonen und Abrollung der Fossilien) und Meeresschwankungen nachweisbar, so z. B. am Ardennenrande (Machéromesnil) sowie in den Schweizer Alpen, den Seealpen und SO.-Frankreich (Vercorsgebiet, Escragnolles). An den atlantischen Küsten Afrikas ruhen transgredierend die Inflatusschichten des oberen Gault auf älterem Gebirge und es fehlen die marinen Vertreter des tieferen Palaeocretacicums.

Ähnlich verhält sich die obere Grenze des Palaeocretacicums: ist dieselbe manchmal, wie bei Allos (Basses-Alpes) in SO.-Frankreich, mitten durch einförmige, lückenlose bathyale Bildungen durchzuziehen, so gibt es auch große Gebiete, in denen Transgressionserscheinungen, litoral-klastische fossilreiche Sedimente und lückenhafte Entwicklung den Abschluß der unteren Kreide deutlicher und schärfer erscheinen lassen, während an anderen Stellen (Hyèges und Colmars in den Basses-Alpes etc.) die Fortdauer einförmiger Faciesverhältnisse den Übergang zur Oberen Kreide als allmählig und ununterbrochen bekundet.

Die untersten Schichten der Oberen Kreide, d. h. die Sedimente der Cenomanstufe ruhen oft direkt auf älterem Gebirge (»discordance d'isolement« d'Orb.); dies ist besonders in Westfrankreich und in Norddeutschland (Sachsen, Westfalen), in Böhmen, Mähren, sowie in Rußland, Skandinavien, Südengland, an der spanischen Meseta, in Syrien, Kleinasien, Japan, im westlichen Nordamerika und an den atlantischen Küsten Afrikas, Brasilien etc. der Fall. Die Oberkreide liegt auf palaeozoischen Schichten bei Tournay und Namur in Belgien, in Böhmen, Sachsen (Dresden), bei Essen usw., bei Regensburg, am Westrande der Bretagne, in der Vendée und Loire inférieure; auf Trias bei Lüneburg, auf oberem Jura in Westfrankreich (Charentegebiet) in der Normandie (Honfleur, Trouville, Dives, Villers,

---

[1] Nach W. Kilian.

le Hâvre), im Orne- und Sarthedépartement (Ballon, Chauffour, Ecommoy).
Auf die Bedeutung dieser Cenomantransgression hat En. Suess bereits
hingewiesen; sie ist eine der größten positiven Meeresbewegungen, die man überhaupt kennt. Bemerkenswert ist ferner, daß sich in gewissen Gebieten oft die
Schichten der Gaultstufe unter dem Cenoman z. T. abgewaschen zeigen, z. B. an
der nordfranzösischen Küste bei Wissant, im NO. des Pariser Beckens usw. und sich
zuweilen abgerollte Leitformen des Gault in den untersten Cenomanbänken fanden.
Der Versuch d'Orbigny's, die Grenzen der Stufen durch Transgressionserscheinungen und Diskordanzen zu bestimmen, hat also keine allgemeine Gültig-
keit; es sind diese Veränderungen der ozeanischen Becken meist nicht in allen
Gebieten plötzlich und unvermittelt aufgetreten und, wenn auch in der Stufeneinteilung auf dieselben, wie E. Haug dargetan, großes Gewicht gelegt werden
muß, so können keineswegs nach ihnen scharfe, auf der ganzen Erde durchführbare absolute Stufengrenzen gezogen werden. Trotz dieser Schwierigkeiten[1]
sind unsere Kenntnisse über diesen Abschnitt der Erdgeschichte nunmehr so weit
fortgeschritten, daß die vielen, sich einander ergänzenden Daten aus allen Teilen
der erforschten Gebiete der Erde zu einem Gesamtüberblick führen, aus welchem
ein einheitliches Bild des Palaeocretacicums gewonnen werden kann.

Palaeontologisch[2] lassen sich die Absätze der palaeocretarischen Zeit
gut kennzeichnen. Es trägt diese Periode wesentlich den Charakter einer Zeit
der Ruhe; in den bathyalen Meeresbecken, welche von den oberjurassischen in
Form und Tiefe nicht wesentlich abweichen und von breiten neritischen Zonen
umgürtet waren, findet eine reiche Entfaltung des Tierlebens statt, welche besonders im Gebiete des großen Mittelmeeres (= Tethys) bald durch das Überhandnehmen gesteinsbildender Organismen (Miliofiden, Orbitolinen, Kalkalgen) und
pachyodonter Zweischaler, bald, an tieferen Stellen, durch das Gedeihen und Fortleben mannigfaltiger Cephalopodentypen sich äußert.

In Seen und Lagunen Südenglands und Norddeutschlands entwickeln sich,
neben einigen Weichtieren [Cyclas, Mytilidra, Unioniidea (Unio plannn A. Röm.,

---

[1] Über die „Gaultfrage" vergl. die Verhandlungen des Berliner internat. geologischen Kongresses 1885 (Berichte der Kommissionen für Nomenklatur in den verschiedenen Ländern).
[2] Es handelt sich hier nur um eine kurze einführende Übersicht. Eingehenderes über die
Entwicklung der verschiedenen Tier- und Pflanzengruppen innerhalb des Palaeocretacicums sowie
die Beschreibung der Leitfossilen und verschieden palaeontologische Erörterungen werden am
Schlusse dieses Bandes ihren Platz finden. — Es bedürfen besonders gewisse stratigraphisch
wichtige Gruppen wie z. B. die Cephalopoden und Pachyodonten der Unteren Kreide einer eingehenden Erörterung und gründlichen Revision. Es ist dies namentlich für die Ammonitengattungen der Fall; manche derselben erscheinen nämlich nach den neuesten Untersuchungen
als durchaus heterogen gebildet. So muß man z. B. die Gattungen Acanthoceras, Hoplites, Holo-
costephanus, Desmoceras, Holcodiscus lediglich als provisorische Sammelbezeichnungen
betrachten, welche meistens Formen umfassen, deren Ähnlichkeit nur auf Convergenzerscheinungen zurückzuführen ist, die aber verschiedenen Stämmen angehören und keineswegs
voneinander abzuleiten sind. Näheres darüber wird im palaeontologischen Anhange mitgeteilt
werden.

Im stratigraphischen Teile werden einstweilen noch die genannten Sammelbezeichnungen
gebraucht und in Klammern die neueren oder sonst gebräuchlichen Gattungsnamen angegeben
werden. Ein Teil derselben ist provisorisch und wird im palaeontologischen Teile erörtert werden

V. Wealdensis Sow.), *Cyrenen (Cyrena Bronni* Dunk), *Cycladen, Paludina (Pal. Roemeri* Dunk, *P. fluviorum* Sow.), *Melaniden (Mel. [Pleurocera] strombiformis* Schl.), *Melanopsis, Potamiden, Goniobasis (G. Ortmanni* Stant.), *Campyloma* etc.] und Krustaceen *(Cyprideae)* von jurassichem Habitus (Reliktenfauna), neue Typen von Reptilien. Auf kontinentalen Flächen gedeihen Pflanzen, deren Reste den Beginn der angiospermen Blütenwelt uns enthüllen.

Faßt man die wichtigsten dieser Merkmale in aller Kürze zusammen, so läßt sich folgendes erkennen: Außer einigen seltenen, sehr spärlich erhaltenen Resten kleiner Säugetiere *Plagiaulax (Pl. Dawsoni* Woodw, etc.), die als Nachfolger der jurassischen Typen nichts besonders Interessantes bieten[1], sind es zahlreiche Reptilien, unter denen *Stegosaurier (Hylaeosaurus)*, namentlich pflanzenfressende Dinosaurier und Ornithopoden sich bemerkbar[2] machen, welche die Kontinente bewohnten, und deren Reste [(*Camptosaurus, Hypsilophodon, Sphenospondylus, Iguanodon,* namentlich *(I. Mantelli* Ow.)] speziell in den sog. Wealdenbildungen begraben liegen[3]. Zu erwähnen ist ebenfalls die Weiterentwicklung der jurassischen Flugsaurier *(Ornithocheirus, Ornithodesmus, Pterodactylus)* der Ichthyosaurier[4], Plesiosaurier, Sauropterygier *(Cimoliasaurus, Polyptychodon), Crocodilier (Goniopholidae [Goniopholis crassidens* Ow.], *Bernissartidae, Pholidosaurus, Macrorhynchus, Petrosuchus* etc.). An der Juru-Kreidegrenze erscheinen auch die ersten *Lacertilier (Adriosaurus* etc.) und Amphibien *(Urodela: Hylaeobatrachus).* Die Schildkröten werden namentlich durch *Pleurosternidae (Pleurochelys, Platemys), Rhinochelys, Thalassemydidae* und *Tretosternum* vertreten.

Die Fische,[5] welche z. T. an die Typen der oberjurassischen Plattenkalke erinnern [Ganoiden des unteren Neokoms, *Gyrodus, Caelodus, Lepidotus (L. Mantelli* Ao.)] sind auch schon zum Teil Knochenfische *(Clupea, Leptolepis, Thrissops, Saurocephalus, Hoplopteuridae, Pachycormus, Aspidorhynchus).*

[1] In den nordamerikanischen *Atlantosaurus* Beds, welche der obersten Juragrenze (Purbeck) entsprechen dürften, kommen *Pantotheria* als Vorläufer der Polyprotodonten vor. — Die Vögel sind noch spärlich und nur in den obersten, vielleicht schon zum Neocretacicum gehörenden Bildungen von Kansas, durch bezahnte, von Marsh beschriebene Urtypen vertreten. — Die Wealdenvorkommnisse *Palaeornis* und *Cimoliornis* aus der Kreide, welche den Vögeln zugeschrieben wurden, haben sich, nach genauerer Untersuchung als Skeletteile von Pterosauriern und Dinosauriern herausgestellt. Auch sind als *Ornithoidichnites* Spuren beschrieben worden, welche vielleicht von Vögeln stammen. Im obersten Gault Englands treten Vogelreste auf.

[2] Auch *Palaeonthus, Coriarus, Ornithopsis, Megalosaurus (M. Bucklandi* Meyer), *Streptospondylus, Suchosaurus, Cetiosaurus* sind hier zu nennen.

[3] In den marinen Absätzen sind Saurierreste seltener (Ichthyosaurier bei Speeton); als bekanntestes Beispiel mag *Neustrosaurus Gigondarum* E. Raspail aus dem Neokom Südfrankreichs erwähnt werden, dessen genaue zoologische Stellung unsicher ist.

[4] Unter den Knochenfischen ist das erste Auftreten der *Cycloiden* und *Ctenoiden* zu erwähnen; dazu kommen noch Selachier *(Odontaspis, Lamna, Otodus, Hybodus, Corax, Ptychodus, Ischyodus, Rhinobatus, Spinax); Lepidosteiden, ältere Amioiden,* zahlreiche *Pycnodontiden (Nrsodon), Halecophalen* und *Coelacanthinen (Macropoma).* In den jüngeren Abteilungen der Unteren Kreide (Mittlere Kreide), werden Ganoiden und andere Fische mehr und mehr durch *Teleostier* (Knochenfische) verdrängt, welche im *Neocretacicum* fast ausschließlich herrschen. Bekannte Fundstellen sind: Voirons bei Genf, Istrien, Crespano (Venetien), Lesina (Dalmatien), Tolfa, Gradischt (Karpathen), Pietraroja, Castellamare, Torre d'Ombaro (Italien); Speeton (England).

Weitaus verbreiteter sind die Reste der marinen Fauna, und zwar der **wirbellosen Tiere**[1], unter welchen die **Mollusken** eine große Bedeutung haben. Die **Cephalopoden** spielen in den marinen Sedimenten, sowohl in neritischen, als auch in bathyalen Bildungen eine wichtige Rolle; manchen derselben begegnet man in beiden Facies (»eurytherme« Typen Haug's), andere (»stenotherme« Typen) scheinen auf die bathyalen Gebilde beschränkt zu sein.[2]

---

[1] Unter den *Krustaceen* sind Isopoden (*Arthrocolarus*) und Cirrapedien (Lepadiden, *Pollicipes*) nur spärlich vertreten; Ostracoden finden sich häufiger (*Cyprides*) und einige schon im Jura existierende Genera, auch Branchiopoden (*Estheria*) kommen vor, sowie *Limulus* (ein Merostome). An Decapoden sind einige Garneelen nachgewiesen worden. Im englischen Neokom sind Krebsreste (u. a. *Meyeria* (*Astacus*) ornata Phill. sp.) nicht selten und bilden die sogenannten „lobster beds“; Glyphaeiden (*Glyphaea* und *Meyeria*) herrschen vor. Zu erwähnen sind auch die Gattungen *Eryon*, *Arcania*, *Oncyrus*, *Hoploparia*, *Palemo*, *Homarus*, *Nephrops*, *Necrocarcinus* und bei den Thalassiniden *Callianassa* und *Thalassina*. Die Verbreitung dieser Reste ist ziemlich ungleich; ein Teil derselben findet sich in Süßwasserbildungen, andere in marinen Sedimenten. In den Binnengewässern entwickelten sich die zahlreichen kleinen Ostracoden der Gattung *Cypridea* (C. *wealdensis* Bow.); in den Meeren wohnten namentlich die größeren Krebse (*Palaeocorystes*, *Meyeria*, *Orbio*, *Notopocorystes* etc.).

Auch **Insektenreste** fanden sich in den Absätzen des englisch-deutschen Wealdensees und zwar (nach Brodie und Withers) Coleopteren, Orthopteren, Neuropteren, Hemipteren und Dipteren.

Aus der Gruppe der **Würmer** mag *Serpula* (und *Vermicularia*) erwähnt werden, welche z. B. in dem neritischen Hauterivien des Juragebietes (*Serp. heterisformis* Goldf.) eine wichtige Rolle spielt.

[2] Vergl. Hatu, in Revue générale des Sciences. Paris, 30. Juni 1900. — Die eigentümliche, von W. Kilian 1895 nachgewiesene Verteilung einer Reihe Ammonitenarten im südfranzösischen Neokom, wo die in den Ablagerungen bathyaler Facies vorherrschenden Formen von denjenigen, welche in den neritischen Ausbildungen leitend sind, verschieden sind, während gewisse Arten in beiden Facies vorkommen, und die Tatsache, daß z. B. *Hoplites* und *Holcostephanus* von nordischem Habitus und an den Iliß erinnernde Species vorzugsweise in den neritischen glaukonitführenden oder Tuxasiterreichen Schichten der Provence sich zeigen, und die sog. mediterranen Formen wie *Lytoceratiden* (nebst ihren aufgerollten Vertretern: *Macroscaphites*, *Hamulina* etc.), *Phylloceraten*, *Desmoceraten*, *Silesiten* nebst gewissen Hoplitenrippen, insbesondere Crioceras- und *Ancyloceras* ausschließlich in den bathyalen Absätzen der sog. „Type alpin ou vaseux“, lokalisiert sind, bedürfen noch einer befriedigenden Erklärung.

Weder das Verschwemmen leerer, vielleicht verzierter und daher zugleich zerbrechlicher Ammonitenschalen, noch marine Strömungen können in Betracht kommen, da die betreffenden Vorkommnisse einerseits prachtvolle Erhaltung ihrer feinsten Verzierungen (Dornen etc.) aufweisen und andererseits die Verteilung derselben eher an die Tiefenverhältnisse als an den Verlauf von Strömungen gebunden zu sein scheinen. Auch ist auf das Vorhandensein litoraler und pelagischer Ammoniten hingewiesen worden, sowie auf klimatische Einflüsse und auf Temperaturverhältnisse der Gewässer.

Jedenfalls steht fest, daß z. B. in der Rhônebucht für jede Zone der Unteren Kreide zwei Typen von Ammonitenfaunen unterschieden werden können: eine aus autochthonen, in der Nähe der Küsten lebenden, an norddeutsche und englische Formen erinnernde, zusammengesetzte und eine nur an die tieferen Stellen der Geosynkline gebundene Suite von mediterranen, meist trinitralen Formen. Ähnliche Verhältnisse sind von Nickles in SO.-Spanien beschrieben worden. Allenthalben fehlen in den Riffkalken und sogenen Bildungen des Palaeocretacicums Cephalopodenreste fast vollständig, während in den bathyalen Sedimenten der Mediterranprovinz (Südostfrankreich, Südostspanien, Baleareninseln, Algerien (Djebel Chrenjour) etc. in ähnlichen Stufen der Unterkreide (Gault inkl.) die Vertreter der Gattungen *Phylloceras*, *Lytoceras*, *Gaudryceras Tetragonites*, *Lissoceras*, *Silesites*, *Desmoceras*, *Puzosia* und *Holcodiscus* in auffallender Weise vorherrschen, *Hoplites* hingegen verhältnismäßig sehr selten ist. Zwischen beiden Typen gibt es

Nautiliden bieten nichts eigentümliches und sind oft durch Schnäbel (*Rhyncholithes* emend. TILL, *partim*) vertreten. Unter den Belemniten ist die Gruppe der *Notocoeli* oder *Duvalia* (sog. »flache Belemniten«) in Südeuropa, Madagaskar, Nordafrika charakteristisch; daneben sind Hiboliten und in Nordeuropa subquadrate Belemniten, *Infradepressi* (*Cylindroteuthis*) und *Pseudobelus* verbreitet [1].

Die Ammonitiden bieten eine große Mannigfaltigkeit [2] und eine bemerkenswerte Entfaltung neuer Formen und zeigen sich in zahlreichen Individuen. Besonders leitend sind die Gattungen *Hoplites* (mit Subgenus *Parahoplites*), *Schloenbachia*, *Leopoldia* (*Hoplitides* oder *Sasynia*), *Cosmoceras*, *Oxynoticeras* (*Garnieria*), *Placenticeras* (*Sphenodiscus*), *Acanthoceras*, *Douvilléiceras*, *Sonneratia*, *Holcostephanus* (s. lat.); im nördlichen Europa speziell, *Polyptychites*, *Craspedites*, *Simbirskites*; und in südlichen Gebieten *Phylloceras*, *Lytoceras*, *Gaudryceras*, *Tetragonites*, *Costidiscus*, *Desmoceras*, *Uhligella*, *Holcodiscus*, *Silesites*, *Pulchellia*. Es lassen sich wie gesagt neben einer Verbreitung nach zoogeographischen Provinzen auch bathyale und neritische Typen unterscheiden. — Am wenigsten verändern sich *Lytoceras* und *Phylloceras*, doch nehmen erstere in der Gaultstufe mit *Gaudryceras*, *Karmatella* und *Tetragonites* einen besonderen Aufschwung.

Aufgerollte Formen erreichen in der Unteren Kreide eine bis dahin unerreichte beträchtliche Entwicklung; zu nennen sind unter den Lytoceratideen namentlich *Pictetia*, *Hamulina*, *Hamites*, *Macroscaphites*, *Anisoceras*, *Turrilites*; unter den Formen mit unnarig geschlitzten Loben: *Crioceras*, *Bochionites*, oft über 1 m lange *Ancyloceras*, *Ptychoceras*, *Scaphites* und *Heteroceras*. Erstere sind an die mediterrane Provinz gebunden; unter den Crioceren und Ancyloceren können aber südliche und nordische Formen unterschieden werden.

Auch die Gastropoden sind zahlreich vertreten, bieten aber, außer den »panischen« brachi-schen *Glauconia* und den Binnenformen *Paludina* und *Melania* (Pleuroceta), keine wesentlich neuen Gruppen: Jurassische marine Gattungen wie *Nerinea* (*Ptygmatis*, *Itieria*),

Übrigens zahlreiche Übergänge, welche durch die lokale Mengung der verschiedenen Ammonitenformen bezeichnet sind und mit den Grenzen neritischer und bathyaler Bezirke zusammenfallen.

[1] Die Belemniten der Unteren Kreide gehören verschiedenen Stämmen an, welche als Notocoeli (Conophori, Bipartiti, Dilatati) oder *Duvalia*, Supraasulcati (canaliculati und hastati, *Hastites*, *Hibolites*) und Infradepressi (Explanati, Absoluti und Excentrici) oder *Cylindroteuthis* bezeichnet werden. — Notocoeli und Supraasulcati sind besonders in Mittel- und Südeuropa, Infradepressi (*Cylindroteuthis*) ausschließlich in Nord- und Osteuropa (sogenannte „boreale Provinz") verbreitet, doch beobachtet man zur Zeit der Hauterive-, Barrême- und Aptalstufen ein zeitweiliges Eingreifen der Supraasulcati (Bel. jaculum PHILL., Bel. orlatus PAVL., Bel. pistilliformis PAVL., B. obtusiformis PAVL.) und der Notocoeli (*Duvalia Grasiana* d'ORB. sp.) nach Norden, während bis jetzt keine Überstiedelung der Infradepressi nach Süden nachgewiesen wurde.

[2] *Lioceras*, *Periaphinctes*, *Oppelia*, *Gnysoticeras* (*Platylenticeras* oder *Garnieria*) und *Holcostephanus* (s. lat.) sterben innerhalb der Periode aus; als neu erscheinende Sippen mögen *Holcodiscus*, *Pulchellia*, *Schloenbachia* (und *Mortoniceras*), *Mojsisovicsia*, sowie *Desmoceras*, *Crioceras*, *Uhligella*, *Silesites*, *Parahoplites* (Subgenus von *Hoplites*), *Acanthoceras*, *Douvilléiceras*, *Sonneratia*, *Costidiscus*, *Crioceras*, *Ancyloceras*, *Heteroceras*, *Turrilites*, *Anisoceras*, *Scaphites* genannt werden. Ihr Hauptentfaltung erreichen namentlich *Holcostephanus* (auf die Notwendigkeit Holcostephanus und nicht Olcostephanus zu schreiben, hat [1897 Am. géol. univ. t. III. p. 304] W. KILIAN hingewiesen) und *Hoplites* mit ihren Untergattungen (*Parahoplites*, *Leopoldia* etc.), sowie *Pulchellia* und *Desmoceras*, neben den aufgerollten Formen. — *Acanthoceras*, *Sonneratia*, *Schloenbachia*, *Pictetia*, *Holcodiscus*, *Gaudryceras*, *Tetragonites*, *Anisoceras* und *Turrilites* setzen sich in der Oberen Kreide fort.

Natica, Pleurotomaria, Stomporellus, Hastellaria, Aporrhais, Harpagodes, Ambullaria, etc. treten in mannigfaltigen Formen auf neben neuen Genera wie *Cinulia, Globiconcha, Columbellina*, etc. Zu ihnen sind ebenfalls *Brunonia, Bellerophina, Solarium, Scalaria, Turritella, Vermetus, Strombus, Chenopus, Buccinum, Fusus, Avellana, Ricinula, Pyrula, Varigera, Cerithium* und die Scaphopoden-Gattung *Dentalium* (namentlich in der Gaultstufe), sowie einzelne Pteropoden.

Die Pelecypoden entfalten sich in neritischen Absätzen mit zahlreichen [1] Arten: Ostreiden[2], Pectiniden, *Neithea, Perna, Inoceramen, Aucellen* und *Aucellina* (letztere beide namentlich in nördlichen Meeren), *Ptychomyen*, Myaceen und besonders eigentümliche *Trigonien*formen (Südafrika, Südamerika) sind verbreitet und an Arten sehr reich; aber besonders interessant ist die Gruppe der Rudisten (*Pachyodonten*)[3], welche in den zoogenen Riffbildungen von den tiefsten, an den Jura grenzenden Horizonten, bis in die höheren palaeocretacischen Zonen reich vertreten sind. Eine Reihe von Gattungen leitet von den jurassischen *Diceras* zu den mittelcretacischen Caprinen und zu den Radioliten der Oberen Kreide hinüber; daneben sind auch eigentümliche Typen zu nennen, welche weiter unten besprochen werden.

Unter den Brachiopoden, die gegen den Jura etwas zurücktreten, gedeihen zahlreiche *Terebratula, Magellania (Zeilleria), Eudesia, Rhynchonella* darunter die Bienenform *Rh (Peregrinella) peregrina* d'Orb. und *Megerlea, Terebratulina, Lyra* und *Terebrirostra*, sowie einige *Thecidea, Kingena, Lingula* und *Crania*. In der südeuropäischen Provinz ist die schon im Jura auftretende Gattung *Pygope* (nebst *Glossothyris*) noch bis in die Aptstufe verbreitet.

Bryozoen erreichen in der unteren Kreide eine beträchtliche Entwicklung; außer *Membranipora* und *Escharinella* sind fast ausschließlich Cyclostomen verbreitet (nach d'Orbigny 70 Arten). Bezeichnend sind Cerioporiden, Diastoporiden, *Reticupora, Hornera, Tubulipora, Zonopora, Defrancia, Asprodisia, Corymbosa, Fasciligera, Entalophora*.

[1] Unter den Pelecypoden sind, außer der hier erscheinenden wichtigen Gattung: *Neithea* (*Vola, Pecten* z. str.), auch *Camptonectes, Aequipecten, Chlamys, Entolium, Hinnites, Velopecten, Anomia, Lima, Gervillia, Lithodomus, Modiola, Pleurola, Pseudomonotis (Pteria, Oxytoma), Spondylus, Plana, Trichites, Aucella, Leda, Nucula, Nuculana, Arca, Leaerea, Cucullaea, Pectunculus, Unio, Cardita, Pholadomya, Corbis, Sphaera, Astarte, Lucina, Cardium, Venus, Donacilla, Tethys, Cytherea, Arcopagia, Solecurtus, Solen, Cyprina, Anisocardia, Pleuromya, Panopea, Cramatella*, Ptychomya, *Anatina, Corbula, Pholas*. Trigonia etc. zu zählen. Am meisten haben zur Kenntnis der Unterretacischen Bivalven die Arbeiten von d'Orbigny, Pictet und Woods beigetragen.

[2] Sogar im Wealden zeigt sich *Ostrea Germani* Coq. sp. (= *distorta* Sow. p. p.) in brackischen Einlagerungen.

[3] Zu nennen sind *Requienia, Monopleura, Matheronia, Toucasia, Apricardia*, mit der linken Klappe angeheftete (normale) Formen, sowie „inverse", d. h. mit der rechten Klappe angeheftete Formen wie *Valletia, Gyropleura, Horiopleura, Polyconites* und die dütenförmigen *Monopleuriden*. Die für die mittlere und obere Kreide wichtigen Capriniden beginnen im südfranzösischen Urgon (V. Paquier) mit *Pachytraga, Praecaprina* und ähnliche Formen; es erscheinen die ersten Sphaeruliten und das Genus *Praeradiolites*. Die Pachyodonten sind auf südliche Bezirke beschränkt, wo sie massenhaft und gesteinsbildend auftreten. Doch wurde eine wichtige Form *Toucasia (Requienia) Lonsdalei* Sow sp. zum ersten Male aus England beschrieben, wo sie bei Carne im N. von Wiltshire im „Lower Greensand" vereinzelt vorkommt, während sie in Südeuropa ganze Bänke erfüllt.

Die Requienien wurden früher irrtümlich unter den Namen *Diceras, Chama, Caprotina* bezeichnet. Die ersten Vorkommen derselben in Frankreich sind aus St. Laurent-du-Pont im Chartreusemassiv (Isère) erwähnt worden.

Die Echiniden fauna' zeigt in den Riffbildungen großen Reichtum an regulären (endocyclischen) Formen (*Cidaris*, *Pseudocidaris*, *Orthocidaris*, *Acrocidaris*, *Plegiocidaris*, *Pseudodiadema*, *Salenia*) und eine Anzahl exocyclischer Gattungen (*Pygurus* etc.). Bedeutsam sind auch in neritisch-schlammigen Sedimenten in großer Anzahl auftretende Spatangiden, speziell Toxaster formen (=: *Echinospatagus*), welche durch ihr massenhaftes Vorkommen eine besondere „*Spatangenfacies*" bedingen, in verschiedenen palaeocretacischen Stufen wiederkehren und thonig-schlammige Schichten zusammen mit Ostreiden und anderen Pelecypoden, nebst einigen Gastropoden und Ammonitideen erfüllen.

Eine weniger wichtige Rolle spielen die Krinoiden mit den Gattungen *Antedon*, *Phyllocrinus*, *Eugeniacrinus*, *Eudocrinus*, *Acrochordocrinus*, *Millericrinus* und *Apiocrinus*, welche in der unteren Kreide neben *Pentacrinus* (*Balanocrinus*) gedeihen. Auch sind sogenannte „Echinodermen-brececien", d. h. aus Krinoidenresten gebildete Kalke im Palaeocretacicum nicht selten. Seesterne (*Rhopia*) sind ebenfalls vertreten (Valendisstufe des nördlichen Dauphiné) aber selten.

Bemerkenswert ist auch eine reiche Entwicklung der Korallenwelt, welche neben einer Menge älteren Juratypen eine Reihe jüngerer Formen aufweist. Es sind ausschließlich *Hexacorallier*, namentlich folgenden Gattungen angehörend:

Faria, *Kappra*, *Enalohria*, *Calamophyllia*, *Cladophyllia*, *Stylina*, *Maeandrarea*, *Polytremacis*, *Cyclolites*, *Leptophyllia*, *Stylosmilia*, *Caryophyllia*, *Trochosmilia*, *Placosmilia*, *Epismilia*, *Laevismilia*, *Peresmilia*, *Pentacrinia*, *Dimorphastrea*, *Convexastrea*, *Thamnastrea* Astreocœnia, *Acanthocœnia*, *Phyllocœnia*, *Heliocœnia*, *Diplocœnia*, *Cryptocœnia*, *Holocœnia*, *Elliptocœnia*, *Stargamilia*, *Polyphyllia*, *Smilotrochus*, *Montlicaultia*, *Microbacia*, *Aplocyathus*, *Amblocyathus* (stirbt in der Gaultstufe ab), *Brachytyathus*, *Leptocyathus*, *Trochocyathus*, *Platycyathus*, *Thecocyathus*, *Cœtastrochus*, *Microbacia* etc. etc.

Echte Korallenriffe kommen jedoch nur ausnahmsweise im SO. des Pariser Beckens und in gewissen Teilen des zoogenen Urgonkalkes Südeuropas, sowie in der Krim und in Mexico vor.

Unter den *Hydrozoen* scheinen die oberjurassischen *Elliptactinia* in den zoogenen Riffbildungen der Unteren Kreide (Insel Capri) fortzudauern. An *Spongien* fehlte es an manchen Stellen der palaeocretacischen Meere nicht; hauptsächlich Pharetronen und Sphinctozoen zeigen sich neben Kieselspongien, Hexactinelliden, Tetractinelliden und zahlreichen Vertretern der *Incalcarea*, besonders Dictyoninen und vereinzelte Lithistiden. Zu nennen sind z. B. *Cœsinopora*, *Cynthina* und *Cupulospongia* (*Hyalotragos*) sowie *Barroisia*, *Niphonia*, *Hallirhoa*, *Jerea*, *Cnenculopora*, *Trematorystia*, *Peronella*, *Corynella*. Diese Reste (hauptsächlich Pharetronen) sind in manchen Neokombildungen (Landeron und Arzier im Juragebiet) ganz besonders häufig, sowie in gewissen Schichten der Unteren Kreide von Braunschweig, des Pariser Beckens, im Aptien von la Presta (Schweizer Jura), Farringdon in Berkshire (England) usw. lokal angehäuft.

' Bedeutsam ist das Auftreten einer palechinidenähnlichen Form aus der Gruppe von *Archaeocidaris: Tetracidaris Reynesi* Cott. aus den Turaster-Kalken der Barrémeatufe im Gard-departement, ein ganz isoliertes, aber höchst interessantes Vorkommen. Namentlich *Salenia*, *Pyrina*, *Arbacia*, *Echinobrissus*, *Pygurus*, *Hemidiadema*, *Bothryopygus*, *Goniopygus*, *Pygaulus*, *Metaporhinus*, *Dysaster*, *Collyrites*, *Pygaster*, *Catopygus*, *Holaster* (ersten Erscheinen), *Heteraster*, *Enallaster*, *Epiaster* (Fruchtnen), *Micraster*, *Hemiaster* (Erscheinen), *Discoidea* (= *Discoides*), *Pticaster* etc. Charakteristisch sind, namentlich für die untere Kreide *Pygurus*, *Pygaulus*, *Cerulanus*, *Toxaster*, *Heteraster*, *Enallaster*, *Discoidea*, *Pelioster*, *Galerites*, *Micraster*. Die Vertreter von *Echinoconus*, *Holaster*, *Epiaster* und *Hemiaster* spielen dagegen erst später in der oberen Kreide eine hervorragende Rolle.

Die *Foraminiferenfauna*[1] besteht in mergeligen und bathyalen Sedimenten aus *Cornuspira, Bulimina, Nubecularia, Pulvinulina, Rotalidea, Textularia, Globigerinidea, Lituola, Dentalina, Haplophragmium, Nodosaria, Cristellaria, Frondicularia, Gaudryina Anomalina, Placopsilina, Glandulina*, etc.. *Operculina* und zahlreichen, meist schon aus dem Jura bekannten Typen (*Spirocyclina* [u. T. *Dicyclina*]) und in zoogenen Kalken aus Miliolideen (*Quinqueloculina* etc.) und *Orbitolinen*. Radiolarien sind auf Gardenazza (Tirol) und in Sachsen nachgewiesen worden.

Echte Riffbildungen beschränken sich in Europa auf südlichere, von der Thetys (= großem Mittelmeer) abhängende Gebiete und treten meistens mit Foraminiferen- und Diploporenkalken in Verbindung. Foraminiferen erscheinen in zoogenen Kalken des Mediterrangebietes, und vornehmlich in den Gebilden der sog. »Urgonfacies« in großer Anzahl (Miliolideen, Orbitolinen) und nehmen an dem Aufbau derselben beträchtlichen Anteil.

Wegen ihrer Häufigkeit in der Kalkfacies des westbodanischen Gebietes in Südfrankreich sind auch eigentümliche Gebilde zu erwähnen (*Nevroneia amaenticula* E. DUMAS), welche wohl als Ausgüsse von Wurmlöchern im Meeresschlamm zu deuten sind; obgleich sie von MARCEL DE SERRES u. a., als *Nisea* mit der Gattung *Magilus* (einem Gastropoden) verglichen worden sind und von anderen Gelehrten als Siphonarien aufgefaßt wurden. — Es sind diese Reste zum ersten Male 1833 von FROMANN beschrieben worden.

Was die Flora betrifft, welche an die oberjurassische Pflanzenwelt sich eng anschließt, so erscheinen in den Potomacschichten[2] des nordamerikanischen Ostens die ersten echten Angiospermen und dicotyledonen Blütenpflanzen[3], welche sich dann bis nach Portugal (Cercal) und Südfrankreich ver-

[1] D'ORBIGNY nennt hauptsächlich die Gruppen seiner enallostegen, cyclostegen und agathistegen Foraminiferen als bezeichnende Vorkommnisse der unteren Kreide.

[2] Vergl. namentlich die Arbeiten von Fontaine und Lester Ward; die auf den jurassischen Dinosauruschichten diskordant auflagernden Potomacbildungen sind dem englischen Wealden gleichzustellen, mit welchem sie einige Arten gemein haben.

[3] 29 Gattungen mit 74 Arten, namentlich *Ficus, Sassafras* und ältere Urtypen, wie *Ficus-, Populus-, Juglandit-, Quercus-, Salici-, Ulmus-, Aceris-, Platanophyllum* etc. Außerdem finden sich Coniferen, wie *Baiera, Sequoia, Cyparissidium, Gingko (Salisburia), (G. pluripartita* Hn.), *Pinus, Cedrus, Abietites* und Cycadeen (*Dioonites, Glossozamites, Anomozamites, Podozamites, Pterophyllum* und Farne *(Gleichenia (H. Zeppel Hn.), Sphenopteris, Lonchopteris)*.

Die ältesten Dicotylen Europas wurden in der unteren Kreide von Cercal in Portugal nachgewiesen. —

Außer diesem höheren Pflanzen kommen in paläocretacischen Florabildungen (nach DUNKER, SCHENK etc.) vor: Cryptogamen: Algen (*Confervites fiuus*), Characeen, Farne (durch *Pachypteris, Sphenopteris (Sph. Hartlebeni* DUNK.), *Peropteris, Adiantites, Lonchopteris, Cladophlebis, Hausmannia, Protopteris (Endogenites)* vertreten. (Vergl. auch die Liste der Wealdenflora in D'ORBIGNY, Cours élém. p. 805.) Dann kommen Marsiliaceen und Equisetaceen (*Equisetites Lyelli* DUNK).

An Gymnospermen sind Cycadeen (*Cycadites, Zamites, Pterophyllum, Zamiostrobus, Cycadoites, Clathraria, Araucarites* und Coniferen (*Baiera, Brachyphyllum, Juniperites, Abietites, Pinus, Pinites, Sequoites* zu erwähnen. Als *Carpolithes Mantelli* Bn., wurden Samen von Coniferen beschrieben.

Im englischen Wealden und in Nordwestdeutschland kommen Braunkohlenflötze zuweilen mit ganzen Baumstämmen vor.

Übersichtliche Aufzählungen der unterercretacischen Arten und Gattungen sind vor Jahren durch A. D'ORBIGNY, PICTET u. a. (s. Literaturverzeichnis) aufgestellt worden. Es hat sich aber seither der Begriff der „Species" so sehr umgewandelt und die Zahl der beschriebenen Formen so sehr vermehrt, sowie die Aufzählung derjenigen Arten, welche mehreren Stufen gemein sind,

breiten. Auch in Westgrönland und Spitzbergen sind reiche palaeocretacische Floren (mit Angiospermen) nachgewiesen worden.

In marinen Absätzen treten Kalkalgen (*Diplopora*) aus der Gruppe der *Siphoneen* gesteinsbildend (namentlich in den sog. Urgonkalken) auf.

Die zoogeographischen Verhältnisse sind schärfer ausgeprägt als zur Jurazeit und durch Faunenunterschiede deutlich zu erkennen. Rings um die Erde läßt sich im südlichen Teile der Nordhemisphäre ein, mit der alpinen Faltungszone ungefähr zusammenfallendes Gebiet erkennen, welches NEUMAYR's Centrales Mittelmeer und SUESS' Thetys in der Unter-Kreide zu vertreten scheint und von DOUVILLÉ als Mesogaeische Zone, in der Lethaea als ›Großes.Mittelmeer‹[1] bezeichnet und über Südeuropa und Nordafrika bis nach Zentralamerika (Mexiko) verfolgt wurde. Es zeigen in dieser Zone die verschiedenen, sowohl neritischen, als auch bathyalen palaeocretacischen Sedimente durchaus einheitliche palaeontologische Merkmale (Verbreitung der Orbitolinen und Pachyodonten in den Riffbildungen, Auftreten von *Lytoceras*, *Phylloceras*, *Desmoceras*, *Pulchellia*, flachen *Belemniten (Duvalia)*, *Pygope* etc. in den Absätzen bathyaler Facies). Daß klimatische Unterschiede neben dem Einflusse der Meeresströmungen und der bathymetrischen Verhältnisse einwirkten, ist wahrscheinlich. Außer dieser Mesogaeischen Provinz und ihren randlichen mitteleuropäischen neritischen Zonen lassen sich noch für einzelne Stufen der untercretacischen Vorkommen eine Nordosteuropäische oder Wolgische Provinz (Nordostengland, Norddeutschland und Mittelrußland) mit *Aucellen*, subquadraten Belemniten oder *Cylindroteuthis (subradiperusi)*, besonderen Ammonitiden (*Polyptychites*, *Craspedites*, *Simbirskites* etc.) und vielleicht ein indopacifisches Entwicklungsgebiet (mit *Holcostephanus* und besonderen Trigonien etc.) unterscheiden, dessen Merkmale in späteren Kapiteln dieses Buches auseinandergesetzt werden.

Gewisse Bildungen wie die an Foraminiferen (*Orbitolina*) und Rudisten reichen Urgonkalke sind auf die Mesogaeische Zone beschränkt, während thonreiche glaukonit- und phosphorithaltige Absätze, wahrscheinlich infolge geringerer Meerestiefe in der borealen Provinz vorherrschen.

Die am Ende der Juraperiode unterschiedenen Provinzen, welche durch

so bedeutend verändert, daß, bei der damals kaum angenommenen, jetzt aber allgemein als selbstverständlich betrachteten Auffassung einer ununterbrochenen Evolution der Gruppen eine solche Statistik ungemein schwer herzustellen wäre. - Nach D'ORBIGNY wären 184 Gattungen mit Abschluß der Juraperiode ausgestorben (wovon 2 Säugetiere, 18 Reptilien- und 40 Fischgenera etc.). Für die gesammte Kreideformation wären mehr als 400 Arten und 228 Gattungen bezeichnend. Für die Untere Kreide wären 1400 Arten Invertebraten (451 für die eigentliche Neokom [Valendian- und Hauterivestufe], 148 für die Aptstufe und 404 für die Gaultstufe) charakteristisch. 86 Gattungen erscheinen im Cenoman, d. h. mit Beginn der Senecretacicums. 814 Genera beginnen im Tertiär nach Abschluß der Kreidezeit. Diese Zahlen, deren absoluter Wert durch die neueren Untersuchungen und Begriffe beträchtlich verändert sein dürfte, haben nur relatives Interesse und mögen hier nur aus historischen Gründen erwähnt sein. Es scheint nämlich naturgemäßer, auf den Grad der Ausbildung der einzelnen Gruppen, auf die Häufigkeit und die Rolle der Gattungen und gewisser Leitformen das Hauptgewicht bei der Beurteilung solcher Faunen zu legen, und eher das Gesamtbild der Tier- und Pflanzenwelt der einzelnen Epochen ins Auge zu fassen, als auf kritiklose Zahlenverhältnisse die Aufstellung der Systeme und Stufen zu gründen. —

[1] Nach KOKEN, Vorwelt. 1893.

den zoologischen Charakter der marinen Faunen und besonders durch die geographische Verbreitung gewisser Mollusken-Gattungen zur Geltung kommen, sind somit in der palaeocretacischen Ablagerung auch zu erkennen: so z. B. eine boreale, eine Mittelmeer- oder mesogaeische und eine indopacifische Provinz. In jedem dieser Bezirke kommen jedoch facielle Unterschiede zur Geltung und bedingen ein buntes mannigfaltiges Bild, in welchem der Fachmann den Einfluß lokaler Verhältnisse von den Wirkungen allgemeinerer, klimatischer oder zoogeographischer Ursachen zu unterscheiden hat.

In bezug auf gebirgsbildende und vulkanische Vorgänge bietet die Untere Kreide nur weniges; es entspricht diese Abteilung offenbar einer Ruheperiode der Erde. Tektonische Vorgänge beschränken sich auf langsame Massenbewegungen der Erdrinde, die sich lediglich durch Strandverschiebungen, Veränderungen der Form und Tiefe der Meeresbecken (Geosynklinen) und ähnliche Vorgänge äußerten. Es sind dieselben besonders in der Gaultstufe deutlich zu erkennen. Ausgeprägte Faltungserscheinungen aus dieser Zeit sind bisher nicht nachgewiesen worden. Nach Vogt fallen jedoch in Schonen, Bornholm, Andö und Nordnorwegen stattgefundene Dislokationen in die ältere Kreidezeit.

Zur Zeit der Gaultstufe (Mittlere Kreide) werden wahrscheinlich im Gaffinaler Gebirge, in der Karnischen Hauptkette und den südlichen Kalkalpen [1], aber bestimmter in dem nordöstlichen Teile der Kalkalpen und in den Karpathen von manchen Fachleuten und namentlich von F. Frech, kleinere lokale tektonische Bewegungen angenommen, welche durch das günstliche Fehlen des Gault in den Kalkalpen und die sehr schwache Entwicklung des Cenomans bekundet sind (vergl. Frech, Tektonische Entwicklungsgeschichte der Ostalpen. Deutsch. Geol. Ges. 1903, Nr. 91.

Eruptionen palaeocretacischen Alters sind ebenfalls kaum zu erwähnen und nirgends mit Sicherheit nachgewiesen; doch scheinen basische Ergüsse am Schluß der Juraperiode in einzelnen Regionen stattgefunden zu haben, wie in Franz-Josefsland die Basaltlager des Cap Flora bezeugen; in Portugal, Volhynien, Südamerika, Afghanistan und Indien zeigen sich ebenfalls vulkanische Gesteine (Porphyrite, Andesite, Teschenite und Diabase etc.), deren Ausbruch z. T. am Schlusse des Palaeocretacicums stattgefunden zu haben scheint. Nach Steinmann (Neues Jahrbuch für G., Pal. und Min. 1899, Beilageband XII, p. 595 u. 600) reichen in der südlichen Cordillere Porphyritergüsse bis in die untere Kreide.

Klimatische Differenzierungen scheinen, wie das ausschließliche Vorkommen der Korallenriffe, Orbitolinen und Pachyodonten, sowie einer besonderen Cephalopodenfauna im großen Mittelmeergebiete bezeugen mag, zur palaeocretacischen Zeit deutlich ausgeprägt gewesen zu sein, jedoch nur in ihren großen Zügen. Es scheint namentlich zu dieser Zeit zwischen den Floren von Portugal und Potomac in Nordamerika eine größere Ähnlichkeit als zwischen ersterer und derjenigen der englisch-deutschen Wealdenbildungen existiert zu haben.

Die palaeocretacischen Sedimente sind je nach der Facies sehr mannigfaltig. Conglomerate sind verhältnismäßig selten (Hilsconglomerate) und besonders aus der Gaultstufe bekannt (Ardennen-Gebiet); Glaukonit- und Phos-

---

[1] Vergl. Philippi, Zeitschr. d. d. Geol. Ges. 1898, p. 314. Lineartäumer in den Schichten der unteren Kreide bei Lecco und Resegone.

phoritführende Sandsteine sind in gewissen Gegenden (England, Pariser Becken, Perte-du-Rhône, Rußland) verbreitet.

Solche detritogene Absätze sandiger Natur zeigen sich hauptsächlich je nach den Gebieten, teils im unteren Teile der Unterkreide, teils in der Gaultstufe (Norddeutschland, Pariser Becken, Rußland, Südfrankreich [nur in der Gaultstufe]). Auch eisenschüssige gelbe Sandsteine sind zuweilen charakteristich (Teutoburger Wald, Pariser Becken).

Sande sind im nicht marinen Neokom des Seinebeckens und in England (Wealdenformation) und auch im marinen unteren Gault (Pariser Becken, St. Paul-trois-Châteaux in Südfrankreich) entwickelt. — Am verbreitetsten sind aber im Palaeocretacicum Kalke und Mergelkalke, welche oft mächtige Wechsellagerungen bilden. Es sind dieselben zuweilen kieselig und porös (»Gaize« von Montblainville = Obere Gaultstufe), oder fest und kompakt. Kreidige (Urgon) oder gelbe Kalke (Neuchatel), Echinodermenbreccien, Zement-Kalke, Silexknollenkalke zeigen sich oft in typischer Ausbildung. Zu nennen sind noch blaue und gelbe Thonkalke, die mehrfach bedeutende Mächtigkeit aufweisen und zuweilen schwarz gefärbt (Alpengebiet, z. B. bei les Fiz [Hte. Savoie]) erscheinen.

Auch Eisenoolithe (Nozeroy, Métabief, im franz. Jura) und phosphathaltige glaukonitische (Escragnolles) oder kompakte schwarze (Alpen, Neugranada) Kalke bilden lokale Einlagerungen.

Thone und Mergel zeigen sich bald mit Kalken wechsellagernd, bald in einförmigen mächtigen Massen von schwarzer, bläulicher, grauer oder gelber Färbung (Hauterivemergel, Gaultthone, Hilsthon). In gefalteten Gebirgen sind dieselben meist zu Schiefern umgewandelt (Berriasschiefer der Schweizer Alpen).

Eisenerze und Bauxite, teils in marinen, teils in Süßwasserschichten, welche von der Abwaschung großer Kontinentalflächen zeugen, sind ebenfalls bedeutsam (Hilsformation Norddeutschlands, Pariser Becken Provence (Bauxitlager) etc.).

Die Mächtigkeit der Unteren Kreideschichten ist je nach den Gegenden äußerst verschieden: d'Orbigny schätzte dieselbe auf 2750 m, davon für das Neokom (Valendis bis Barrêmestufe [inkl.]) 2500 m, für die Aptstufe 200 m und für den Gault 40 m. Sie kann aber (Juragebiet, Umgegend von Nizza) viel unbedeutender sein.

Untere Grenze der Palaeocretacischen Abteilung.

Die Abgrenzung von Unterer Kreide und Jura ist seit einigen Jahrzehnten, besonders von Seite französischer Forscher, der Gegenstand längerer, z. T. sehr lebhafter Erörterungen und wiederholter Untersuchungen gewesen, welche heute kaum zum Abschluß gelangt sind; denn obwohl die Verhältnisse der betreffenden Übergangsschichten für die Basses-Alpes[1] auf das gründlichste

---

[1] Siehe Kilian, Descr. géol. Montagne de Lure. Paris, Masson frrrs. — Das oberste Tithon, wie V. Paquier vorgeschlagen, in die Untere Kreide einzureihen, ist also trotz der palaeontologischen Argumente des Autors aus historischen Gründen unmöglich: es mußte dann nämlich auch das obere Portlandien, als Äquivalent des oberen Tithons, zeitlich in die Untere Kreide versetzt werden, was in Nord- und Mitteleuropa kaum gerechtfertigt erscheint.

und umfassendste festgelegt wurden, tauchten doch immer wieder abweichende und irreführende Ansichten auf.

Im südlichen Europa, wo zwischen Jura und Unterer Kreide die Meeresbildungen durch keine Unterbrechung (oder Emersionsepisode) gestört wurden, setzten sich cephalopodenreiche Sedimente ab, welche einen allmählichen Übergang zwischen der bekannten Tithonfauna und den Neokomfaunen wahrnehmen lassen. Die Verwandtschaft der ersten Kreidegebilde, d. h. der Zone des Hoplites (Thurmannia)[1] Boissieri (Berriasien sensu stricto) mit den Strambergerschichten (Oberes Tithon) ist stellenweise so groß, daß ein beträchtlicherer Unterschied zwischen Unterem und Oberem Tithon als zwischen letzterem besteht, ja von gewissen Fachgenossen (Ilkrxt und neuerdings V. Paquier) sogar vorgeschlagen wurde, die Jura-Kreidegrenze unterhalb des Stramberger Horizontes durchzuziehen. Obwohl diese Grenze im Mediterranen Gebiete palaeontologisch in gewissem Maße berechtigt erscheinen kann, so ist dennoch dieser Vorschlag stratigraphisch nicht durchführbar; die Stramberger Schichten entsprechen nämlich, wie aus den Vorkommnissen in den südlichen Juraketten zu ersehen ist[2], dem Purbeck, und weiter im Norden dem oberen Portlandien, welche Schichten aus historischen und palaeontologischen Gründen der Unteren Kreide nicht einverleibt werden können, zumal da die allgemein gebräuchlichen großen Abteilungen des oberen Jurasystems auf englische und nordeuropäische Verhältnisse gegründet sind.

Die Selbständigkeit[3] der ältesten palaeocretacischen Zone (Zone des Hopl. Boissieri), ist durch zahlreiche Diskussionen und eingehende Untersuchungen im ganzen Rhônebecken[4] hinreichend bewiesen worden.

[1] Es sind hier provisorisch die von Uhlig, Pavlow, Jacob und anderen vorgeschlagenen Untergattungsnamen der Gattung Hoplites angegeben, obgleich einige derselben, wie im palaeontologischen Anhange gezeigt werden wird, als nicht ganz berechtigt erscheinen dürften. Der Name Acanthodiscus z. B. ist von Uhlig für Formen gebraucht, welche z. T. eine besondere Gruppe (H. radiatus-) bilden, z. T. aber nur tuberculate Formen von Berriasella darstellen (z. B. Hoplites euthymi Piet. und H. Chaperi Piet.).

[2] Nördlich Grenoble, bei der Cluse de Chaille (Savoyen), sieht man nämlich aufs Deutlichste ammonitenführende Bänke des Tithons mit brackischen und limnischen Purbecklagen (mit Fossilien) wechsellagern.

[3] Diese Selbständigkeit wurde nur von Toucas auf Grund der in der klassischen Lokalität Berrias im Ardèchedepartement zwischen der Boissieri-Zone und dem Oberen Tithon beobachteten allmählich n Übergänge, sowie einiger, beiden Stufen gemeinsamen Arten, bestritten. — Vergl. Toucas, Bull. Soc. géol. de Fr. 3. serie, A. XVIII, p. 560 (1890).

[4] Über diese Frage mögen namentlich außer einer großen Anzahl von Aufsätzen und Monographien von Oppel, Beyrich, Coquand, Zeuschner, Hébert, Vélain, Ch. Lory, Dieulafait, Ebray, Jeanjean, de Mortillet, Marcou, Chaper, Pictet, Bleicher, Renevier, Struve, Zittel, Gemmellaro, Stur, von Hauer, Catullo, de Zigno, Neumayr, Toucas, Hollande, Pillet, Vallot, Mœsch, Chaper, Coulet, Maillard, Gevrey, de Rouville, Léenhardt etc. folgende Schriften genannt werden:

Pictet, Etudes paléontologiques sur la faune à Ter. diphyoides de Berrias (Ardèche) (Mélanges paléontologiques, II. 1867).

Etude monographique des Térébratules du groupe de Ter. diphya (id. III. 1867).

Etude provisoire des fossiles de la Porte-de-France, d'Aizy et de Lémenc. (id. IV. 1868).

P. Mœsch, Die Grenze zwischen der Jura- und Kreideformation. Basel 1860.

Ed. Hébert und seine Schule verstanden unter der i. J. 1885 von de Montmollin geschaffenen Bezeichnung »Néocomien« den größten Teil der Unteren
Kreide, dem Hébert sogar, wie bekannt, die Tithonschichten (excl. des Portlandien[1]) als »Infranéocomien« einverleibte, so daß die Neokomstufe in
dem Mediterrangebiete vom Untertithon bis zum obersten Aptien (inkl.) reichte.

Aus den seit 1883 veröffentlichten, zahlreichen Untersuchungen über das südfranzösische Neokom, konnte aber bald ersehen werden, daß sich die Grenzschichten zwischen Jura- und Kreidesystem im Mediterranco-alpinen Gebiete und
namentlich in SO.-Frankreich, wie von Kilian 1888 zuerst nachgewiesen, trotz
allmählichen Übergängen und einer Anzahl gemeinsamer Arten, auf folgende
Weise, von unten nach oben gliedern lassen:

Pictet. Rapport fait à la Session de 1869 de la Société helvétique des Sciences Naturelles sur
l'état de la question relative aux limites de la période jurassique et de la période
crétacée. (Arch. des Sc. de la Bibl. univ. Genève. Nov. 1869).

Hébert. Observations sur les caractères de la faune des Calcaires de Stramberg (Moravie) et
en général sur l'âge des couches comprises sous la désignation d'Étage tithonique. (Bull.
Soc. géol. de France, 16 Février 1869 v. Série XXVI., 668.).

F. J. Pictet. Nouveaux documents sur les limites de la période jurassique et de la période
crétacée. (Arch. Bibl. Univ. Genève. Juin—Octobre 1867).

E. Jourdy. L'Étage tithonique. (Philosophie positive. Nov.—Déc. 1872). Paris.

J. Révil. Le Jurassique supérieur aux environs de Chambéry (Bull. Soc. d'Hist. nat. de Savoie.
t. VI. (1893) p. 281).

Haug. Portlandien, Tithonique et Volgien. (Bull. Soc. géol. de France 3. Serie, t. XXVI. (1898),
p. 187.) — Bemerkungen von Kilian (it. pag. 420 und t. XXVII (1899) p. 125) und Referat
von Uhlig über diese Schrift in „Neues Jahrbuch für Min." 1900, I.

Ein vollständigeres Literaturverzeichnis und übersichtliche Zusammenfassung der nunmehr
gegenstandslosen Debatte über die Tithon- und Berriasfrage gibt übrigens Kilian in Notes stratigr.
sur les env. de Sisteron (s. unten. p. 680--702).

Die Beziehungen der Boissieri-Zone zum oberen und unteren Tithon, sowie die palaeontologische Selbständigkeit derselben wurden von W. Kilian mehrfach eingehend erörtert, siehe
namentlich:

Kilian. Description géologique de la Montagne de Lure. — Paris. Masson 1889.
  — Memoires de l'Institut de France (Mission d'Andalousie), t. XXX, (1889).
  — in Soc. géol. de France. C. R. somm. des Séances 22 Juin 1891, 13 Février 1892; 23 Janvier
     1894; 4 Février 1895.
  — in Annuaire géologique universel t. III (1887), p. 300—303 u. 310—315, t. IV. (1889) p.
     243, 245, 255, 258, 271, 272, 339, 340, 341, 344, t. VII. p. 397 u. Bull. Soc. de Statistique
     de l'Isère 24 Avril 1891 (IV. série, T. I., p. 161).
  — Trav. du Lab. de Géol. de Grenoble, t. I.
  — in Sueß; La Face de la Terre. (Franz. Ausgabe, t. II, p. 464 und ff., als Anmerkungen) 1900.
  — Note stratigraphique sur les environs de Sisteron (Bull. Soc. géol. de France, 3. Série, t.
     XXII. p. 683, (1894).
  — Congrès géol. internat. de Zurich. (1894). Procès verbaux des Sections, p. 67. — Lausanne 1897.
  — Arch. des Sc. phys. et nat. Genève, t. XXXI (1894) p. 201.

Außerdem noch:
Menxier Chalmas. Sur l'âge des couches de Berrias (Bull. Soc. géol. de France, 3. série. Séance
du 16 Juin 1890).

Kilian und Bauersberger. Bull. Soc. géol. de France, 3. serie, t. XXVI. p. 580, 1898.

Van den Broeck. Étude sur la limite entre le Jurassique et le Crétacique. - (Bull. Soc. belge
de Géol., de Pal. et d'Hydrol. 1901, Tome XV., 3). 1901.

Choffat. Soc. belge de Géol. Pal. et Hydr. 1901, t. XV., 3.

A. Jurasystem: Über den Kalken mit *Phyll. Loryi*, MEN. CH. (= *Ph. Si-leum* FONT.) (Z. der *Oppelia lithographica*, OPP. sp.), welche bei Grenoble in ihrem oberen Teile eine dem *St. Irius* D'ORB. sp. aus dem Portlandien nahestehende Art enthalten, liegen:

a) Untertithon (Diphyakalk) Zone des *Perisphinctes geron* CAT. sp. brecciöse Knollenkalke, in ganz Südostfrankreich verbreitet, mit Ammoniten des Diphyakalkes (*Perisph. contiguus* CAT. sp., *geron* OPP. sp., *Waagenia hybonata* BUK. sp. etc.) Le Pouzin (Ardèche) etc.

b) Obertithon. (Zone des *Hoplites (Berriasella) Calisto* D'ORB. sp. und *privatensis* PICT. sp.) Faunen von Stramberg, Claps-de-Luc (Drôme), la Boissière-Chomérac (Ardèche), Billon. Aizy (Isère), Cabra (Andalusien). Es lassen sich in SO.-Frankreich zwei Unterzonen unterscheiden. (U. Zone von Aizy[1] mit *Hoplites (Acanthodiscus) Chaperi* PICT. sp.) und U. Zone von La Boissière mit *Hoplites (Berriasella) delphinensis* KILIAN).

Dieses Obere Tithon, welches bei Aizy und Chomérac Hopliten aus der Nachbarschaft von *Hoplites (Berriasella) sabrinauraia* NIK. sp. enthält, wird, z. T. durch helle lithographische Kalke (Ardescien Toucas) gebildet, und zeigt in seinem oberen Teile Pseudobreccien und mergelige Knollenkalke, die ebenfalls eine eigentümliche Fauna enthalten. Letzterer Horizont ist es, der öfters mit dem wahren Berriasien verwechselt wurde und bei Claps-de-Luc, Valdröme (Drôme), bei Sisteron (B. Alpes), an der Boissière (Ardèche) usw. leicht verfolgt werden kann.

Bezeichnende Formen sind: *Perisph. Lorioli* OPP. sp., *Hoplites (Berriasella) Calisto* D'ORB. sp., *H. privasensis* PICT. sp., *H. (Acanthodiscus) Chaperi* PICT. sp., *Tordai* KILIAN (= *Ammoniten Mimatum Pomel*), *H. (Himalayites) Kurtüteri* OPP. sp., *H. delphinensis* KIL. sp., *H. (Leopoldia) Dalmasi* PICT. sp., *Holcostephanus (Spiticeras) prorsus* OPP. sp., *Phylloceras semisulcatum (ptychoicum* OPP. sp.) var. *sordimatum* TOUCAS, usw. nebst einer Reihe unbeschriebener Arten. Bei Alay-sur-Noyarey (Isère) enthält diese Schicht ausser der ganzen, von TOUCAS beschriebenen Fauna, an der Boissière (Ardèche) zahlreiche, z. T. noch unbenannte Ammoniten der *Privasensis-* und *Chaperi-*Gruppen. Dieses obere Tithon entspricht in der Ardèche dem unteren Teil dessen, was man daselbst Berriasien genannt hat, es wird aber z. B. bei Champ-de-Payre von der wahren Berriasische regelmäßig und deutlich überlagert und diese Überlagerungen lassen sich von den Alpen bis an den Cévennen, von Chambéry bis Castellane an vielen prägnanten Beispielen aufs deutlichste nachweisen.

B. Kreidesystem: Die nun folgenden Berriasschichten gehen ihrerseits allmählich in die mittlere Valendisstufe mit verkiesten Ammoniten (bei Claps de Luc (Drôme), Chomérac (Ardèche) u. a. O.) über. Der Übergang vom Oberen Tithon zur unteren Kreide ist namentlich, außer den berühmten Profilen von Chomérac (Ardèche), Claps de Luc (Drôme), Aizy (Isère) an folgenden Punkten untersucht worden[1]:

[1] Diese Subzone bilden die von TOUCAS als „*Ardescien*" bezeichneten hellen lithographischen Kalke.

[2] Die Folge der Cephalopodenzonen ist, z. B. in Südostfrankreich also folgende: (von oben nach unten)

6. Zone des *Hoplites (Thurmannia) Boissieri* PICT. sp. und *acuticostus* PICT. sp. und des *Holcost. (Spiticeras) Negreli* MATH. sp. (Unterste Zone der Valendisstufe.)

5. U. Zone des *Hoplites (Berriasella) delphinensis* KIL. sp. und *H. Calisto* D'ORB. sp. (Chomérac. Claps-de-Luc).

4. U. Zone des *Hoplites (Berriasella) privasensis* PICT. sp. und *Hopl. (Acanthodiscus) Chaperi* Pict. sp. und *H. Callisto* D'ORB. sp. (Aizy).

3. Zone des *Perisphinctes contiguus* CAT. sp. und der *Waagenia hybonota* BUK. sp.

Übergang zwischen Malm und Unterer Kreide bei Sisteron (Basses-Alpes).
Links: Sequan; in der Mitte Acanthicusschichten und Tithonkalke; rechts: wohlgeschichtete
Boissierischichten (unterste Kreide). — Phot. St. Marcel Eysséric.)

Chevallon, St. Pancrasse-Crayonnon (Isère); La Faurie, Pont-la-Dame, Serres, Montclus (Htes. Alpes), Claps-de-Luc, Valdrôme, l'Establet, Sédéron, Les Pilles (Drôme), Sisteron, Vergons, Mariaud, Taulanne, St. Geniez, Frissal (Basses Alpes) etc.

Hervorzuheben ist, trotz der großen Ähnlichkeit mit dem Tithon,[1] der ausgeprägte cretacische Charakter der Fauna[2]: zum ersten Male spielen hier *Holcostephanus* und *Hoplites* die wichtigste Rolle und zwar *Holcostephanus* aus der besonderen, schon vereinzelt im oberen Tithon auftretenden Reihe der *Spiticeras* Uhlig sowie *Hopliten*, welche sich offenbar an *Hoplites (Acanthodiscus) radiatus* Bruc. sp. als Vorfahren anschließen, wie *H. (Acanthodiscus) Euthymi* Pict. sp., *H. Malbosi* Pict. sp. und *Cuvelenensis* Kil. sp., so daß sich schließlich eine große Verwandtschaft mit der Fauna der mittleren Valendisstufe herausstellt. Das lokale Hinaufreichen der zoogenen Rifffacies bis in die Schichten mit *Hoplites (Thurmannia) Boissieri* Pict. sp., wie es bei Echaillon und Fourvoirie (Isère) zu beobachten ist, scheint kein genügender Grund zu sein, dieselbe dem Jurasystem einzuverleiben, zumal wir über die Rudistenfauna (*Monnieria* Psq. etc.) dieser zoogenen Bildungen nur wenig wissen; ferner kommen darin ausgesprochen cretacische Gastropoden, wie *Natica Leviathan* Pict. (= *Strombus Santieri* Coq.) vor, und ähnliche korallogene Einlagerungen erscheinen noch höher (d. h. in der mittleren und oberen Valendisstufe) mit *l'alletica* und andern Pachyodonten, die von den jurassischen Diceratineen schon beträchtlich abweichen. Auf das Auftreten der *Pygope (Pygites)[3] diphyoides* Pict. sp. und *P. (Antinomia) triangulus* Cat. sp., welche in den Berriasschichten sehr häufig sind, kann kein übergroßes Gewicht gelegt werden: beide Arten kommen nämlich mit *Pygope janitor* Pict. sp. teils in älteren, teils momentan in jüngeren Zonen des alpinen Gebietes vor. Der von Toucas betonten (s. oben) Verwandtschaft der Berriasfauna mit der oberen Tithonfauna kann im mediterranen Gebiete übrigens eine nicht minder große Ähnlichkeit mit der folgenden mittleren Valendisstufe opponiert werden; es handelt sich eben um eine ununterbrochene Sedimentenfolge von Übergangsschichten, und es erscheint unberechtigt, wie es V. Paquier vorgeschlagen, die untere Grenze der Kreideformation zwischen Oberes und Unteres Tithon zu legen, was übrigens, wie schon gesagt, aus historischen Gründen nicht durchführbar ist und zur Folge hätte, einen Teil der Portlandstufe, z. B. die Kelheimer Diceraskalke als mitteleuropäische Vertreter der Stramberger Schichten in die Kreide zu versetzen.

Als Typus seiner Berriasstufe (Berriasien) betrachtete Coquand die Kalke von Berrias (Ardèche), deren Fauna mit *Hoplites (Thurmannia) Boissieri* Pict. sp.

2. Zone der *Oppelia lithoprojecta* Orb. sp. und des *Phylloceras Largi* Münch-Chalm.
3. Zone des *Aulacostephanus pseudomutabilis* de Lor. sp. (Kimmeridge).
[1] Diese, von Toucas besonders gepflegte Verwechslung ist es zuzuschreiben, wenn Baco (Tith. Portl. et Valgin., p. 211) folgende Arten: *Lamoceros (Hoploceras) curacteris* Zign. sp., L. *Souzagoti* Zign. sp., L. *tithonimus* Orb. sp., L. *climatus* Orb. sp., *Oppelia mocoraia* Orb. sp., *Holcostephanus proaus* Orb. sp., *Aspidoceras cyclotum* Orb. sp., *Asp. Hopotmicenae* Orb. sp., aus den Berriasschichten zitierte. Es sind diese Formen in den echten Boissierischichten wohl selten zu finden!
[2] Wie sie von Pictet (Mél. pal. IV. N. 300) aus der Schicht 5 von Léaupre, sowie bei Montsermond und Apremont bei Chambéry aufgezählt wurde.
[3] Vgl. in Bezug auf *Pygope* und deren Entwickelungsstadien: Ss. Buckman, *Brachiopod Homeomorphy: Pygope, Antinomia, Pygites*. Quat. Journ. Geol. Society, August 1906, vol. XII.

und *Hopl. occitanicus* Pict. sp. seiner Zeit Pictet beschrieben hat. Zwar hatte 1891 Toucas sich bemüht, darzulegen, daß die Berriaskalke keine selbständige Fauna enthalten und als ein Äquivalent der Stramberger Schichten (Oberes Tithon) zu betrachten seien, und infolge dessen wurde von Munier-Chalmas de Lapparent[1] und andern diese Stufe zum obersten Jura als Äquivalent des obersten Portland (oberstes Tithon) und Purbeck gestellt. Auch Mallard und andere Autoren hatten schon längst das Purbeckianum als Vertreter der Berriasschichten erklärt. Es wurde aber klar dargetan, daß trotz lokaler Einlagerungen verschwemmter Tithonammoniten und trotz des Vorhandenseins einer Reihe gemeinsamer Arten, welche übrigens z. T. bis in die mittlere Valendisstufe hinaufsteigen und langlebigen, sogenannten »indifferenten« Typen angehören, die Fauna der Berriasschichten einer selbständigen Zone entspricht.

Lange Zeit hindurch (siehe Neumayr, Erdgeschichte, 1. Aufl.) glaubte man, daß marine Äquivalente des obersten Tithons und des tiefsten Neokoms in Mitteleuropa überhaupt fehlten, und daß dieselben nur durch brackische Sedimente in NW.-Deutschland und England vertreten seien. Zittel betrachtete das Tithon als eine marine Ausbildung der Purbeck- und Wealdenschichten; Gagnebin (1887) nimmt an, daß im Juragebiet marine Äquivalente der Berriasstufe (unsere untere Valendisstufe) fehlten. Mayer-Eymar stellt das Purbeckianum zur Unteren Kreide.

Im Norden des Isèredepartements (Cluse de Chailles) und im südlichen Jura kann nun aber aufs Deutlichste der Übergang limnischer Purbeckschichten in Ammonitenführende obere Tithonkalke beobachtet werden, während die mergeligen Berriasschichten mit *B. Boissieri* Pict. sp. von Grenoble hier durch helle zoogene Kalke vertreten sind, welche nichts anderes sind als das schon längst bekannte »untere Valanginien« des Juragebietes. Baumberger's gewissenhaften Untersuchungen ist es geglückt, diesen Parallelismus weiter zu verfolgen und in der untersten Valendisstufe (Marbre bâtard) des Jura das Vorhandensein eines typischen Berriasammoniten (*Hoplites [Acanthodiscus] Euthymi* Pict. sp.) nachzuweisen, während andererseits eine Leitform des »marbre bâtard«, *Natica Leviathan* Pict. et C., isoliert in den südfranzösischen *Boissieri*-Schichten (Berriasien) vorkommt[1]. Die Purbeckschichten des Jura sind somit im großen und ganzen als Vertreter des obersten Tithons zu betrachten, und das »Untere Valanginien« Pictet's als das Äquivalent der Boissierischichten von Berrias.

Es wurde also zuerst durch W. Kilian und später durch Baumberger aufs Bestimmteste nachgewiesen, daß, während das oberste Tithon nördlich von Grenoble und im Juragebiet durch oberstes Portlandien und limnische (Purbeck-) Gebilde vertreten wird[2], das sog. Berriasien (*sensu stricto*) bei Fourvoirie, la Buisse (Isère),

[1] Munier-Chalmas de Lapparent, Nomenclature des terrains sédimentaires, Paris (Bull. Soc. géol. Fr. 3. série) t. XXI, p. 438, 1893. A. de Lapparent, Traité de Géologie, 1ère Édition 1883; de Lapparent (Traité de Géologie 5me Édition [1906]) und Haug, haben aber in jüngerer Zeit diese Auffassung aufgegeben und die Boissierischichten als unterste Zone in das Paläocretacicum gestellt.

[2] (Gard- und Bouches-du-Rhône-departements, nach E. Dumas, Jeanjean, Coquet.

[3] Kilian, Congrès Internat. de Zurich 1904, pag. 87.

Cluse de Chaille etc. in gelblich weiße zoogene plumpe Kalke übergeht, die im Jura, bei Grenoble und am Salève durch *Natica Leviathan* Pict. et Camp. (= *Strombus Santieri* auctor.) und Nerineen ausgezeichnet, als »marlire bâtard« und »Unteres Valanginien« seit Jahren von Desor beschrieben wurden und in neuerer Zeit einige Berriasammoniten *(Hoplites Euthymi* Pict. sp.)[1] geliefert haben.

Somit kann als bewiesen betrachtet werden, daß z w i s c h e n dem Strambergcr Horizont (Zone des *Hoplites [Berriasella] Callido*) und den Schichten mit *Hoplites (Kilianella) Roubaudianus* (d'Orb.) Kil. und *H. (Neocomites) neocomiensis* d'Orb. sp. (mittleres Valanginien) eine durch besondere Cephalopodentypen aus-gezeichnete Zone existiert, welche im Neuenburger Jura durch die hellen Kalke und Mergel der unteren Valendisstufe vertreten ist. Diese selbständige Zone unter dem Namen Berriasstufe zu bezeichnen, könnte seit dem Erscheinen der Toucas'schen Arbeit zu Mißverständnissen führen. Es wurde der Name *Infra-valanginien* (Kilian) vorgeschlagen, welcher aber lediglich als ein Äquivalent der unteren Valendisstufe zu betrachten ist.

Ob die Schichten von Hoveré di Velo und die obersten Absätze von Cabra, welche schon einige Arten dieser Zone enthalten[2], noch zum Tithon oder schon zur Kreide zu rechnen sind, bleibt, bei der ungenügenden Kenntnis der Lokal-verhältnisse noch dahingestellt; die von Retowsky aus Theodosia in der Krim untersuchten und als lithonisch bezeichneten Ammonitenschichten dürften hingegen, nach den abgebildeten Formen zu urteilen, e n t s c h i e d e n d e r Boissierizone, das heißt der untersten Valendisstufe angehören.

Durch die A. Toucas[3] hervorgerufene Polemik, in der namentlich gezeigt wurde, daß die bekannten »Kalke von Berrias«, deren Fauna durch Pictet's Mono-graphie[4] bekannt wurde, außer der Zone des *Hoplites Boissieri* Pict. sp. noch oberste Tithonschichten begreifen, sowie der neuerdings erbrachte Beweis, daß erstere Zone den untersten Valanginienkalken[5] des Jura entspricht, lassen somit es zweckmäßig erscheinen, den Stufennamen »Berriasien« als zweideutig fallen zu lassen und die Zone des *Hoplites Boissieri* der Valendisstufe (Valanginien) als unterste Zone, welche auch als »Infravalanginien«[6] bezeichnet werden mag, einzuverleiben.

Auch außerhalb des mediterranen Gebietes gab die Jura-Kreidegrenze Ver-anlassung zu interessanten Studien[7], obgleich weder im Englisch-Pariser Becken,

Kilian, Bibl. univ. et Revue suisse. t. XXXI (1894), p. 301.

Révu, Bull. Soc. hist. nat. de Savoie, 2. série, t. III (1898), p. 64 (Excursion à Novalaise).

[1] Dacqueboux, in Bull. Soc. géol. de Fr. 3. série, t. XXVI, 1898, p. 580; t. XXVII, 1899, p. 128.

[2] Haug, Portlandien, Tithonique et Volgien, p. 214.

[3] Toucas, loc. cit.

[4] Pictet, Mélanges paléontologiques. II. Genève 1867 - 68.

[5] Kilian und Bauzenkuer, Bull. Soc. géol de Fr. 3. sér., t. XXVI, p. 580 (1898) et t. XXVII. p. 128 (1899).

[6] Kilian, Bull. Soc. géol. de Fr. 3. série. t. XXIII, p. 685.

[7] Vergl.: Koert, Geol. u. pal. Untersuch. der Grenzschichten zwischen Jura und Kreide auf der Südwestseite der Seiter. Inaug.-Diss. Göttingen 1898. — v. Koenen, Abhandl. preuß. geol. Landesanstalt. Berlin 1902. Harbort, Neues Jahrb. 1903, I, p. 56.

weder in ganz Westfrankreich, noch im Juragebirge oder in Norddeutschland *marine* Vertreter dieser Übergangszonen nachgewiesen worden sind.

In einem Teile von Nordwestdeutschland unterteufen nämlich wie aus von Koenen's und Harbort's neuesten Arbeiten erhellt, die tiefsten marinen Schichten des Ilits mit *Oxyoticeras[1] (Garnieria) heteropleurum* N. u. Uhl. sp. *(Platylenticeras* Hyatt), welche nach ihrer Cephalopodenfauna genau den untersten Valanginienmergeln von Südfrankreich (ebenfalls mit *Oxyoticeras (Garnieria) heteropleurum* N. u. Uhl.) entsprechen, mächtige, mit letzteren durch Wechsellagerung (Müsingen bei Bückeburg) eng verbundene Brack- und Süsswasserbildungen, das sogenannte Wealden, welche wenigstens zum großen Teile den Schichten des *Hoplites Boissieri* Pict. sp. *(Infravalanginien)* gleichgestellt werden müssen. Wie bekannt rechnete Struckmann das Wealden zum Jurasystem, während Beyrich dasselbe als unterste Kreide betrachtete.

Die Jurakreidegrenze ist dort also z. B. bei Bückeburg unter dem Wealden durchzuziehen und das oberste Juraglied mag der Serpulit bilden, welcher den Purbeckschichten des Jura gleichzustellen ist.

In Südostengland und im Pariser Becken[2] (Pays de Bray, Haute Marne) sind die Jura-Kreidegrenzschichten ebenfalls mit kontinental-, limnischer, brackischer und Mündungsfacies ausgebildet. Ein Teil derselben gehört noch zum Jurasystem (Purbeckbeds und wahrscheinlich auch die Hastings-Sande) und ein anderer (Wealdclay) zum Palaeocretacicum, dessen untere Stufen hier durch keine marinen Bildungen vertreten sind. Je nach den Gebieten erstreckt sich diese nichtmarine Facies nur bis in die Valendisstufe (südliches Pariser Becken) oder bis in das Barrémien (England). Im Boulognegebiet konnten jurassische Mündungsbildungen (Purbeck) von transgredierenden untercretacischen Süsswassersedimenten unterschieden werden, welche letztere von marinen Schichten der Aptstufe überlagert werden.

In Belgien sind scheinbar die bis jetzt bekannten Kontinentalablätze *(Bernissartien)* eher dem Purbeck als dem Wealdclay gleichzustellen; sie enthalten eine reiche *Iguanodon*-Fauna, die, nach van den Broeck[3] einen etwas älteren Typus als die Wealdenfauna besitzt.

In Ostengland (Yorkshire, Lincolnshire etc.) hingegen sind die Übergangsschichten zwischen Jura und Kreide *marin* entwickelt und durch nordische Cephalopoden *(Belemnites [Cylindroteuthis] lateralis*, Phill.) *Craspedites* und *Aucellen* gekennzeichnet, welche den unteren Teil des bekannten Speeton-clay bilden[4] und

---

[1] Diese Gruppe wurde früher zu *Olcostephanus* gestellt, Hyatt machte 1900 daraus eine besondere Gattung: *Platylenticeras*, welche aber damals nicht genügend begründet wurde, während G. Sayn 1901 das Genus *Garnieria* schärfer kennzeichnete. Über diese Bezeichnungen wird im palaeontologischen Sachkapitel zurückgekommen werden. *Platylenticeras* wurde 1908 von Hyatt weiter besprochen.

[2] Vergl. weiter unten ausführliche Darstellung und Literatur.

[3] E. van den Broeck, A propos de la présentation par M. Chiffot d'une étude régionale sur la limite entre le Jurassique et le Crétacique. — Quelques mots concernant les récentes déclarations de M. Lamplugh au sujet de l'Age du Wealdien. (Bull. Soc. belge de Géol., Pal. et Hydr. 3. série, t. V (1901), p. 187 et 188.)

[4] Siehe weiter unten das Palaeocretacicum Englands.

ebenfalls marine Vertreter der Portlandstufe mit *Bel.* (*Cylindroteuthis*) *absolutus*
Pachyteuthis prius) und *Virgatites* (= Wolgastufe) überlagern.

Im zentralen und borealen Rußland (Gouvernement Rjäsan, Toula, Moskau,
Kaluga, Simbirsk) entspricht nach Bogoslowsky's Untersuchungen den *Boissieri*-
Schichten der Horizont von Rjäsan[1] mit *Holcostephanus ryasanensis* Nik., *Hoplites
riasanensis*[2] Nikit., *Hoplites hospes* Bog. und *Ancella rolyensis* Lahusen:[3] Es
werden nämlich diese Rjäsanschichten, wie die Wealdenbildungen Norddeutschlands und die *Boissieri*-Zone Südfrankreichs, von Schichten mit *Hoplites regalis*
Bean. sp. und Bänken mit *Oxynoticeras* (*Garnieria*) *Marcousanum* d'Orb. sp.
und *Gerrilianum* d'Orb. sp. direkt überlagert und ruhen auf den Schichten der
oberen »Wolgastufe« (*sensu stricto*), welche wie bekannt dem oberen Tithon (obere
Portlandien = Aquilonien) gleichzustellen sind. Die Schichten mit *Craspedites
stenomphalus* Pavl. sp. u. *Polyptychites Keyserlingki* N. u. Uhl. sp. Rußlands gehören
entschieden schon höheren Horizonten der untersten Kreide und zwar wahrscheinlich der mittleren und obersten Valendis-Stufe an.

Nach diesen Anhaltspunkten wird es eine leichte Aufgabe sein, auch in
anderen Gegenden den Beginn der palaeocretacischen Ablagerungen festzustellen,
welcher übrigens oft durch transgredierende Lagerung und das Vorhandensein
mehr oder minder wichtiger Lücken zusammenfällt. So entsprechen z. B. in der
Krim, nach den Untersuchungen von C. de Vogdt die Schichten der Zone mit
Hoplites (*Thurmannia*) *Boissieri* Pict. sp. einer ausgesprochenen Transgression und
enthalten neben charakteristischen Ammoniten (*Spitierras* Uhl.sp) und *Hopliten*)
auch viele *neritische* Elemente, wie Gryphaeen, Einzelkorallen etc. Im Kaukasus
(Daghestan) und in den Salt-Range[4] scheint ebenfalls an der Basis der Unteren
Kreide eine Lücke zu bestehen.[5]

In Portugal[6] hat Choffat eine Reihe von Foraminiferenkalken (Infravalanginien) beschrieben, welche die *Boissieri*-Zone (unterste Valendisstufe) zu vertreten scheinen und durch das Zusammenvorkommen von *Dicyclina* und *Spirocyclina* ausgezeichnet sind; sie enthalten schon *Trigonia caudata* d'Orb., eine bekannte
Neokomleitform und ruhen auf ähnlichen *Dicyclina* (ohne *Spirocyclina*) enthaltenden
Kalken mit einer Portlandfauna (Freixalien). Hier ist die Formationsgrenze also
inmitten einer Reihe von marinen Foraminiferenkalken mit neritischer Fauna durchzuziehen und erscheint daher wie an allen Punkten, wo das Fortdauern gleicher

[1] Bogoslowsky, Der Rjäsanhorizont. 1896.

[2] Formen, welche mit *Hoplites riasanensis* Nik. große Ähnlichkeit zeigen, kommen zwar bei
Chomérac (Ardèche) und Aizy-sur-Noyarey (Isère) in den Schichten des oberen Tithons vor, sind
aber, nach wiederholter Untersuchung, mit dieser Art nicht identisch und eher mit *Hoplites subriasanensis* Nik. aus dem Rjäsanhorizonte zu vergleichen. Es scheint aber diese Ähnlichkeit auf
bloße Konvergenzerscheinungen zurückzuführen sein.

[3] (Vergl. weiter unten die abweichenden Ansichten von Pavlow, Nikitin, etc.)

[4] Koken, Neues Jahrb. für Min. und Paläont. 1896.

[5] Mündliche Mitteilung von J. Wysogorski.

[6] Choffat, Sur la limite entre le Jurassique et le Crétacique en Portugal; Notice préliminaire Bull. Soc. belge de Géol. Pal. et Hydr. 1901, 2. série, t. V, p. 111.

Tiefwasserverhältnisse keinen schroffen Facieswechsel und keine plötzliche Faunen-
veränderung bedingten, als überaus künstlich.

Fassen wir nun das Gesagte zusammen, so ergibt sich folgendes: Ähnlich
wie zwischen Oberer Kreide und Tertiär in gewissen Gegenden Binnenablagerungen,
wie die liburnische Stufe und das Montien, die Grenze verschärfen, ebenso ist am
Ende der Jurazeit eine Trockenlegung eines Teiles von Zentral- und Westeuropa
anzunehmen. Zu gleicher Zeit setzten sich in Nord und Osten Meeresablagerungen
vom Typus des Spectonmergel ab und im Gebiete des Tethys bildeten sich ununterbrochen marine Sedimente mit Foraminiferen- (Portugal) oder bathyaler Facies,
und begruben eine Reihe von Cephalopoden, welche den Charakter von Übergangsfaunen in ausgesprochener Weise zeigen.

Es. Haug verdankt man eine 1894 erschienene, recht übersichtliche Zusammenfassung
der auerst in Westeuropa und später in Rußland entstandenen Polemik über die Jurcreta-
cischen Grenzschichten und die obersten Jurastufen (Portlandstufe, Tithon- und Wolgastufe). Es
zeigt namentlich der Pariser Geologe, daß in der Zone alpiner Faltung, sowie in allen Gebieten
ähnlicher Entwicklung (Mexiko, Kalifornien, Cordillere etc.) zwischen den obersten Jurabildungen
(Tithon) und den Absätzen der untersten Kreide sowohl in palaeontologischer als stratigraphischer Hinsicht ein allmählicher Übergang existiert.

Die Abgrenzung der Unteren und Oberen Kreide.

Bereits an der Grenze der unteren und oberen Aptschichten können in
einzelnen Gegenden und zwischen Aptien und Gault in den meisten Gebieten
deutliche Spuren einer Transgression nachgewiesen werden, welche als ein Vor-
spiel der noch weiter übergreifenden Cenomantransgression zu deuten ist,
und manchmal nur im mittleren oder oberen Gault zur Geltung kommt.

Zugleich stellen sich oft Sandsteine sowie glaukonitische Schichten mit Phosphoriten ein.

In gewissen Gebieten, z. B. im östlichen Teile des Département Basses Alpes,
sind hingegen Aptien, Gault und Cenoman durch das Fortdauern einheitlicher
bathyaler Faciesbedingungen (Schlammfacies) eng mit einander verbunden und
lassen sich nur durch das genauere Studium der aufeinander folgenden Horizonte
mit verkiesten Ammoniten unterscheiden.

In diesen Gebieten ist das Albien gekennzeichnet durch das Erscheinen der Gruppen des
Lytoceras nuatdum Coq. sp., *Gaudryceras (Kossmatella) Agassisianum* PICTET sp., des *Tetragonites
Timotheanus* PICTET sp., der *Puzosia (Latidorsella) latidorsata* D'ORBIGNY sp. und der *Puzosia
Mayoriana*, welche an die Stelle von *Phylloceras Guettardi* RASP. sp., *Tetragonites Duvalianus*
D'ORB. sp. und *Douvilleiceras Martini* D'ORB. sp. treten.

Gegen die obere Kreide (Neocretacicum) ist die Abgrenzung, wo dieselbe
nicht durch eine Transgression (Cenomantransgression) verschärft[1] ist, palaeonto-

[1] Vergl. oben. — Die Bedeutung dieser „positiven" Bewegung der Kreidemeere, welche
sich auf weite Gebiete erstreckt, hat Ed. Suess auf meisterhafte Weise ins Licht gestellt. Dieselbe ist in den verschiedensten Gebieten der Erde nachgewiesen worden und entspricht einer
großen Änderung in der Verteilung von Land und Meer. Beobachtet man z. B. bei Namur und
Essen eine direkte Auflagerung der Cenomanstufe auf Kohlengebirge und bei Dresden und
Regensburg auf kristallinische Urschiefer, so ist ein ähnliches Übergreifen des Cenomans in
Westfrankreich, am Rande des französischen Zentralplateaus, im südwestlichen England, in Kleinasien, Persien, Hinterindien, Ostindien, in Nordamerika, Nord-Mexiko, Brasilien, Westafrika und
bis auf Westaustralien zu verfolgen.

logisch durch das Erscheinen gewisser Cephalopodensippen gekennzeichnet, so durch *Acanth. Mantelli* Sow. sp., *Acanth. rhotomagense* (Defr.) D'Orb. sp., *Ac. laticlavium* Sharpe sp., *Ac. auriculare* Sow. sp., *Schloenbachia varians* Sow. sp., *Turrilites costatus* Lamk., *Turr. tuberculatus* Sow.; ferner treten eine Anzahl von neritischen Arten, wie *Caprinella (Ichthyosarcolithes) triangularis* Desh. sp.), *Pecten asper* Lamk. auf. In manchen Gebieten bewirken aber Übergangsschichten mit *Schloenbachia (Mortoniceras) inflata* Sow. sp. (und *Schl. rostrata* Sow. sp.), welche noch zum Gault zu rechnen sind (das sog. *Vraconnien* Renevier's 1867), eine gewisse Abschwächung jener Grenze, so z. B. im Juragebirge, in den Waadtländer Alpen, im Dauphiné (la Fauge) und in Nordeuropa (Nordfrankreich, England (Upper Greensand), Belgien, Norddeutschland), im Seybousegebiet (Nordafrika) und in einem Teile Mexikos, etc.

Die genaue Altersbestimmung dieser Übergangszone, welche von einigen Fachleuten (Barrois, G. Dollfus, Hébert, Munier-Chalmas und de Lapparent) zum Cenoman gestellt, von anderen aber (Grossouvre, deutsche Fachleute etc.) zum Gault gezogen wird, gab Veranlassung zu zahlreichen Aufsätzen.

Es mag übrigens hier daran erinnert werden, daß manche Autoren, und namentlich Hébert, auf Grund der großen Faunenähnlichkeit Gault und Cenoman als eine mittlere Abteilung (*Mesocretacicum*, *Crétacé moyen*) des Kreidesystems auffassen, innerhalb welcher dann sich der ganze Transgressionsprozeß abspielt.

Über die Frage, ob die Gaultstufe zur unteren oder oberen Kreide zu stellen sei, enthalten die Berichte des dritten geologischen Kongresses (Berlin 1885) p. CVII, 284, 287, 288, 328, 355 verschiedene, von den geologischen Kommissionen mehrerer Kulturstaaten ausgehende Meinungen, und während mehrere Fachgenossen, und namentlich die französischen und Schweizer Geologen, besonders Ed. Hébert, die Aufstellung einer Mittleren Kreidegruppe (*Mesocretacicum*) befürworten, auf die palaeontologische Verwandtschaft der Gaultfauna mit der obercretacischen nachdrücklich hinwiesen und die Tatsache hervorhoben, daß der Gault oft ohne Zwischenlagerung des Neokoms auf älterem Gebirge transgrediert, während er stets vom Cenoman überlagert wird, wurde von den meisten Vertretern der anderen Länder, und namentlich von Neumayr, die Ansicht ausgesprochen, die Gaultstufe habe palaeontologisch einen mehr unterretacischen Charakter und sei in ihrer Verbreitung eher dem Palaeocretacicum anzuschließen: in Böhmen, Schlesien,

---

[1] Über die Fauna der fraglichen Übergangsschichten (Gaize, Malmstone of Devizes, Meule de Bracquegnies, Blackdownschichten, Merxham-Beds, Sarrasin de Brillgnies etc.), sowie über die Cephalopodenformen der einzelnen Gaultzonen wird weiter unten (im Abschnitte über die Gaultstufe) Näheres gegeben werden. Alcide d'Orbigny rechnete einen Teil derselben, z. B. die Blackdown-Beds, zur Cenomanstufe; Jukes Browne reihte sie mit dem Gault und einem Teil des Cenomans in eine besondere Stufe, das Selbornian.

Die neueren diesbezüglichen Aufsätze sind namentlich:

A. de Lapparent, Sur l'étage de la Gaize. (Bull. Soc. géol. de Fr., 2. série, t. XXV, p. 889, année 1898.)

G. Dollfus, Discussion sur la base de l'étage cénomanien, (Feuille des Jeunes Naturalistes, No. 326, 327 et 328, 1897—98.)

Jukes Browne, Les limites du Cénomanien (réponse à M. G. Dollfus). (Feuille des Jeunes Naturalistes, No. 331 et 331, 1898.)

G. Dollfus, L'étage cénomanien en Angleterre. (Feuille des Jeunes Naturalistes, No. 369, 1901.)

Jukes Browne, The Gault an Upper Greensand of England with contrib. by W. Hill, London 1900. (The Cretaceous Rocks of Britain t. Z. Mem. Geol. Survey of the Un. Kingdom.)

de Grossouvre, Recherches sur la Craie supérieure. (Mémoires pour servir à l'explication de la Carte géol. de France, Paris 1901.)

de Grossouvre, Sur la transgression cénomanienne. (Comptes rendus de l'Association française pour l'Avancement des Sciences, Congrès d'Ajaccio, 1901.)

Sachsen, bei Regensburg, in Galizien, Skandinavien, im transkaspischen und abflindischen Gebiete, im westlichen Nordamerika und südlichen Afrika *beginnt die marine Kreide erst mitden Cenoman.* Hingegen wurde aber die zur Gaultzeit stattfindende Ausgleichung der facielen und geographischen Verhältnisse zwischen nord- und südeuropäischen Gebieten (welche während der unteren Kreidezeit in schroffem Gegensatze erscheinen) hervorgezogen und als ein Argument benützt, das Albien in die obere Kreide zu stellen; — es mag aber darauf hingewiesen werden, daß eine solche Ausgleichung bereits mit Zeit des Aptien (oberes Neokom) zu statten kam.

Vom palaeontologischen Standpunkte betrachtet, ist die Grenze zwischen Gaultstufe und Cenoman (das heißt zwischen Unterer und Oberer Kreide), wie DE GROSSOUVRE[1] dargetan, entschieden über die Zone der *Schloenbachia (Mortoniceras) inflata* Sow. sp. zu setzen. Letztere Leitform ist gewöhnlich, z. B. in der »Gaize« von Le Havre", im Pays de Bray, im ostfranzösischen Argonnegebiet und in den Flammenmergeln Norddeutschlands von einer Reihe Gaultarten wie *Haplites auritus* Sow. sp., *Haplites splendens* Sow. sp., *Hopl. calbonnensis*, HKN. et TOUCAS (irrtümlich mit der Cenomanspecies *Hopl. falcatus* MANT. sp. verwechselt!) begleitet; ihr sicheres Zusammenliegen mit charakteristischen Arten des Cenomans ist, wie JUKES BROWNE und DE GROSSOUVRE gezeigt[?], nur in seltenen und zweifelhaften Fällen oder nur in den obersten Bänken angegeben worden. Das gilt namentlich für *Schloenbachia varians* Sow. sp.

Es enthalten die ächten Inflatuschichten eine ungefähr gleiche Anzahl von Arten, welche ihnen, teils mit dem Gault, teils mit dem Cenoman gemein sind und über deren Aufzählung G. DOLLFUS und JUKES BROWNE nicht übereinstimmen. Im Großen und Ganzen besteht die Fauna dieses Horizontes aus etwa 140 Species. Außer *Schloenbachia (Mortoniceras) inflata* Sow. sp. sind *Hopl. Renauxianus* D'ORB. sp., *Scaphites Hugardianus* D'ORB. sp., *Turrilites Puzosianus* D'ORB. sp. *Turrilites Bergeri* BRONGN. *Acanth. gardonicus* HÉB. et TOUC. sp., *Hopl. calbonnensis* HÉB. et M. CH. sp., *Hopl. orbignianus* HÉB. et M. CH. sp., *Stoliczkaia Salazacensis* HÉB. et M. CH. sp., *Tripoxia hera* A. DOLLF., *Pecten elongatus* LAMK., und *Pecten orbicularis* SOW., *Holaster subglobularis*, *Discoidea cylindrica* leitend. Als Fundorte sind zu nennen: Montblainville, Marlemont (in der „Gaize"formation), in Hève bei le Havre in Nordfrankreich; Hennivant und Blackdown in England; die Pulsayesande im Südwesten des Pariser Beckens. Paris (in den Tiefbohrungen wurde die „Gaize" über den Concentricusschichten des Gault nachgewiesen), La Fauge (Isère), Le Tordu (Basses-Alpen), Salazac (Gard), in Vracoune (Waadtländer Jura), Cheville (Waadtländer Alpen), die Flammenmergel Norddeutschlands, Angola (Westafrika), Seylausgebiet Nordafrika), etc.

Irritatische Angaben über die Zusammenpressung dieser Fauna wurden durch ungenügendes Auseinanderhalten der tieferen und höheren Zonen, namentlich bei Wissant und Folkestone in Nordfrankreich und England, Cheville in den Schweizer Alpen etc. von seiten verschiedener Forscher und Sammler in die ältere diesbezügliche Literatur eingeführt. Ob u. B. *Scaphites aequalis* SOW., eine Cenomanspezies, bereits bei les Prés de Beucuvel (Isère) in den mittleren Gaultschichten vorkommt, mag, nach GU. JACOB, bei der dort in der Ackerkrume nachgewiesenen Vermischung von Fossilien aus mehreren Horizonten, nicht mit Sicherheit behauptet werden.

Betrachtet man die Frage vom stratigraphischen Standpunkte aus, so kommt man zu dem Schlusse, daß vom obersten Aptien (inkl.) bis zum Cenoman sich wiederholt in den verschiedensten Gegenden mehr oder minder ausgedehnte Transgressionen des Meeres fühlbar machten; dieselben zeigen sich bald unter (Somersetshire, Devonshire etc.), bald über (La Hève bei le Havre) den Inflatus-

---

[1] DE GROSSOUVRE, Craie supérieure, p. 766.   In Texas scheint die marine Kreide mit Sanden der oberen Aptstufe und des Gault einzusetzen.

[2] Hève, bei Montblainville etwa 105 m mächtige Formation wurde zuerst von SAUVAGE und HÉBERT und auch von BARROIS beschrieben.

schichten und können schwerlich zur Einführung einer festen Grenze zwischen unterer und oberer Kreide benützt werden.

Beginnt das Cretacicum manchmal transgredierend auf älteren Schichten mit der Inflatuszone, wie z. B. an einigen Stellen im Osten des Pariser Beckens, in Westafrika, in Westfrankreich (Ornedepartement, Gacé in der Normandie) und in gewissen englischen Gebieten, so gibt es hingegen weite Bezirke (Aquitaine, le Mans (Frankreich), Essen in Westfalen, Sachsen, Böhmen, Rußland etc.), in welchen die Zone der *Schloenbachia inflata* Sow. sp. vollständig fehlt, und die transgredierenden Kreideablagerungen mit den jüngeren Schichten des unteren Cenomans (Zone der *Schloenb. varians* Sow. sp.) beginnen.

Wird die Frage historisch genommen, so muß man bedenken, daß n'ORBIGNY's Cenomanstufe nach der Gegend von Le Mans benannt wurde und gerade dort die echten *Inflatus*-Schichten unter dem transgredierenden Cenoman vollständig fehlen, also kein Grund vorhanden ist, diese Schichten dem *Cenomanien* einzuverleiben. Wie bereits hervorgehoben wurde, ist übrigens bei der tatsächlichen Unmöglichkeit die Formationsgrenzen auf allgemein verbreitete Transgressionserscheinungen oder schroffe Faunenveränderungen zu stützen, in der Systematik der Sedimentschichten, die historische Methode vorzuziehen. — DE GROSSOUVRE's, FUTET's und HAUG's Verdienst ist es, gezeigt zu haben, daß es keine allgemeine Transgressions- oder Regressionserscheinungen gibt, sondern daß sich beide Vorgänge in den verschiedenen Gebieten ausgleichen. Transgressionen, welche, wie MAYER EYMAR anzunehmen scheint, zu gleicher Zeit in allen Ländern der Erde stattgefunden, gibt es überhaupt nicht und es liegt in der Natur der Systematik, daß die Grenzen der Formationen sowohl vom palaeontologischen Standpunkte aus, als in stratigraphischer Hinsicht als willkürlich erscheinen. Sowohl die Meeresbewegungen als die Veränderungen der Faunen und Floren tragen durchaus den Charakter allmählicher, continuierlicher Vorgänge, und die zur Aufstellung von Stufen- oder Formationsgrenzen benutzten schroffen Unterbrechungen derselben haben in der Regel nur eine lokale und keineswegs allgemeine Bedeutung.

Es scheint demnach am zweckmäßigsten die Grenze zwischen Unterer (bezw. Gaultstufe) und Oberer (auf (bezw. Cenomanstufe) Kreide über den sog. *Inflatus*-Schichten, d. h. den Absätzen der Zeit des maximalen Aufblühens von *Sch. inflata*, Sow. sp., zu ziehen. Zwar kommt *Sch. inflata* Sow. sp. noch im unteren Cenoman vor (z. B. mit *Pecten asper* bei le Mans); aber sehr vereinzelt und in besonderen Varietäten. Endlich sind in gewissen Gebieten sog. Übergangsschichten beschrieben worden (Vraconnien Renevier, z. B. bei Cheville (Waadt) und La Fauge (Isère), in welchen Arten des oberen Gault und des unteren Cenomans zusammen liegen sollen; es hat sich jedoch bei sorgfältigem Studium meistens herausgestellt[1], daß in solchen Gebilden ein unterer, durch Gaultarten charakterisierter, und ein oberer, dem Cenoman angehörender Teil unterschieden werden kann.

Wie bereits oben angedeutet wurde, würde eine Einteilung der Kreide in untere, mittlere und obere zweckmäßiger erscheinen, da die mittlere Kreide sämtliche transgredierenden Absätze vom unteren Aptien (exkl.) bis zum oberen Cenoman umfassen würde; die Grenze zwischen unterer (Aptstufe) und mittlerer (Gault-Cenoman) Kreide würde aber dann ebenfalls künstlich

[1] W. KILIAN, Montagne de Lure, p. 301.

erscheinen, weil Transgressionen je nach den Gebieten mit verschiedenen Horizonten der obersten Apt- oder untersten Gaultstufe beginnen und andererseits zwischen Aptien und Gault in den Punkten (Basse, Alpes), wo keine Unterbrechung der Absätze stattgefunden, ein durch mehrere, doch wenig untersuchte, palaeontologische Zonen, allmählicher Übergang nachzuweisen ist.

Der Beginn der Oberen Kreide (Cenomanstufe) fällt also mit der durch das Maximalauftreten von *Schloenbachia varians* Sow. sp., *Acanthoceras Mantelli* Sow. sp., *Ac. Rhotomagense* (Defr.) d'Orb. sp., *Ac. laticlavium* Sharpe sp., *Pecten asper* Lamk, *Nautronema Carteri* Sollas etc. ausgezeichneten Zone zusammen. — Über limnische und kontinentale Grenzbildungen zwischen Palaeocretacicum und Neocretacicum liegen infolge des meist transgredierenden Auftretens des Cenomans bis jetzt keine genügende Daten vor; einige Bildungen dieser Art aus Nordamerika, welche vielleicht hierher gehören, werden weiter unten, bei Gelegenheit der außereuropäischen Gaultstufe näher besprochen.

Gliederung der Unteren Kreide.

A. Historische Entwicklung der Kenntnisse.

a. Ursprung und Bezeichnung »Neokom«.

Über den jüngsten Ablagerungen der Juraformation liegen im Neuenburger Jura versteinerungsreiche Schichten, welche Thurmann im Jahre 1835 unter dem Namen Neocomien (von *Neocomum* = Neuchâtel-Neuenburg) als besondere Stufe unterschied[1]. Diese Neocomstufe wurde durch Alcide d'Orbigny[2] schärfer gekennzeichnet und auf sämtliche, zwischen den höchsten Juraablagerungen und der Aube-Stufe (= Albien-Gault-Stufe) liegenden Sedimente übertragen. In demselben Sinne wurde von Hébert und mehreren anderen Forschern diese Bezeichnung aufgefaßt. Im Laufe der Zeit wurden aber mehrere Schichtengruppen als selbständige, durch gut charakterisierte Faunen gekennzeichnete Stufen, z. B. das Urgonien d'Orbigny's (= Barrémien Coquand z. T.) abgetrennt und die Bezeich-

---

[1] Bereits Leopold von Buch hatte im Jahre 1831 diese Gebilde von der Juraformation unterschieden, wie aus einem Manuskript desselben über die Fossilien der Umgegend von Neuenburg erhellt, das in der Bibliothek von Neuenburg (Neuchâtel), Schweiz) niedergelegt ist und wovon eine von Hopwort verfertigte Abschrift durch Am. Boué an die Société géologique de France in Paris geschenkt wurde und in der Bibliothek dieser Gesellschaft aufbewahrt wird. Das Manuskript wurde erst 1867 veröffentlicht. — Die Vertretung der Kreideformation und speziell des damals schon bekannten englischen „Lower Greensand" im Juragebiete hatten De Montmollin, Thirria und Elie de Beaumont (1830) bereits erkannt und unter den Bezeichnungen „Terrain crétacé" du Jura und „Terrain jura-crétacé" bekannt gemacht, als Thurmann 1835 vor der in Besançon gehaltenen Versammlung der französischen geologischen Gesellschaft für diese Gebilde den Namen „Neocomien" vorschlug. Diese im Jahre 1835 von Thurmann nach der Stadt Neuchâtel (Neuenburg) in der Schweiz geschaffene Bezeichnung wurde für die schon von Montmollin erkannten blauen Mergel (Hauterivien) und gelben Kalke angewendet, welche dort den Portlandkalken der Jurakette auflagert sind (,Couches adossées au Jura"). Diese Auffassung wurde später von d'Orbigny erweitert und umfaßte sodann alle zwischen dem obersten Jura und dem Gault begriffenen Schichten; in diesem Sinne gebrauchten auch später Hébert, Coquand etc. die Bezeichnung „Néocomien".

[2] A. d'Orbigny, Cours élémentaire de Paléontologie et de Géol. stratigraphique t. II, Paris-Masson 1852. Siehe auch Haug (Gde. Encyclopédie No. 595, Dec. 1890), „Néocomien".

nung ›Neokom‹, z. B. von MÜNIER-CHALMAS und DE LAPPARENT [1], auf die untersten Abteilungen der Unteren Kreide (Valanginien und Hauterivien) beschränkt.

Es sind infolge dieser mehrfachen Schwankungen im Gebrauche des TITU-MANN'schen Namens ›Néocomien‹, sowie mancher durch die neueren Untersuchungen über die faciellen Verhältnisse der Unteren Kreidesebichten entstandenen Bezeichnungen, ein Neokom *(sensu lato)* [2], welches sämtliche zwischen oberstem Portland und unterstem Gault liegende Absätze umfaßt, und ein Neokom *(sensu stricto)*, welches nur die Sebichten zwischen oberstem Portland und Barrémien (exkl.) begreift, zu unterscheiden. Beide Namen mögen aber, wegen ihrer ziemlich unpräzisen Sinnes hier nur in Betracht ihrer historischen Wichtigkeit erwähnt, als dem heutigem Stande unserer Kenntnisse kaum noch entsprechende Kollektivnamen aus der Nomenclatur gestrichen werden.

Bis gegen 1880 herrschte in der einschlägigen Literatur eine große Verwirrung und es fiel schwer, ein Gesamtbild über den Synchronismus der palaeocretacischen Schichtengruppe zu gewinnen. Die Entwicklung der Kenntnisse wurde in musterhafter Weise durch UHLIG zusammengefaßt und seit 1880, d. h. nach dem Erscheinen einer Reihe größerer Monographien über die Verhältnisse in Südfrankreich, der Schweiz, der Jurakette, Norddeutschlands etc. klärten sich, trotz der Aufstellung mancher lokaler (siehe unten) teilweise ungerechtfertigter Stufenbenennungen, die Begriffe allmählich doch in der Weise, daß heutzutage die Gliederung des Palaeocretacicums mit genügender Schärfe durchgeführt und von den faciellen Veränderungen desselben ein klares Bild gegeben werden kann.

Betrachten wir nun in ihren Hauptzügen den Lauf der Untersuchungen über die Untere Kreide.

6. Weitere Ausbildung der Kenntnisse über Palaeocretacicum.

Die geschichtliche Entwicklung der schwierigen Gliederung und Zoneneinteilung der palaeocretacischen Sedimente hat infolge der faciellen und provinzellen Unterschiede zwischen gleichzeitigen Bildungen in den verschiedenen Gegenden nur langsame Fortschritte gemacht. Zuerst wurden, wie gesagt, die unteren Kreideschichten in England als „Lower Greensand" durch W. SMITH (1820) beschrieben, und der durch den Scharfblick L. von BUCH's, THIRRIA's den MONT-MOLLIN's im Jurageblirge erkannte äquivalente Schichtenkomplex erhielt von THURMANN 1835 die Benennung Neocomien und wurde als solcher in DUFRÉNOY und ÉLIE DE BEAUMONT's Erklärung der französischen geologischen Karte aufgenommen. Nachdem dann 1840 LEOPOLD von BUCH's inhaltsreiche Übersicht der Kreidegebilde erschienen war, begann eine Periode feinerer Untersuchung.

Schon 1842 gab ALCIDE D'ORBIGNY im zweiten Bande seiner gewaltigen Paläontologie française (Terrains crétacés, tome II) eine vollständigere und heute noch brauchbare Stufeneinteilung des Palaeocretacicums, indem er von unten nach oben die ‚Etages‘ Néocomien, Aptien und Albien aufstellte; 1850 und 1852 wurde von denselben eine weitere Stufe, das Urgonien [3], zwischen Neocomien und Aptien eingeschaltet (Prodrome). D'ORBIGNY's Einfluß auf die Förderung der Kenntnisse der palaeocretacischen Faunen, namentlich der Cephalopoden, sowie der stratigraphischen Verhältnisse kann entschieden als bahnbrechend bezeichnet werden (vergl.

[1] Nomenclature des Terrains sédimentaires. Paris (Bull. soc. géol. de France. 3. série, t. XXI. 1894.) —

[2] KILIAN, in Annuaire géol. univ. t. III (1897), p. 302.

[3] Im Prodrome werden unter den Leitformen dieser neuen Stufe neben Rudisten (Requienien) und anderen Familien auch eine Reihe von Ammonitiden aufgezählt, aus denen zu ersehen ist, daß dieser Forscher als bathyales Äquivalent zum Urgonien die seither als Barrémien von COQUAND bezeichneten Cephalopodenschichten rechnete.

Neuenburg (Neuchâtel), Schweiz. Schloss und obere Stadtteile sind auf Untere Kreide gebaut

d'Orbigny, Cours élémentaire de Pal. stratigraphique). — 1853 schuf Desor für die tiefsten, das typische Neocom Thurmann's unterteufenden Schichten der Neuenburger unteren Kreide, den Namen Valanginien. Ferner wurde zwischen den Etages Urgonien und Aptien von Coquand, 1861 für Cephalopodenkalke, die d'Orbigny als eine Facies des Urgonien auffaßte, die Barrême-stufe (Barrémien) geschaffen, und später (1876) kam noch für die tiefsten Zonen der untersten Kreide die von Coquand benannte Berriasstufe (Berriasien), sowie mehrere von Mayer-Eymar, Toucasel etc. vorgeschlagene Änderungen dazu (siehe weiter unten das Verzeichnis der Stufennamen)..

Außer den allgemeineren, auf dem Gebiete der Unteren und Mittleren Kreide noch sehr ungenügenden Gliederungsversuchen von Michell (1788), William Smith (1820), Mantell und Conybeare, mögen für England die genannten Untersuchungen der palaeocretacischen Sedimente von Phillips, Tate, Judd, Martin, Fitton, Webster, Forbes, J. Morris (1851), Simpson, Drew und J. Sowerby erwähnt werden, dank welcher Wealden und „Lower Greensand" palaeontologisch und stratigraphisch erforscht worden, deren Vertreter 1836 im Juragebirte von Montmollin wiedergefunden und von Thurmann als „Néocomien" bezeichnet worden waren; es ist aber erst seit 1843 der Name Neokom von Godwin Austen auch für englische Vorkommnisse gebraucht worden. In neuerer Zeit haben Topley und Jukes Browne eine historische Übersicht der damals unterschiedenen Stufen und Gruppen veröffentlicht; — palaeontologische Beiträge zur Kenntnis der Fauen brachten namentlich Sowerby, Davidson, Paylow, Woods u. A.

Im Pariser Becken entzifferten Cornuel (1839 - 44), d'Archiac (1836), Leymerie (1841), Saemann und Baymann mit großem Eifer die zwischen Jura und oberer Kreide liegenden Schichten und erkannten darin die Äquivalente des englischen Wealden und Gault. Diese Forscher haben eine Reihe heute noch klassischer stratigraphischer und palaeontologischer Beschreibungen hinterlassen. Dazu kommen verschiedene Arbeiten von Hoyet (1828), E. Robert (1835), d'Orbigny, Passy, Graves, Michelin, de Loriquanar, Royer, Thoma und Clément Mulet. Die Daten über die Kreideformation Nordfrankreichs wurden 1851 von d'Archiac in seiner „Histoire des Progrès de la Géologie" zusammengefaßt, welche ebenfalls eine Übersicht sämtlicher damals bekannten Kreidebildungen der Welt enthält. - 1849 unterschied Dewitt als Etage Aachénien in Belgien Schichten mit Iguanodonten, welche zum Teil als kontinentale Vertreter eines Teiles der Unteren Kreide zu betrachten sind.

Die deutschen Wealdenthone und die bereits 1836 als Hilsthon (F. A. Römer) beschriebenen, mit den wichtigen Arbeiten von Hoffmann, Dunker[1], Bethge, Ewald, v. Strombeck, Greopisella u. a. bekannten palaeocretacischen marinen Sedimente Norddeutschlands sind 1887 von Neumayr und Uhlig palaeontologisch zum Teil neu bearbeitet worden.

Die große Verbreitung und reiche Entwicklung, welche die Neocombildungen in Südostfrankreich besitzen, bildeten eine Anregung zu zahlreichen Arbeiten. Nachdem Simon Gran 1833, sowie Ewald und Beyrich in der Dauphinée[2], Savoyen und Provence das Vorhandensein von Äquivalenten des Neuenburger „Néocomien" und des englischen „Gault" erkannt hatten und Mathéron's lehrreiche Beiträge zur Kenntnis der provençalischen Kreide erschienen waren, in denen zwar die Urania kalke von Orgon zum Teil noch als jurassisch angesehen waren, entspannen sich unter den Forschern langjährige, zum Teil sehr lebhafte Diskussionen, an denen d'Archiac, Heybe, Desor, Hébert, Lesuerue, Coquand, Maunas, Ch. Lory, Pictet, d'Orbigny u. a. teilnahmen; es wurden dadurch, sowie durch die Verdienste von Astier, Duval-Jouve, Thoulinen, d'Orbigny, Raspail, Le Coeq, Garnier, Deeclafait, Léveille, Émilien Dumas, de Malbos, Dumfesot, Mathéron, Coquand und später Toucasel, Cahez, Libaient und Toucas, unsere Kenntnisse über das Palaeocretacicum östlich und westlich der Rhône sehr gefördert. Vor allem gliederte En. Hébert 1863 und 1871 die südfranzösische untere Kreide in ihren Einzelheiten, faßte die Spatangenfacies als littorale Ausbildung des Neokom auf und gab eine Reihe von Profilen der Cephalopodenfacies und der Toucasterfacies. Ch. Lory schilderte meisterhaft die

---

[1] Dunker verdankt man namentlich eine grundlegende Monographie der mitteldeutschen Wealdenformation.

[2] Vergl. auch die Arbeiten von Guérsand, Hoyet, Albin Gran, Ch. Lory und für Savoyen die Beiträge von Renne, Pillet u. a.

gleichaltrigen Ablagerungen der Jurakette und beschrieb bei Grenoble eingehend als „Type mixte" das Ineinandergreifen der jurassischen und provençalischen Entwicklung.

Im Gebiet der Jurakette und im Salèvemassiv waren unterdessen die untercretacischen Gebilde durch die grundlegenden Forschungen von Brongniart und Brolliano (1821), Montmollin, Thurmann, Pidancet, Rollet, Itier, Marcou, Agassiz, Leroy, W. Roux, Pictet und Campiche, Ch. Lory, Nicolet, Favre, Renevier, Escher, de Villeneuve, Studer, de Loriol, Jaccard bekannt geworden und palaeontologisch durch die musterhaften Monographien Pictet's und seiner Mitarbeiter (de Loriol, Renevier, W. Roux), wie kaum andere, durchgearbeitet.

Mit den Jura-Kreide-Grenzschichten (Tithon, Purbeck, Wealden) hatten sich eine Reihe von Fachleuten bereits beschäftigt, namentlich Mantell, Webster, Fitton, Forbes, Lyell, Topley, Owen, Robertson in England, F. A. Roemer, Dunker, Naumann, Struckmann u. A. in Norddeutschland, Élie de Beaumont in Nordfrankreich; in den Alpen und im südlichen Europa besonders Reyrich, Oppel, Stur, v. Hauer, Hohenegger, Zeuschner, Suess, Catullo, de Zigno, Benecke, Stache, v. Majsovics, Neumann, Zittel, Gotteau, M. Ouilvie, Zirke. Über die heftigen Diskussionen, an denen Hébert, Pictet, Morian, Morich, Coquand, Cuapper u. A. teilnahmen, wurde weiter oben berichtet.

In seiner „Neocomstudie" (1880) versuchte nun Vacek die Ergebnisse dieser ersten Forschungsperiode übersichtlich zusammenzustellen und mit einigen neuen Daten über Savoyen, die Schweiz und Vorarlberg in Einklang zu bringen. Kurz nachher (1883) zeigte Uhlig, sich auf ein genaues Studium der sämtlichen Literatur, sowie auf eigene Beobachtungen in den Karpathen und Ostalpen stützend, daß sich in der Unteren Kreide palaeontologisch sechs Cephalopoden-Faunen (von unten nach oben) unterscheiden lassen: 1. die Berriasfauna; 2. die Fauna der Schichten mit *Belemnites latus* Blainv.; 3. die Fauna der Schichten mit *Crioceras Duvali* Lev. und *Belemnites dilatatus* d'Orb.; 4. die Barrêmefauna mit *Macroscaphites Yvani* Pizon sp. und *Crioceras Emerici* d'Orb.; 5. die Garga-fauna mit *Aneyloceras Matheroni* d'Orb., *Acanth. Martini* d'Orb. und *Am. Nisus* d'Orb., und endlich, 6. die Gaultfauna.

In seiner bekannten „Erdgeschichte" (1887) unterscheidet Neumayr 1. ein Unteres Neocom mit: a) Zone des *Hoplites occitanicus* Palt. sp., b) Zone des *Belemnites latus* Bl.; 2. ein Mittleres Neocom, Zone des *Belemnites dilatatus* d'Orb. und ein Oberes Neocom, Zone des *Macroscaphites Yvani* Pizon sp.

Dann kamen die grundlegende Arbeit von Léenhardt über den Mt. Ventoux nebst den Aufsätzen von W. Kilian über die Montagne de Lure (1889), und die Umgegend von Sisteron (1895), welche eine noch schärfere Zusammengliederung durchführten und die Stufeneinteilung (trotz der oft heirenden Faciesverhältnisse) auf weitere Bezirke Südfrankreichs auszudehnen suchten.

Die lehrreiche Übersicht der mesozoischen Meere, welche im zweiten Bande von E. Suess „Antlitz der Erde" enthalten ist, wirkte mächtig fördernd auf die mannefa in den verschiedensten Gegenden der Erde unternommenen Untersuchungen über palaeocretacische Stratigraphie, während Renevier's „Chronographe géologique" in seinen zwei Auflagen (1873 und 1894) nützliche Angaben über Stufen, Zonen, Facies, Nomenklatur, Leitfossilien usw. brachte. Dazu kamen in neuerer Zeit bedeutende Fortschritte, welche zum Teil seit 1897 im Annuaire géologique universel (Paris) zusammengefaßt wurden; im Schweizer Jura haben H. Schardt's und ganz besonders Baumberger's Untersuchungen dazu beigetragen, das Bild der unteren Kreideschichten in bezug auf den Parallelismus mit den südfranzösischen Bildungen gleichen Alters, Facies- und Faunenverhältnisse etc. beträchtlich zu verschärfen.

Außerdem haben die Unternehmungen von Torcapel, G. Sayn, Roman, H. Douville, Collot, Hommolay-Bastide, Zürcher, Simionescu (Übersicht der untercretacischen Ammoniten), V. Paquier, P. Lory, Ch. Jacob dazu beigetragen, das Palaeocretacicum Südostfrankreichs bis auf die Zusammensetzung der einzelnen Zonen bekannt zu machen, während in den Pyrenäen Carez, J. Seunes, Roussel, und Dollfüs den Werken von Magnan und Levneric etc. einige neue Beobachtungen hinzufügten.

Aus den Schweizer Alpen, wo bereits Studer 1836 die Untere Kreide bei Interlaken entdeckt hatte, und grundlegende Studien von Escher von der Linth, Ooster, Favre, Gilliéron, de Loriol, Kaufmann, Renevier, Stütz etc. vorlagen, kamen interessante Beiträge von Buxi-

HARDT, SAYN, MAYER-EYMAR (1887) CH. JACOB (1907), BENTHOF, PANNEKOEK, ARN. HEIM und eine neue Bearbeitung der Cephalopoden von Châtel-St.-Denis durch SARRASIN und SCHORNBELMAYER.

Über nordkretische Vorkommnisse kamen eine Anzahl von inhaltreichen Aufsätzen von DREWERMANN, GAGEL, WEERTH, GÜNTHER MAAS, WOLLEMANN, G. MÜLLER, HARBORT, HOYER, STOLLEY und in letzter Zeit erschöpfende und wertvolle Untersuchungen des Professors VON KOENEN, welche eine mit der südfranzösischen parallelisierbare Zonengliederung ermöglichten und eine große Anzahl neuer Cephalopodenarten von meist nordischem Habitus bekannt machten.

Die in den Werken von HANTKENS, GÜMBEL und VACEK über Vorarlberg, und den älteren Arbeiten WOXSLER's und GÜMBEL's über die gesamten Ostalpen vorhandenen Kenntnisse wurden durch Notizen von BOCKMAYER, SAYN und wichtige Beiträge von UHLIG und HAUG beträchtlich erweitert.

In den Karpathenländern arbeiteten ihrerseits UHLIG, PAUL, TIETZE, A. TILL, FR. ANDRAE, u. A. an den von ZEUSCHNER, HOHENEGGER und NEUMAYR angebahnten Studien über untercretacische Absätze weiter.

UHLIG und HAUG verdanken wir andererseits wichtige Daten über die bathyale Untere Kreide der Ostalpen und Karpathen, in den Schweizer Voralpen wurden die von CHOFFAT früher beschriebenen Vorkommnisse durch SARRASIN und SCHORNBELMAYER einer schärferen Revision unterzogen.

Aus den Donau- und Balkanländern brachten HAUECH, TOULA, SCHUBERT, ZLATARSKY sehr viel Interessantes; die italienischen Vorkommen lernten die Arbeiten von CATULLO, DE ZIGNO, PARONA, BONARELLI u. A. kennen.

In England haben sich PAVLOW und LAMPLUGH durch die paläontologische Erforschung der Speetonschichten und durch vergleichende Beobachtungen über englisches und russisches Neocom besondere Verdienste erworben; zu nennen sind auch verschiedene Aufsätze von JUKES-BROWNE und HILL, etc.

In Rußland sind die Untersuchungen von L. VON BUCH, D'ORBIGNY, MURCHISON, HOFFMANN, KEYSERLING, EICHWALD, ROUILLER, TRAUTSCHOLD, TRASIMOW, NOSCHEL, WEERHOFER, GUROFF, MILA-SCHEWTSCH, STUCKENBERG etc. gegen Ende des 19. Jahrhunderts und in den letzten Jahren durch eine Reihe von Studien von SINZTH, PAVLOW, MIHALSKY, ANTHULA, KARAKASCH, SINTZOW, BOGO-SLOWSKY, WISSNIOSKY u. A. in glücklichster und ergiebigster Weise vervollständigt worden.

Auch in entfernteren Ländern wurden Neocom und Gault näher studiert und gegliedert.

Über die portugiesische und spanische Untere Kreide haben in den letzten Jahrzehnten die Forschungen von CHOFFAT (Portugal), MALLADA, NOLAN (Baleareninseln), ALMERA, KILIAN und NICKLES, R. DOUVILLÉ, die älteren von VERNEUIL, COQUAND, LORIÈRE u. a. herrührenden Daten sowohl in paläontologischer als stratigraphischer Hinsicht beträchtlich ergänzt.

Dann häufen sich seit den bekannten Reisen von DEGENHARDT, DARWIN, KARSTEN, SHARPE, ROEMER und d'ORBIGNY und den Monographien COQUAND's über algerisches Neocom in wachsender Anzahl die Daten über das Palaeocretacicum der verschiedensten Länder (Texas [in Annuaire 1892], Kalifornien, Südamerika, Afrika, Australien, Persien etc.), deren Ergebnisse weiter unten besprochen werden. (Siehe die Arbeiten von STOLICZKA, BLANFORD, BRUBENIKEN, GABB, STEIN-MANN, BUCKHARDT, BOESE, AGUILERA, GENTH, BLAYAC, etc.

Auch unsere Kenntnis des obersten Teiles der Unteren Kreide, der Gaultstufe, deren Be-nennung (Gault oder Galt) bereits 1788 von MICHELL gebraucht wurde und deren genauere Be-schreibungen den Arbeiten von FORBES, FITTON, v. STROMBECK, HILTON-PRICE, BARROIS, CORNUEL, HÉBERT zu verdanken sind, haben sich in Bezug auf Faunen und Zonengliederung durch Beiträge von PARONA und BONARELLI, DE GROSSOUVRE, JUKES-BROWNE, HILL, SEUNES, DE LORIOL, KOSSMAT (Indien), CHOFFAT (in Portugal und Afrika), FALLOT, BARON, DOZE, PAQUIER, KILIAN und namentlich CH. JACOB (Alpen und Südfrankreich) wesentlich erweitert. [1]

---

[1] Genauere Angaben über die in diesem und folgenden Abschnitten erwähnten Werke und Aufsätze finden in den weiter unten für die verschiedenen Gebiete gegebenen Literaturverzeich-nissen ihren Platz.

B. Unterabteilungen der Palaeocretacischen Gruppe.
(Nomenklatur.)
a) Allgemeines.

Mannigfaltig und verschieden zeigen sich die Absätze der unteren Kreidezeit in den verschiedenen Gebieten der Erde, und lange Zeit hindurch herrschte in der Gliederung und Parallelisierung derselben eine gewisse Verwirrung, welche größtenteils in der mangelnden Erkenntnis der Facies- und Provinzverhältnisse ihren Grund hatte. Allmählich aber ist es gelungen, aus der Masse lokaler Monographien und Beschreibungen eine allgemeinere Stufen- und Zoneneinteilung aufzustellen, deren Hauptzüge wir in diesem Abschnitte zusammenfassen.

Von einer Anzahl von Stufenbenennungen, welche lediglich faciellen Änderungen ihren Ursprung verdanken, wird hier abgesehen[1] und das Hauptgewicht auf die Stufen und Zonen der bathyalen Ausbildung gelegt, deren litorale oder andere Äquivalente unschwer festgestellt werden können.

In einem großen Teile von Südostfrankreich entspricht dieser Gruppe von Stufen ein 400—1000 m mächtiger Schichtenkomplex von cephalopodenreichen Ablagerungen, die eine fortlaufende, durch keine Lücke unterbrochene Reihe von Sedimenten bilden, in welchen trotz des Vorkommens einiger »indifferenten« durchgehenden Arten, eine Anzahl palaeontologisch bestimmter Zonen zu unterscheiden sind.

An diesem Komplex schließt sich nur an einigen Stellen konkordant der Gault an, meistens aber liegt letzterer transgredierend auf dem Neokom (sensu lato), und es zeigen sich Spuren beträchtlicher, schon vor dem Schlusse der Aptstufe eintretender Meeresverschiebungen und Bodenbewegungen, welche, z. B. im südöstlichen Frankreich, bis zum Beginn der oberen Kreidezeit (Cenoman) fortdauern.

Untersucht man die verschiedenen Elemente der untercretacischen Faunen, so kommt man zu dem Schlusse, daß sich von allen Gruppen die Cephalopoden durch ihre große Verbreitung und durch die Veränderlichkeit ihrer zahlreichen Formen am besten als Leitfossilien für die Gliederung eignen.

Pflanzen und Wirbeltiere sind überhaupt zu selten und meistens nur in Süßwasserablagerungen erhalten, die eine mehr beschränkte Verbreitung besitzen; sie erlauben daher nicht die Durchführung einer feineren und allgemeinen Gliederung. Arthropoden kommen kaum in Betracht und von den Meerestieren zeigen Foraminiferen, Korallen und Spongien in den verschiedenen Stufen keine genügenden Unterschiede, um Zonen zu charakterisiren.

Die Echiniden sind zwar brauchbarer, doch gehen die meisten Arten (außer einigen Toxastern) durch mehrere Stufen hindurch, ohne sich merkbar zu verändern. Das Gleiche gilt von den Brachiopoden, welche höchstens größere Abteilungen und nicht engbegrenzte Zonen kennzeichnen. Pelecypoden und Gastropoden zeigen sich ebenfalls verhältnismäßig „indifferent" und an Faciesverhältnisse gebunden; es erscheinen oft dieselben Arten (Exogyra Couloni Defr. sp., Trigonia caudata An., etc.) in koncischen Bildungen verschiedenen Alters (z. B. Valanginien und Hauterivien).

Selbst unter den Cephalopoden können nicht alle Gruppen zur schärferen Zonengliederung gebraucht werden. Nautilideen bieten keinen genügenden Formenreichtum und zeigen sich meistens nicht veränderlich genug, um engbegrenzte Horizonte zu kennzeichnen.

[1] Siehe die Aufzählung derselben p. 64 u. ff.

Belemniten sind zwar häufig, bieten einige charakteristische Typen (*Duvalia, Hibolites, Cylindroteuthis*) und etliche wichtige Leitformen sind aber nur in beschränkteren Gebieten zahlreich genug, um einzelne Zonen oder Stufen genügend zu charakterisieren.

(*D. dilatata* BLAINV. sp., *D. Emerici* RASP. sp., *D. Grasiana* DUVAL. sp., *Cylindr. lateralis* PHILL. sp., *Cyl. subquadratus* RÖM. sp., *Cyl. brunswicensis* STROM. sp., *Hibol. Sternberki* MLL., *H. Ewaldi* STR. sp., *B. (Pseudobelus) minimus* LIST., *Hibol. semicanaliculatus* BLAINV. sp., *Hib. jaculum* PHILL. sp. (= pistilliformis d'ORB. sp.).

Viel wertvoller sind zu dem Zwecke die Ammonitiden, aber selbst unter diesen gibt es Formen, wie *Phylloceras* (*Ph. semisulcatum* d'ORB. sp., *Ph. serum* OPP., *Ph. infundibulum* d'ORB. sp. etc.), *Lytoceras* (*L. Liebigi* OPP.), *Lissoceras* (*L. Grasianum* d'ORB. sp.), welche unverändert durch mehrere Horizonte durchgehen, während andere (namentlich *Schloenbachia, Hoplites* [und *Perisphinctes*], *Desmoceras, Crioceras, Ancyloceras, Silesites, Holcostephanus* [und Subgenera *Astieria, Spiticeras, Polyptychites, Simbirskites* etc.], *Holcodiscus, Puzosia, Desmoceras, Pulchellia* etc.) wichtige, in ihrer zeitlichen Verbreitung begrenzte Arten liefern, welche für die Aufstellung feinerer Zonen gute Dienste leisten.

Das Hauptgewicht muß daher auf die Vergesellschaftung der verschiedenen, teils durchgehenden, d. h. langlebigen, teils in ihrer vertikalen Verbreitung begrenzten, d. h. kurzlebigen Formen gelegt werden. Es eignet sich demnach die bathyale Cephalopodenfacies, wie sie z. B. in Südostfrankreich vorkommt, ganz besonders für die Aufstellung einer normalen, womöglich allgemein durchführbaren und eingehenden Gliederung der paläocretacischen Sedimente.

Die heteropischen Äquivalente dieser bathyalen Gebilde gestatten feine Zoneneinteilungen gar nicht oder nur in einzelnen Fällen; so lassen die zoogenen Riffbildungen [1] nach ihrer Pachyodontenfauna deutlich eine Reihe aufeinanderfolgender Faunen [2] erkennen, welche gekennzeichnet sind durch:

Oben. IV. *Caprinaeen* (*Offneria, Caprina, Praecaprina*); *Ichthyosarcolithes* (erstes Erscheinen), *Radiolites, Toucasia, Polyconites, Horiopleura* (*Matheronia* und *Requienien* nehmen ab und verschwinden);

III. *Toucasia*, nebst *Requienia, Matheronia, Monopleura, Caprinieren* und *Caprotinideen* (erstes Erscheinen) *Elkera, Praecaprina, Offneria*;

II. *Requienia* und *Pachytraga, Agria*, nebst *Monopleura* und *Matheronia*;

I[b]. Noch unbekannte, der *Hauterivie*stufe entsprechende Fauna.

I. *Valletia* und *Monnleria*, nebst *Monopleura, Matheronia, Gyropleura* und noch einigen *Heterodiceras* und *Diceras* (Dobrudscha) von jurassischem Typus.

Auch die litorale, so weit verbreitete und von HÉBERT (1871) beschriebene »Spatangenfacies« (= »facies ordinaire« REYNÈS) zeigt zeitlich sich ablösende Leitformen (siehe KILIAN, in Annuaire géol. Univ. 1887, t. III, p. 301) wie: (oben

---

[1] Nur aus einer einzigen Stufe, dem *Hauterivien*, kennt man mit Bestimmtheit bis jetzt noch keine besondere Pachyodontenfauna; er entspricht also dieser Stufe eine Lücke in den Kenntnissen über die Entwicklung dieser Gruppe.

V. PAQUIER unterscheidet im südlichen Europa, was die Verbreitung der verschiedenen Pachyodonten betrifft, drei Unterprovinzen.

[2] Nach V. PAQUIER.

IV. *Toxaster Collegnoi* SISM. in Afrika auch *Tox. Villei* GAUTH. und *Tox. radula* GAUTH.;

III. *Toxaster Ricordeanus* D'ORB.;

II. *Toxaster retusus* LAMBK. sp. (= *T. complanatus* AG. sp. *= Echinospatangus cordiformis* D'ORB.); *Tox. amplus* DESOR; *Tox. gibbus* AG.;

I. *Toxaster granosus* D'ORB. sp. (*T. Campichei* DESOR). und *T. Kiliani* LAMBK.

Immerhin besitzen aber diese Gruppierungen neben einer gewissen Lückenhaftigkeit keineswegs die allgemeine Bedeutung und die Feinheit der auf der Verbreitung der Cephalopodenformen ruhenden Zonengliederung. Die in verschiedenen Gegenden (Jura, Dauphiné, Vorarlberg etc.) eintretende Wechsellagerung neritischer und bathyaler Bänke gestattet außerdem stets die Pachyodonten- und Echinidenhorizonte mit jenen Zonen zu parallelisieren.

Die neritische, zum Teil zoogene Riffacies (mit Spatangen, Pelecypoden und Brachiopoden) wurde oft als jurassische oder »helvetische« Ausbildung (facies jurassien), die ammonitenreiche bathyale als »alpine« (facies alpin), die Wechsellagerung beider als »Mischfacies« (type mixte) bezeichnet.

Neben diesen wechselnden (heteropischen) Faciesverhältnissen kommen auch (heterotopische) faunistische Provinzen[1], sowie Wanderungen und Vermengungen der Faunen zur Geltung, welche lange Zeit hindurch die richtige Erkenntnis der Stufen und Zonengliederung erschwerten. Das Verdienst der neueren Forschung ist es gewesen, auf die in den Gebieten bathyaler Ausbildung festgestellten, durch Cephalopoden gekennzeichneten Zonen, die Äquivalente anderer Facies zurückzuführen und nach Stufen zu gruppieren.

Auf Grund der in den letzten Jahrzehnten zahlreich erschienenen paläontologischen Untersuchungen lassen sich nun die marinen Gebilde der Unteren Kreide folgendermaßen gliedern:

Nachstehende fünf Stufen werden allgemein in der Unteren Kreide angenommen:

Palaeocretacicum	5. Gaultstufe (Aubestufe) (Albien)			(Oben)
	4. Aptstufe (Aptien oder Aptésien)	sog. Oberes Neokom		
	3. Barrêmestufe (Barrémien)		Neokom (sensu lato)	
	2. Hauterivestufe (Hauterivien) (sog. Mittleres Neokom)	Neokom (s. stricto) einiger Autoren sog. Unterneokom		
	1. Valendisstufe (Valanginien) (sog. Unteres Neokom)			(Unten)

[1] Z. B. zeigen die Cephalopodenfaunen von Nordostengland (Speeton), Norddeutschland und Rußland, trotz des Vorhandenseins einzelner gemeinschaftlicher Arten, eine von den gleichaltrigen Faunen der Mediterranogebiete sehr abweichende Zusammensetzung; in letzteren scheinen überdies ebenfalls nach den Tiefenverhältnissen die Verteilung gewisser Ammonitengattungen und Arten zu variieren (vergl. oben S. 80).

An die von MAYER-EYMAR vorgeschlagene astronomische Gliederung, nach welcher jede Stufe überall je zwei, infolge gewisser, durch kosmische Vorgänge bedingten positiven und negativen Bewegungen der Meere entstandene Unterstufen umfassen soll, mag hier nur erinnert werden, da dieselbe durchaus künstlich erscheint.

Von den fünf unterschiedenen Etagen besitzt nun die jüngste, die **Gaultstufe**, eine von den älteren sehr verschiedene Verbreitung und beginnt an vielen Orten mit einer Transgression und mit klastischen Gebilden, welche auf eine Änderung der bathymetrischen Verhältnisse hinweist und oft eine **Lücke** in der paläontologischen Entwickelung der Zonen, d. h. einen **schrofferen Faunenwechsel**[1] bedingt als es zwischen den vier tieferen Stufen der Unterkreide der Fall ist. In Folgendem werden die fünf untercretacischen Stufen, welche dem Neokom (*sensu lato*) entsprechen, in einem ersten Abschnitt gemeinsam erörtert; die Vorkommnisse der Gaultstufe werden aber in einem besonderen Kapitel für sich behandelt, ähnlich wie es für das Rhaet in der Trias geschehen.

Fassen wir nun die Merkmale jeder einzelnen dieser Stufen kurz zusammen:

A. Valendis-Stufe.

Es umfaßt die Valendis-Stufe (Valanginien, Valangien [C. NICOLET] oder Valengien[2] [DESOR 1854]), einen zwischen den obersten Juraschichten, sei es limnischer Facies (Purbeckianum der Jurakette), sei es mariner Bildung (oberstes Tithon) und den bekannten, von MONTMOLLIN und THURMANN beschriebenen Mergeln von Hauterive bei Neuenburg liegenden Sedimentkomplex, welchen zuerst von CAMPICHE, PICTET und NICOLET als »Néocomien inférieur« bezeichnet war. Es besteht diese Stufe im Juragebirge namentlich aus hellen zoogenen oder oolithischen Kalken (»Marbre bâtard«) mit *Natica Leviathan* PICT. et C., aus Mergeln und limonitführenden Schichten und rostfarbenen Kalken (Calcaires roux) mit *Pygurus rostratus* AG. Die Äquivalente dieser Horizonte im mediterranen Gebiete sind erst später richtig erkannt worden: es hat sich namentlich durch KILIAN's und BAUMBERGER's Untersuchungen herausgestellt, daß die untere Abteilung »Marbre bâtard« den berühmten Schichten von Berrias entspricht, deren Cephalopodenfauna (siehe unten p. 40, 41) zuerst von PICTET beschrieben, weiter aber schärfer gekennzeichnet worden ist und keineswegs, wie oft behauptet worden, in ihrem Hauptteil mit den limnischen Purbeckgebilden des Jura parallelisiert werden kann; letztere entsprechen zum größten Teil den tiefer liegenden oberen Tithonschichten und alternieren mit denselben tatsächlich (Cluse de Chaille [siehe oben p. 21]).

---

[1] Es gibt aber einzelne Bezirke (siehe weiter unten), wo zwischen Apt- und Gaultstufe infolge des Andauerns gleichförmiger Verhältnisse ein allmählicher Übergang der marinen Faunen, und insbesondere ein ineinandergreifen der leitenden Ammonitenformen in den Grenzschichten zu beobachten ist, z. B. bei Moriez (Basses Alpes).

[2] Valendis = Valangin im Kanton Neuenburg [= Neufchâtel, Schweiz. Siehe namentlich:
DESOR, Etage inférieur du groupe néocomien, 1854, p. 179;
DESOR et GRESSLY, Jura Neuchâtelois 1859, p. 89;
NICOLET, Sem. Soc. helv. à la Chaux-de-Fonds, 1855;
G. DE TRIBOLET, Sur le Terrain valanginien. 1857;
E. BAUMBERGER et H. MOULIN, La série néocomienne à Valangin (Bull. Soc. Neuchâteloise des Sc. nat. t. VI, 1898), Neuchâtel 1901, p. 151 u. ff.

Ch. Lory und Pidancet hatten schon richtig die Zusammensetzung dieser untersten Abteilung des Neokoms erkannt, welche Dixon später als Valanginien bezeichnete; es wurden also die hellen Kalke mit *Natica Leviathan* Pict. et C. (= *Strombus Sautieri* Coq.) von jeher als typische Vertreter der Valendisstufe betrachtet und es scheint demnach nicht angemessen, dieselbe mit ihrem zeitlichen Äquivalente, den Berriasschichten, als Typus einer besonderen, erst 1870 benannten Stufe, das Berriasien, aufzustellen, es mag vielmehr letztere Bezeichnung als überflüssig wegfallen. Zu bemerken ist übrigens, daß an gewissen Punkten Savoyens und der

Schloss Valangen (Valendis) bei Neuchâtel (Schweiz).

Jurakette diese untersten Vertreter der Valendisstufe mit den obersten limnischen Lagen des Purbeckianums alternieren, gerade so, wie die obersten Bänke des Tithons mit den tieferen Schichten des nämlichen Purbecks bei der Cluse de Chaille wechsellagern. Es müssen daher die Brack- und Süßwasserablagerungen, welche im Jura unter der Bezeichnung »Purbeckien« bekannt sind, zum größten Teile als Äquivalente des oberen Tithons, aber auch an einigen Stellen der allertiefsten Schichten der Valendisstufe aufgefaßt werden.

Es umfaßt diese Stufe folgende Unterabteilungen [1]:

[1] Munier-Chalmas und de Lapparent (Nomencl. des terr. sédim. 1880) haben eine Gliederung der Valendisstufe vorgeschlagen und eine obere Abteilung mit *Supasacras recanonum* u.Oris. sp. unterschieden. Diese Art ist besonders aus Südostfrankreich bekannt, findet sich aber ebenfalls in der oberen Valendisstufe Norddeutschlands (nach v. Koenen und bei Villers-le-

1. Untere Valendis-Stufe.

Es ist diese Unterabteilung in ihrer bathyalen Ausbildung besonders gut in Südfrankreich entwickelt, wo sie unter dem Namen »Zone des *Hoplites Boissieri*« (sog. Berriasien z. T.) und »Schichten von la Faurie (Hautes Alpes)« bekannt ist.

Als Leitformen mögen für den bathyalen Typus dieser Zone genannt werden: *Hoplites (Thurmannia) Boissieri* Pict. sp., *H. (Thurmannia) occitanicus* Pict. sp., *H. (Leopoldia) Dalmasi* Pict. sp., *H. (Acanthodiscus) carteroni* Kilian, *H. (Acanthodiscus) Euthymi* Pict. sp., *Holcostephanus (Spiticeras) Negreli* Math. sp., *H. (Spiticeras) ducalis* Math. sp., sowie *Rhynchonella contracta* Pict. und *Pygope (Pygites) diphyoides* Pict. sp., welche in den Sammlungen der Sorbonne (Paris), der Universität Grenoble und des Justizrates Ossret (Grenoble) ausgezeichnet vertreten sind und eine sowohl palaeontologisch gut individualisierte, als stratigraphisch scharf begrenzte Fauna zusammensetzen.

Toucas hat einerseits dem Berriasien die untersten Kalke von Berrias (Ardèche) einverleibt, welche folgende Arten enthalten: *Lytoceras Liebigi* Zitt. sp., *Lytoceras Honnoratianum* d'Orb. sp., *Lissoceras climatum* Orb. sp., *Lissoceras Wüchleri* Orb. sp., *Liss. cristiferum* Orp. sp., *Hoplites (Berriasella) Callisto* d'Orb. sp., *H. (Berriasella) privasensis* Pict. sp., *Hoplites (Berriasella) carpathicus* Orp. sp., *H. (Thurmannia) occitanicus* Pict. sp., *H. (Leopoldia) Dalmasi* Pict. sp., *Holcostephanus (Spiticeras) pronus* Math. sp., *Holc. (Spiticeras) Groteanus* Orp. sp., *Perisphinctes andichianus* Orp. sp., *Per. Larioli* Orp. sp., *Per. urnus* Orp. sp., *Per. Richteri* Opp. sp. und *Pygope (P. pitra) diphyoides* Pict. sp. Diese Schichten gehören jedoch dem oberen Teile des Obertithons (Stramberger Horizont) an.

Toucas stützte sich auf diese Fauna, um irrtümlich das ganze Berriasien dem Obertithon gleichzustellen, vernachlässigte aber andererseits schiefrige Tonkalke mit plattgedrückten Hopliten, Belemniten (*Duvalia lata* Blainv. sp., *Duv. contra* Bl. sp., *Duv. Orbignyana* Duval sp.) *Rhynchonella contracta* Pict., die er als „Valanginien" den Mergeln mit *H. (Neocomites) neocomiensis* d'Orb. sp. anschloß; nur letztere entsprechen aber in Wirklichkeit der Zone mit *Hoplites Boissieri* Pict. sp. (Berriasien sensu stricto = Zementkalke von La Porte de France). Derselbe Autor behauptete, letztere Zone sei im Ardèchegebiete nirgends deutlich abzutrennen, während Kilian seit 1880 dieselbe an mehr als 30 Stellen der Rhônebucht scharf abzugrenzen vermochte, und endlich im Ardèchedepartement selbst (bei Champ-de-Payre unweit Chomérac) das Vorhandensein derselben (mit *Hoplites (Thurmannia) Boissieri* Pict. sp., *H. (Acanthodiscus) Euthymi* Pict. sp., *Holcostephanus (Spiticeras) Negreli* Math. sp.] über den obersten Tithonkalken (welche irrtümlich von Toucas Berriasien genannt wurden) nachwies. Von Munier-Chalmas wurde die fragliche Zone wohl von den Stramberger Schichten unterschieden, aber dem Jura als Äquivalent des Purbeckianum und Aquilonien (Sérian) einverleibt, wobei ihm de Lapparent (Traité de Géologie, Paris, 3. und 4. Auflage) und Haug zuerst folgten, welcher aber (de Lapparent, Traité de Géologie, 5. Auflage 1906) sich unserer Ansicht anschlossen.

Über den Boissierischichten folgen übrigens in Südfrankreich Mergel mit verkiesten Ammoniten der mittleren Valendisstufe (Zone des *Hopl. [Kilianella] Roubaudianus* d'Orb. sp. [emend. Kilian]) (= ? *Hopl. pexiptychus* Uhl.).

Dem oberen Tithon und der Zone mit *Hoplites Boissieri* Pict. sp. (unterste Zone der Kreideformation) sind besonders folgende Formen gemein:

Belemnites (Duvalia) latus d'Orb., *Bel. (Duvalia) conicus* Blainv., *Lytoceras Honnoratianum* d'Orb. sp. (= *manidiqualo* Orp.), *L. Juilleti* d'Orb. (= *sutile* Orp.), *L. quadrisulcatum* d'Orb. sp., *Phyll. serum* Orp., *Phyll. semisulcatum* d'Orb. sp. (= *ptychoicum* Qu. sp.), *Ph. Calypso*

Lac im Jura (nach G. Sayn). — Als Leitform der oberen Valangien wird von den Autoren öfters *Duvalia lata* Bl. sp. genannt, was aber angesichts des Vorkommens dieser Art im Tithon, unteren und mittleren Valanginien unzweckmäßig erscheint.

d'Orb. sp. (= *silesiacum* Opp. = *berriasense* Pict. sp.), *Lissoceras* (*Hap'orras*) *carachteis* Opp. sp., *Hoplites* (*Berriasella*) *Callisto* d'Orb. sp.

Bedeutsam und besonders wichtig ist das Verschwinden oder die große Seltenheit der Perisphincten aus der Gruppe des *P. transitorius* Opp. und des *P. Lorioli* Opp. der Aspidoceraten und Sowerbyceraten, die Seltenheit der Oppelien, die rasche Entwicklung der Hopliten und der Holcostephanen, das Erscheinen von Bochianites, etc.

Erstere sind namentlich durch *H.* (*Acanthodiscus*) *Malbosi* Pict., *Euthymi* Pict., *H.* (*Thurmannia*) *occitanicus* Pict., *Himalayites Breveti* Pomel, sp. und *Himalayites trilonitensis* Pomel, sp., letztere durch *H.* (*Spiticeras*) *Negreli* Math. sp., *H.* (*Spiticeras*) *ducalis* Math. sp., vertreten und zum Teil als Vorfahren der Gruppen des *Hoplites radiatus* Brug. sp. und des *Holcostephanus Astierianus* d'Orb. sp. der Hauterivestufe d'Orb. sp. aufzufassen.

Außer diesen Ammoniten sind eine Reihe Brachiopoden zu nennen, namentlich *Pygope janitor* Pict. sp. (selten), *P. triangulus* Pict. sp., *P. diphyoides* Pict. sp. (häufig), *Rhynchonella contracta* Pict., welche zum Teil im Tithon schon vorkommen (namentlich *P. janitor* Pict.), zum Teil auch isoliert in höhere Horizonte hinaufreichen (*P. janitor* in das Barrémien, *P. diphyoides* in die obere Valendisstufe).

Zu nennen sind ferner für die neritische Facies, welche speziell im Jura zur Ausbildung kommt (Marlite bâtard): *Tylostoma Laharpii* Pict. et C., *Pteroceras* (*Harpagodus*) *Jaccardi* Pict. et C., *Natica Pidancoti* Pict. et C., *Natica* (*Ampullina*) *leviathan* Pict. et C. (= *Strombus Santieri* Coq.) *Nerinea Biancheti* Pict. et C., *Serpula recta* Goldf., *Terebratula valdensis* Pict., *Terenter grossous* d'Orb., *Pygurus Gillieroni* Desor, u. A.

Wie bereits gesagt wurde, ist die Cephalopodenfacies dieser Unterabteilung in Südfrankreich seit langer Zeit unter dem Namen Berriasien, von Berrias (Ardèche), bekannt; die Leitformen wurden durch Pictet zuerst beschrieben und gaben zu heftigen Diskussionen Anlaß, da dieselben von verschiedenen Autoren als oberithonisch betrachtet wurden. — Auch wurde diese Zone von mehreren Fachleuten, und namentlich von Mayer-Eymar, dem Purbeck irrtümlich gleichgestellt.

Die untere Valendisstufe zeigt in Südostfrankreich bathyale Cephalopodenfacies, welche sich in den Schweizer Alpen (Rufigraben), Tyrol, in den bayerischen Voralpen, (Sebi bei Kufstein, etc.), in gewissen Gebieten Algeriens (Ouled-Mimoun, Prov. Oran), in Asien (Spiti) bei Theodosia (Krim), auf den Balearen (mit verkiesten Ammoniten), bei Kouiakau, in Mexiko (Mazapilgegend) usw. wiederfindet; in der nördlichen Dauphinée beobachtet man den Übergang zu den durch *Natica Leviathan* gekennzeichneten zoogonen Kalkfacies (mit grauen oolithischen Mergeln) des Juragebietes, welche auch in der Provence herrscht. Litoral transgredierend zeigt sich diese Unterstufe zum Teil in der Krim und in Rußland (Rjäsan); als deren lakustres

---

[1] Vergleiche die Übersicht der Faunen der untersten Kreidezonen in Südostfrankreich weiter unten. — Über Synonymik von *Ph. Calypso*, siehe P. Lory, Trav. Lab. Géol. Grenoble. T. IV, 1, 1896. *Ph. psychicum* Qu. sp. ist mit *Ph. semisulcatum* d'Orb. sp. identisch.

[2] Siehe W. Kilian, in Annales géol. univ. t. III, 1897, p. 301.

[3] Diese, im obersten Jura (Tithon) häufige Art kommt ebenfalls bei Berrias u. a. O. in höheren paläocretacischen Stufen (Barrémien) vereinzelt vor.

[4] Ein ebenfalls marines, zum Teil zoogenes und neritisches Äquivalent der unteren Valendisstufe ist von P. Choffat in Portugal als „Infravalanginien" beschrieben worden und ist durch das Auftreten zahlreicher Pelecypoden (*Cyprina infravalanginealis* Choff., *Trigonia caudata* Ag.) und Foraminiferen (*Spiroregelina*) ausgezeichnet. Darüber folgen Gastropodenschichten mit *Natica* (*Ampullina*) *Leviathan* Pict. und Rifikalke, welche bis in die mittlere Valendisstufe hinaufreichen.

brackisches Äquivalent ist der größte Teil der Wealdenbildungen Norddeutschlands zu betrachten.

Leitend sind an diesen Gebilden namentlich Iguanodontenreste, *Paludina fluviorum* Sow., *Melania strombiformis* Sow., *Unio plannus* A. Röm., *V. valdensis* Sow., *Paludina Pfeifferi* Dunk u. K., *P. pygmaeum* Dunk u. K., *Cyrena Brauni* Dunk., *Cyprides valdensis* Sow. etc.

Ist aber in Nordeuropa die untere Valendisstufe durch einen Teil dieser Süßwasser- oder brackischen Absätze der Wealdenbildungen Norddeutschlands und Englands vertreten und zeigen bei Bückeburg diese Gebilde in ihrem oberen Teile marine Einlagerungen mit einer bereits der mittleren Valendisstufe angehörenden Ammonitenfauna, so entsprechen vermutlich dieser Zone im nordöstlichen England (an der Steilküste von Speeton beim Kap Flamborough und in Lincolnshire etc.) die unteren Spillbyschichten mit besonderen Cephalopoden. Diese Fauna (*Cylindroteuthis lateralis* Phil., *Polyptychites, Craspedites*) besitzt mit den gleichaltrigen Bildungen Rußlands eine große Verwandtschaft, zeigt einen vom mediterranen Typus grundverschiedenen Charakter und hat in der älteren Fauna der Wolgastufe (= Portland) ihren Ursprung. Auch gehören vielleicht die »Aucellenschichten« von Salzgitter in Norddeutschland hierher. In gewissen Gebieten Nordeuropas (Speeton und Rußlands zeigt also die untere Valendisstufe einen bathyalen Typus mit Cephalopoden und Aucellen, welche auf besondere provinzielle, schon im oberen Jura (Wolgastufe) ausgeprägte Verhältnisse deutet.

Im Gouvernement Rjäsan und bei Moskau enthalten die glaukonitischen und phosphatreichen Sande des Rjäsanhorizontes ebenfalls eine eigentümliche, im zentralen und nördlichen Rußland (Simbirsk, Moskau, Kaluga) verbreitete Ammoniten- und Molluskenfauna; leitend sind hier:

Bel. (Cylindroteuthis) lateralis Phil., *Belemnites (Cylindroteuthis) mosquensis* Pavlow, *Hoplites riasanensis* Lah., *H. subriasanensis* Nik., *H. hoplca* Boc., *H. Swistowianus* Nik., *Holcost. (Craspedites) spasskensis* Nik., *Holcostephanus (Craspedites) subpressulus* Bon., *lla'e. (Cr.) analogus* Boa., *H. (G.) supramoditus* Boa., *Aucella mosquensis* Keys., *A. volgensis* Lah., *Auc. Fischeri* d'Orb.

Ein Teil der Hopliten besitzt große Ähnlichkeit mit Arten des Obertithons und des unteren Valanginien (Berriasien) Südeuropas, während Aucellen und Holcostephanen (*Craspedites*) einer anderen Provinz angehören. Diese, an vielen Stellen auf älteren Schichten transgredierende Rjäsanschichten ruhen zuweilen auf Sedimenten der oberen Wolgastufe, welche dem Obertithon gleichzustellen sind; sie werden von Schichten mit *Oxynoticeras (Garnieria) Marcousanum* d'Orb. sp., d. h. von Absätzen der mittleren Valendisstufe überlagert. Der Rjäsanhorizont wird demgemäß richtig von Bogdslowski als Äquivalent des unteren Valanginien (= Berriasien) betrachtet[1], während Pavlow denselben zugleich mit dem oberen Tithon und der sog. Berriasstufe als »Übergangsschichten« parallelisiert und darin mehrere Horizonte erblickt.

[1] Es wurden 1887 von Ottesko Ampl. in den Tithonkalken bei Niederfellabrunn (Österreich) einige Arten aus der Wolgastufe und namentlich *Aucella Pallasi* Keys. nachgewiesen. In Mexiko kommen ebenfalls *Auc. Pallasi* Keys. und Virgatiten im oberen Jura mit südlicheren Formen vor. — Wenn man also die russische Wolgastufe (exkl. den Rjäsanhorizontes) mit dem Tithon parallelisiert, so entspricht den Rjäsanschichten notwendig die untere Valendisstufe (Berriasien), was übrigens mit dem Charakter seiner Ammonitenfauna gut übereinstimmt und das Vorhandensein höher entwickelter Typen (aus der Nachbarschaft des *H. (Acanthodiscus) Euthymi* Pictet sp.) neben anderen, an das Tithon erinnernden Arten erklärt.

An vielen Stellen Rußlands (Alatyrgebiet, Syxran) fehlt die Hjäxanzone und ist zwischen oberer Wolgastufe (Tithon) und höherem Neokom eine Lücke anzunehmen, was bei der litoralen Facies der palaeocretacischen Sedimente in diesem Gebiete als eine natürliche Erscheinung gelten kann.

In Norddeutschland entspricht also der unteren Valendisstufe ein großer Teil der Brack- und Süßwasserbildungen, die unter der Bezeichnung Wealden oder Waelderthon beschrieben wurden; ähnliche limnische Vertreter existieren im Pariser Becken und in Südengland, erstrecken sich aber meistens, wie weiter unten gezeigt werden wird, je nach den Gebieten viel höher, d. h. bis in die Hauterive- und Barrêmestufe.

2. Mittlere Valendis-Stufe.

Zur Mittleren und Oberen Valendisstufe (Valanginien sensu stricto) gehören neritische eisenschüssige Mergel und Kalke der Jurakette und im mediterranen Gebiete Mergel und Thonkalke mit zahlreichen, oft pyritisierten Cephalopoden. Leitend sind für die bathyale Ausbildung in Südeuropa namentlich:

Bel. (Duvalia) latus BL., *Aptychus Didayi* Coqu., *Bochianites neocomiensis* D'Orb. sp., *Hoplites (Neumaites[1]) neocomiensis* D'Orb. sp., *Hoplites (Kilianella) Roubaudianus* (D'Orb.) Kil. (= *Laria Pomel*, non? = *periptychus* Ukl.), *H. (Thurmannia) Thurmanni* Pict. et C., *Saynoceras verrucosum* D'Orb. sp., *Lissoceras Grasianum* D'Orb. sp., *Garnieria (Oxynoticeras) Gevrilinus* D'Orb. sp., und für die neritische Facies: *Nerinea Morreanana* D'Orb. sp., *Pterocera (Harpagodes) Desori* Pict. et C., *Pygurus rostratus* Ag., *Alectryonia rectangularis* Röm. sp., *Toxaster granosus* D'Orb. (= *T. Campichei* Dubon) etc.

Das mittlere Valanginien wird auch bisweilen als Zone des *Bel. latus* bezeichnet; diese Bezeichnung kann aber nicht als sehr glücklich gelten, da diese Art bereits im obersten Tithon mitunter zahlreich vorkommt[2].

In Südostfrankreich hat W. Kilian die Mergel mit verkiesten Ammoniten, welche der Mittleren Valendisstufe (= Unteres Valanginien auctorum) entsprechen, als Zone des *Hopl. (Kilianella) Roubaudianus* D'Orb. und der *Duvalia Emerici* Rasp. (typisch bei St. Julien en Bochaine) bezeichnet. Bedeutsam ist das erste Erscheinen von *Holcodiscus* ähnlichen Hoplitensippen im Dioisgebiet [Drôme]).

Darüber folgen Mergelkalke (siehe Annuaire géol. I, IV, p. 841–842), die sehr lange wegen der schlechten Erhaltung der darin befindlichen Cephalopoden übersehen worden waren. W. Kilian machte zuerst auf ihr Vorhandensein aufmerksam und beschrieb sie als Zone des *Aptychus Didayi* Coq. und des *Hoplites amblygonius* N. u. Uhl. (*noricus* Röm. p. parte). Dank den Untersuchungen von V. Paquier und P. Lory im südöstlichen Frankreich ist später dargetan worden, daß der untere Teil des Mergel mit verkiesten Ammoniten als eine besondere Zone des *Hoplites Roubaudianus* (unsere Mittlere Valendisstufe) aufgefaßt werden muß, während der obere Teil mit den darauffolgenden Mergelkalken zum oberen Valanginien zu stellen ist.

---

[1] Diese Art ist auch zu *Neocrioceras* Uhl. (= *Odontoceras* Steuer) gerechnet worden.

[2] Es wurden diese Schichten irrtümlich von Mayer-Eymar den Hastings-Sands Südenglands gleichgestellt, die als eine Süßwasserfacies des untersten Valanginien und vielleicht sogar der obersten Juraschichten aufzufassen sind.

Die Mittlere Valendisstufe Norddeutschlands enthält *Oxynoticeras* (= *Polyptichiceras* HYATT.), *O. Marcousanum* D'ORB. sp., *O. inflatum* V. KOEN. sp. und *O. heteropleurum* CHL. sp., (*Garnieria*[1]) *Gerriliaunm* D'ORB. sp., sowie in ihrem oberen Teile *Hole.* (*Polyptichites*) *Keyserlingki* N. und CHL. und andere besondere Formen (*H. Braueoi* N. u. CHL.), *Bel.* (*Cylindroteuthis*) *subquadratus* ROM.; darüber folgt *Hoplites Arnoldi* PICT sp., eine Art, welche in der Valendisstufe der Jurakette und in Südfrankreich auftritt. Auch russische Formen, wie *Bel.* (*Cylindroteuthis*) *lateralis* PHL., *B. russiensis* D'ORB., *Aucella Keyserlingki* LAH. kommen hier vor, sowie über 50 *Polyptichites*-Arten. Nach einer brieflichen Mitteilung des Herrn Prof. VON KOENEN kann man in der mittleren Valendisstufe Norddeutschlands folgende Subzonen erkennen:

4. Zone der *Polyptichites Suessi* n. sp.
3. Zone der *Polyptichites ascendens* n. sp.
2. Zone der *Polyptichites Braueoi* N. u. CHL. sp. und *Keyserlingki* N. u. CHL. sp.
1. Zone des *Oxynoticeras* (*Garnieria*) *Gerriliaunm* D'ORB. sp. und *Polyptichites latissimus* CHL. sp.

Während im südlichen England ein Teil der Süßwasserschichten des Wealden dieser Abteilung entspricht, treten im Nordosten des Landes, bei Speeton, marine Schichten mit Cephalopoden (obere Spilsbyschichten) auf, deren unterster Teil (Schichten mit *Holcost.* (*Astieria*) *Astierianus* D'ORB. sp., *H.* (*Craspedites*) *stenomphalus* PAVL., *Bel.* (*Cylindroteuthis*) *lateralis* PHL., *Aucella volgensis* LAH., *Auc. Keyserlingki* LAH.) der mittleren Valendisstufe entspricht.

In Rußland hat STCHIROWSKY im Norden von Simbirsk das Vorhandensein von *Oxynoticeras* (*Garnieria*) *Gerriliaunm* D'ORB. sp., *O. Marcousanum* D'ORB. sp. in den Schichten mit *Holcost.* (*Craspedites*) *stenomphalus* NIK., *Bel.* (*Cylindroteuthis*) *subquadratus* ROM., *Bel.* (*Cylindroteuthis*) *lateralis* PHL. und Aucellen (*Auc. Keyserlingki* LAH., *Auc. spasskensis* LAH., *Auc. volgensis* LAH., *Auc. crassicollis* KEYS.) nachgewiesen und somit den Beweis geliefert, daß ein Teil der Polyptychitenschichten Nordeuropas und Rußlands als Äquivalente der südeuropäischen Schichten mit *Hoplites Roubaudianus* D'ORB., und *psilgehus* CHL. aufzufassen sind.

Es lassen sich demnach in der mittleren wie in der oberen Valendisstufe, namentlich in Bezug auf die Cephalopodenfaunen, zwei scharf ausgeprägte Provinzen unterscheiden, eine Mediterrane mit *Duvalia, Hoplites, Hibolites, Neocomites*, etc., *Astieria, Phylloceras, Lissoceras, Lytoceras* und *Bochianites*, und eine nord- und osteuropäische mit Belemniten aus der *Lateralis*-Gruppe (*Cylindroteuthis*) und *Polyptychites*; — einzelne seltene Vorkommen, wie *Hopl. Roubaudianus* (D'ORB) KIL. (bei Speeton), *Oxynoticeras* (*Garnieria*) und, im mittleren Valanginien, *Saynocerus*[2]

---

[1] Auf die Bedeutung und Häufigkeit dieser oft vorkommenden und in Europa weitverbreiteten Art wurde (Annuaire géol. 1897 t. III p. 302 und 1898 t. IV p. 311 – 312) von W. KILIAN hingewiesen.

[2] Über den Wert und die Bedeutung der Gattungsnamen der Ammonitiden, besonders was die Untergruppen der Hoplitiden und Holcostephaniden nach CHLG. PAVLOW, CH. JACOB etc. betrifft, wird am Schluß dieses Bandes in einem besonderen Kapitel eingehend berichtet werden; es sind übrigens weiter *Hoplites* noch *Holcostephanus* gut begründete Gruppen und sie bedürfen einer gründlichen Revision. In Folgendem aber werden dieselben als provisorische Bezeichnungen weiter gebraucht werden.

terrucosus D'ORB. sp., *Hoplites Arnoldi* PICT. sp. und *Hoplites neocomiensis* D'ORB. sp. im oberen Valanginien, welche auf momentane Verbindungen deuten, ermöglichen eine Parallelisirung zwischen den Zonen beider Provinzen. In Mexiko (n. Burckhardt) und am Pilatus (n. Baxtorf) kommen nordische *Polyptychites* im mediterranen Valanginien vor.

3. Obere Valendis-Stufe.

Die bathyalen Vertreter der Oberen Valendisstufe, welche hauptsächlich durch *Aptychus Didayi* Coq. in dem mediterran-alpinen Gebiete gekennzeichnet sind, wurde zuerst von W. Kilian[1] in Südostfrankreich unterschieden; sie enthalten namentlich folgende Formen: *Holcostephanus (Astieria) Astierianus* d'Orb. sp., *Holc. (Astieria) Jeannoti* d'Orb. sp., *Lissoceras Grasianus* d'Orb. sp. und Hopliten aus der Gruppe des *Neocomites neocomiensis* d'Orb. sp. und *amblygonius*[1] N. u. Uhl. (= *Am. cryptoceras* PICTET et de Loriol Voirons, non d'Orb).

Später wurde durch P. Lory, V. Paquier u. a. die Fauna dieser Abteilung noch schärfer untersucht und mit dem oberen Teile der Mergel mit verkiesten Ammoniten vereinigt. Als Leitformen können *Duvalia Emerici* Rasp. sp. *Saynocerus verrucosum* d'Orb. sp. erwähnt werden; auch *Hoplites Desori* Pict. sp. und für die neritische Facies, *Alectryonia rectangularis* Röm. sp., *Janira atava* etc.

Hopliten aus der Gruppe von *H. noricus-amblygonius* (v. Koenen), sowie *Holcodiscus*-ähnliche Formen (Dioisgebiet [Drôme]) treten bereits hier und da auf. Es können diese Schichten als »Zone der *Duvalia Emerici* Rasp. sp. und des *Saynocerus verrucosum* d'Orb. sp.« bezeichnet werden.

In Norddeutschland sind für die obere Valendisstufe leitend: neben *Saynocerus verrucosum* d'Orb. sp., *Holcostephanus (Astieria) psilostomus* N. u. Uhl., *Holc. (Polyptychites) trevisanus* v. Koen. und *Craspedites caricinus* v. Koen., auch *Holc. (Polyptychites) Gravesianus* N. u. Uhl., *H. (Polyptychites) multiplicatus* Koen. sp., *H. (Pol.) Bidzi* Pavl., *Holc. (Pol.) tardescens* v. Koen., *Holc. (Pol.) bidichotomus* Leym. sp., *Holc. (Pol.) lotzianus* N. u. Uhl., *Hoplites (Neocomites)* cf. *longinodus* N. u. Uhl., *Hopl. Arnoldi* Pict. sp., und *Belemnites (Cylindroteuthis) subquadratus* Röm. Nach v. Koenen sind darin vier Zonen zu unterscheiden (vergl. Tabelle, weiter unten).

In Südengland mögen als nichtmarine Äquivalente dieser Unterstufe ein Teil der Wealdengebilde gelten, aber im Nordosten bei Speeton treten bereits im mittleren und oberen Valanginien *Polyptychiten*-Schichten auf, welche dieselbe Cephalopodenfauna enthalten, wie die in Rußland verbreiteten und gut ausgebildeten Abzüge (Oberes Potschorien) mit *Holcost. (Polyptychites) polyptychus* Keys. sp. *Polyptychites polyptychus* Keyser. sp., *P. Keyserlingki* N. u. Uhl., *Pol. keplitoides* Niket. sp., *Pol. gravesiformis* Pavl., *P. Beani* Pavl., *P. ayawicus* Pavl., *Pol.* cf. *bidichotomus* Leym. sp., *Hoplites (Acanthodiscus)* cf. *Arnoldi* Pict., *Bel. (Cylindroteuthis) subquadratus* Röm., *Bel. (Cylindr.) lateralis* Phil. und Aucellen (*A. crassicollis* Keys., *A. pyriformis* Lah.) nebst Ablagerungen, welche zuweilen transgredierend auf älteren Bildungen liegen.

Die *Polyptychiten*-Schichten der mittleren und oberen Valendisstufe[2] sind im

---

[1] Annuaire géol. universel, T. III (1887), p. 301. — *Hopl. noricus* Röm. sp. (= *amblygonius* N. u. Uhl.) kommt hier schon vor, ist aber besonders in der unteren Hauterivestufe entwickelt; dasselbe gilt von *Holc. (Astieria) Jeannoti* d'Orb. sp.

[2] Im Gouvernement Iljasan haben diese Schichten ein Bruchstück von *Hoplites (Neocomites) neocomiensis* d'Orb. sp. geliefert.

Petschoraland, in Nord-Sibirien und bis nach Norddeutschland, England (Yorkshire) und Kalifornien bekannt. Das Vorkommen von Aucellen (*A. pyriformis* LAH., *A. crassicollis* KEYS., *A. volgensis* LAH., *A. Keyserlingki* TRAUTSCH. und besonderen Belemnitengruppen (*Cylindroteuthis, Infradepressi*), (*B. lateralis* PHIL., *B. subquadratus* RÖM., *B. russiensis* d'ORB.) ist für diese boreale Ausbildung der Valendisstufe bezeichnend, während gleichzeitig im Süden andere Typen auftreten (*Duvalia, Hibolites*). Eine weitere Zone mit *Hole.* (*Polypt.*) *Staubendorfi* SCHMIDT sp. und *Hole.* (*Polypt.*) *regulieus* PAVL. dürfte vielleicht schon dem Hauterivien angehören.

Nicht überall läßt sich eine so feine Gliederung des Valanginien durchführen. Neben der Cephalopodenfacies, oder dieselbe vollständig vertretend, kennt man echinidenreiche Gebilde, *Toxaster*-Schichten (mit *Toxaster granosus* d'ORB. und *Kiliani* LAHN.), Bryozoenmergel, mächtige zoogene Riffkalke (mit *l'alletia* und *Monopleura*) etc. Als nichtmarine Äquivalente sind ein Teil der Wealdenbildungen Englands und Norddeutschlands und, im Pariser Becken, kontinentale Sande zu betrachten.

Als typische Lokalitäten für die Valendisstufe sind zu nennen:
La Faurie, Châteauneuf-de-Chabre und Montclus (Hautes Alpes), Sisteron (Basses Alpes) für die bathyale mediterrane Facies; Valangin und Arzier (Schweiz), für den jurassischen Typus; Malleval und Fontanil bei Grenoble (Isère) für den Mischtypus; Müsingen bei Bückeburg für die nordeuropäische Provinz, etc.

B. Hauterive-Stufe.

Als Hauterive-Stufe (Hauterivien Renevier) bezeichnete RENEVIER mergelige Schichten, welche bei Hauterive im Neuenburger Jura eine längst als Neokomfauna bekannte, namentlich durch *Hoplites* (*Acanthodiscus*) *radiatus* BRUG. sp. (= *Ammonites asper* r. BUCH) bezeichnete Fauna enthalten.

Diese Stufe ist in den verschiedensten Gegenden Europas bald durch neritische Gebilde mit *Toxaster retusus* LAHN. und *Exogyra Couloni* DEFR. sp., bald durch glaukonitische Schichten oder Cephalopodenkalke vertreten. Ein Teil der Hilsthone, des Hilskonglomerats und der Hilssandsteine, sowie der lakustren Wealdenbildungen Englands gehört hierher.

In Südfrankreich gehören hierher Thonkalke mit *Belemnites* (*Duvalia*) *dilatatus* BLAINT. (sog. Zone der *Duvalia dilatata*) [zu unterst] und *Crioceras Duvali* LÉV. (zu oberst); der untere Teil der Crioceraskalke CH. LORY's, die mittleren Teile der Schichten mit flachen Belemniten E. DUMAN' und Kalke mit *l'aruhoplites angulicostatus* d'ORB. sp. und *Parah. cruasensis* TOUC. sp.

Leitend sind, je nach den faciellen Verhältnissen, für die Hauterivestufe besonders folgende Arten:

Serpula heliciformis GOLDF., *Belemnites* (*Cylindroteuthis*) *subquadratus* ROEM., *Bel.* (*Duvalia*) *dilatatus* BLAINV., *Bel.* (*Hibolites*) *jaculum* PHILL. (= *pistilliformis* BLAINV.), *B.* (*Hib.*) *pistilliventris* PAVL., *Holcostephanus* (*Astieria*) *Astierianus* d'ORB. sp. (erreicht hier seine Maximalverbreitung und stirbt in der mittleren Zone aus), *H.* (*Astieria*) *Sayni* KIL., *H.* (*Ast.*) *hispanicus* MALL. sp., *H.* (*Polyptychites*) *Carteroni* d'ORB. sp., *Hoplites* (*Acanthodiscus*) *radiatus* BRUG. sp. (= *Ammonites asper* v. BUCH), *Hopl.* (*Neocomites*) *neritus* RÖM. sp., *H. Castello-*

---

[1] Siehe Annuaire géol. univ. t. IV. (1868) p. 342.

nensis d'Orb. sp., *Hoplites (Leopoldia) Leopoldinus* d'Orb. sp., *H. (Leopoldia) Imatrensevi* Kar. und *Biassinensis* Kar., *Parahoplites angulicostatus* d'Orb. sp., *P. crimvraides* Tornc. sp., *P. crimaensis* Tornc. sp., *Holcodiscus intermedius* d'Orb. sp., *Saberabachis cultrata* d'Orb. sp., *Crioceras Durali* Lév., *Cr. Tabarelli* Ast., *Carlopweras clyperiforme* d'Orb sp., *Pleurotomaria neocomiensis* d'Orb., *Exogyra Couloni* Defr. sp., *Terebratula acuta* Qu. (= *prælonga* Sow.), *Rhynchonella multiformis* Röm., *Toxaster retusus* Lam. (= *Tox. complanatus* Ag. = *Echinospatagus cordiformis* Brys.), *Holaster l'Hardyi* Desor, *Pseudodiadema Bourgueti* Ag. sp.

Aptychus angulicostatus de Lou. kann als eine der weitverbreitelsten Leitformen der Hauterivestufe im mediterranen Gebiete gelten. Man kennt dieselbe in den Voirons bei Genf, in dem durch verkiesten Ammoniten gekennzeichneten Hauterivien des Diois (Dröme), der Basses-Alpes, Algeriens, Südspaniens; sie kommt auch in den Balearen, in Sizilien und in Südtirol vor.

Die faunischen Beziehungen zur Valendisstufe sind ziemlich eng, besonders was die neritischen Pelecypoden und Brachiopoden betrifft, auch einige Cephalopoden (s. unten, Südwestfrankreich) sind beiden Stufen gemeinsam, z. B. *Limoceras Grasianum* d'Orb. sp., *Holcodrphunus Astierianus* d'Orb. sp., *Hclc. Sayni* Kil., *Hclc. Jeannoti* d'Orb. sp. u. A. Gegen die folgende Barrêmestufe ist das Hauterivien nicht scharf abgegrenzt: außer einigen seltenen, durch beide Stufen gehenden »indifferenten« Ammonitiden (z. B. *Phylloceras infundibulum* d'Orb. etc.) erscheinen in der obersten Zone, nach Says, bereits Pulchellien und andere Typen des Barrémien.

Gut entwickelt ist diese Stufe besonders im Schweizer Jura bei Hauterive (neritische Facies mit *Toxaster* zum Teil), in der Dauphiné (Mischfacies, neritisch bei St. Pierre de Chérenne), im südöstlichen Frankreich (bathyale cephalopodenreiche Ausbildung), ferner im Pariser Becken (Toxasterfacies), in Norddeutschland und England (bathyaler Cephalopodentypus, (in Hannover und bei Speeton) mit nordischen Formen). Es ist diese Stufe auch in der Krim (Biassala), in Indien, in Südafrika usw. nachgewiesen worden.

Den Untersuchungen von W. Kilian, G. Sayn, P. Lory, V. Paquier und Roman in Südfrankreich, und v. Koenen in Norddeutschland verdankt man eine genauere Gliederung der Hauterivestufe in palæontologische Zonen.

In der südeuropäischen bathyalen Facies werden nach dem Vorkommen bezeichnender Cephalopodentypen unterschieden (von oben nach unten):

4. Zone des *Hoplites (Parahoplites) angulicostatus* d'Orb. sp.[1];

3. Zone des *Desmoceras Sayni* Paq.;

2. Zone des *Crioceras Durali* Lév.;

1. Zone des *Hoplites (Leopoldia) castellanensis* d'Orb. sp.[1]

In anderen Gebieten herrscht die neritische Facies mit *Toxaster retusus* Lamk., Pelecypoden (*Exog. Couloni* Defr., *Trigonia caudata* Ag., *Perna Mulleti* Desh., *Panopaea neocomiensis* d'Orb., *Thetys minor* Sow., *Thracia Phillipsi* Röm. etc.), Gastropoden und Brachiopoden (*Rhynch. multiformis* Röm.), so z. B. in der Kreidemulde von Neuenburg, am Rande des schweizerischen Jura, wo über den bekannten

---

[1] Diener, von Léenhardt zuerst im Ventouxgebiete beschriebener Horizont, ist durch die Untersuchungen von P. Lory, V. Paquier, G. Sayn und Roman als selbständige Zone charakterisiert worden; dieselbe ist namentlich Cevennenrande gut entwickelt und besitzt enge faunistische Beziehungen mit der unteren Barrêmestufe. Er findet sich in Marokko wieder (n. Gentil).

Mergeln von Hauterive gelbe neritische Kalke (»Calcaires jaunes de Neuf-
chatel«), den oberen Teil der Stufe vertreten.

Zoogene, rudistenführende Äquivalente der Hauterivestufe, und eine entsprechende Rudistenfauna sind bis jetzt nirgends bestimmt nachgewiesen worden:
hoffentlich aber werden zukünftige Untersuchungen Auskunft über solche Gebilde
bringen, welche wahrscheinlich an manchen Punkten mit den älteren oder jüngeren
Riffbildungen der Valendis- und Barrêmestufe verwechselt wurden (z. B. auf Capri).

In Südostafrika gehört die pelecypodenreiche Uitenhageformation mit eigentümlichen Trigonien und Astierien, *Holcost.* (*Astieria*) *Atherstoni* SHARPE sp. (= *Holc.
Baini* SHARPE, [eine dem europäischen *Holc. hispanicus* MALL. (= *Higueti* SAYS) sehr
nahestehende Form)], vermutlich hierher. Einen ähnlichen Typus weisen Vorkommen
aus Patagonien auf, welche *Leopoldia* (= *Hatchericerus* STANTON) und Hopliten
von z. T. nordischem Habitus enthalten (Mitteilung von HAUTHAL und FR. FAVRE).

In Nord- und Nordosteuropa enthält die Cephalopodenfacies der Hauterive-
stufe zu unterst eine Reihe bekannter, ebenfalls in Mitteleuropa (Juragebirge) ver-
breiteter Formen, wie z. B. *Hoplites* (*Acanthodiscus*) *radiatus* BRUG. sp., *Hoplites*
(*Leopoldia*) *Leopoldinus* d'ORB. sp. und *Biassoleinia* KAH., *Hoplites* (*Neocomites*) *regalis*
BEAN. sp., *H. noricus* RÖM. sp., *Holcostephanus* (*Astieria*) *Astierianus* d'ORB. sp. und
Atherstoni SH. sp., *Holcosteph.* (*Polyptychites*) *Carteroni* d'ORB. sp., *Holcostinus rotula*
BEAN. sp., aber zu oberst erscheint eine eigentümliche *Simbirskites*-Fauna', welche
zum Teil noch während des Barrémien andauert.

Sind übrigens in Norddeutschland und Nordostengland (Speeton) die *Regalis-*
und *Noricus*-Schichten gut entwickelt, so scheint dieser untere Teil der Hauterivestufe (*Noricus*-Schichten) in Rußland zu fehlen, während die bei Speeton darunter-
liegende obere Abteilung des »Petschorien« (Untere Hauterivestufe? oder Oberste
Valendisstufe?) durch

Holcostephanus. (*Polyptychites*) *regularis* PAVL., *Holc.* (*Polypt.*), *Stubendorfi* SCHMIDT (= *Am.
quadrifidus* BEAN. p. parte), *Holc.* (*Pol.*) *diptychus* KEYS. sp., *latissimus* N. u. UHL. sp., *Lam-
plughi* PAVL., und Übergangsformen zwischen *Polyptychites* und *Simbirskites*, *Holc.* (*Pol.*)
concianus PHILL. sp., *Holc. subinversus* M. PAVL., *Ancyllus* und *Bel.* (*Cylindroteuthis*) *subquadratus* RÖM.

bezeichnet ist.

v. KOENEN hat in Hauterivien Norddeutschlands von oben nach unten folgende Zonen aufgestellt:

    c) Zone des *Crioceras Strombecki* v. K. mit *Holcostephanus* (*Simbirskites*) *Phillipsi*
    RÖM., *H.* (*Simbirskites*) *Weerthi* v. K., *H.* (*Simbirskites*) *lippiaeus* WEERTH.
    Aucella Keyserlingki LAH. (= *teutoburgensis* WEERTH.)

    b) Zone des *Crioceras capricornu* RÖM. mit *Cr. Werulleri* v. K.;

    a) Zone des *Hoplites noricus* RÖM. sp. und *H. radiatus* BRUG. sp., *H.* (*Leopol-
din*) *Leopoldinus* d'ORB. sp.;

Das durch das Vorkommen² von *Bel. subquadratus* und *Bel.* (*Hibolites*) *jaculum*.

¹ In der Krim kommt *Simbirskites verricolor* M. PAVL. mit Leitformen der Hauterivestufe
zusammen vor.

² G. MÜLLER hat unten eine Zone des *Bel. subquadratus* und oben eine Zone des *Bel.
jaculum* unterschieden.

Cnrtervai ausgezeichnete nordische Hauterivien enthält neben einzelnen ebenfalls in Südeuropa leitenden Cephalopoden, wie *Holc. Astierianus, Hoplites radiatus, Bel. jaculum* PHIL. (= *pistilliformis* D'ORB.) eine Anzahl Zweischaler und Brachiopoden, wie z. B. *Exogyra Couloni* DEFR. sp. und *sinuata* LEYM. sp., welche an die Vorkommnisse im Jura und in der Provence erinnern. Besondere Typen aber, wie die Aucellen (*Auc. Keyserlingki* LAH., *Auc. pyriformis* LAH.) sowie Belemniten aus der Verwandtschaft des *B.* (*Cylindroteuthis*) *subquadratus* RÖM. (daneben auch *B.* (*Hibolites*) *jaculum* PHIL.) und die Häufigkeit der bezeichnenden Holcostephanen aus den Gruppen der *Polyptychiten* und *Simbirskiten*, sowie der im übrigen Europa seltenere *Hoplites noricus* RÖM. sp. und *regalis* BEAN sp. geben der nordischen Hauterivestufe ein sehr eigentümliches Gepräge (England, Norddeutschland, Rußland).

Im nördlichen und nordöstlichen Europa und hauptsächlich in Rußland entfallen sich ferner in Sedimenten, welche zeitlich dem oberen Hauterivien und vielleicht dem unteren Barrèmien entsprechen, eine Reihe von Ammonitiden und Belemniten, welche zu der Cephalopodenfauna der mediterranen alpinen Hauterive- und Barrème-Stufe in größtem Kontraste stehen; die Absätze, welche diese besondere Fauna enthalten, wurden in einem nach Süden hin transgredierenden Gewässern abgelagert und erstrecken sich bis in das südliche Rußland. An leitenden Arten sind zu nennen:

Holcostephanus (*Simbirskites*) *versicolor* LAH., *S. Decheni* RÖM. sp., *S. discofalcatus* LAH. sp., *S. progrediens* LAH. sp., *S. umbonatus* LAH. sp., *S. speetonensis* Y. u. B. sp., *S. fasciatofalcatus* LAH. sp., *Belemnites* (*Cylindroteuthis*) *Jasikowi* LAH., *Inoceramus aucella* TRAUTSCH., *Astarte porrecta* v. BUCH, *Pecten cinctus* SOW. (= *crassitesta* RÖM.)

Dieses »Simbirskien«, das mehrere Zonen umfaßt und dessen unterster Teil *Holc. subinterrtus* PAVL., *Belemnites Jasikowi* LAH. enthält, entspricht wahrscheinlich dem obersten Hauterivien. und kann als ein Äquivalent der Zone des *Parahoplites angulicostatus* D'ORB. sp., welche auch in Südfrankreich schon Anklänge zur Barrèmestufe zeigt, betrachtet werden; es ruht meistens in t r a n s g r e d i e r e n d e r Lagerung auf älteren Schichten (das Untere Hauterivien fehlt).

Als nichtmarines Äquivalent des Hauterivien mag der oberste Teil der südenglischen Wealdenformation betrachtet werden.

In gewissen Gebieten, z. B. im südlichen Teile des Pariser Beckens und im nördlichen Saonegebiete (Avilley) erstrecken sich die Absätze der Hauterivestufe e b e n f a l l s t r a n s g r e d i e r e n d auf ältere Schichten.

Typisch entwickelt ist die Hauterivestufe in der bathyalen, mediterranen Facies, namentlich bei La Charce und Valdrôme (Drome), Biasaala (Krim), in der neritischen Tarantaiserfacies bei Escragnolles (früher Var., jetzt Alpes-Maritimes Département) Hauterive bei Neuchâtel (Schweiz), Morteau (Doubs); in der bathyalen nordischen Ausbildung bei Stadthagen unfern Hannover, Vahlberg, Quernm etc. und bei Speeton (Yorkshire); Simbirsk (Rußland), etc.

C. Barrème-Stufe.

Die Barrèmestufe[1] (Barrémien Coquand 1861) wurde für die südfranzösischen, besonders bei dem Dorfe Barrème (Basses Alpes) palaeontologisch gut ausgebildeten

---

[1] Barrémien, COQUAND 1861 (von COQUAND als eine Unterabteilung der Aptstufe aufgefaßt); = Calcaires à *Ammonites difficilis* et *Macroscaphites Yvani* (= Barrémien, COQUAND (p. parte) — Calcaires à Céphalopodes déroulés (p. parte) des auteurs. Calcaires à *Scaphites Yvani*; Calcaires

Cephalopodenkalke mit *Macroscophites Yroni* Pvz. sp. geschaffen, welche später in verschiedenen Gebieten der Erde mit ihrer charakteristischen Fauna wiedergefunden wurden. Es sind diese Gebilde eine Zeit lang, namentlich durch D'Orbigny, als das zeitliche Äquivalent der Urgonkalke (Néocomien superieur) betrachtet worden; es wurde aber seildem mehrfach nachgewiesen, daß das sogen. Urgonien Südfrankreichs ebenfalls als zoogenes Äquivalent den unteren Teil der Aptstufe vertritt, also keineswegs genau der Barrêmestufe entspricht. Als typisches Vorkommen der Barrêmeschichten erwähnt Coquand außer der Umgegend von Barrême (Basses Alpes) auch die Silexkalke mit *Macros. Yroni* Puzos sp. der Bait des Catalans bei Cassis (Bouche du Rhône), welche durch Urgonkalke überlagert werden und auf Toxaster kalken der Hauterivestufe liegen. Auch Ch. Lory zeigte in den Kalkalpen der südlichen Dauphiné, daß die Kalke mit *Macroscophites Yroni* Puzos sp. von den darunter liegenden Schichten des *Crioceras Duvali* Lév. unterschieden werden können.

Leitend sind für die mediterrane Ausbildung dieser Stufe, unter den Cephalopoden namentlich:

Desmoceras difficile D'Orb. sp. und *hemiptychum* Ka., *Hamulina subcylindrica* D'Orb., *Macroscophites Yroni* Puzos sp., *Heteroceras Astierianum* D'Orb., *Crioceras, Ancyloceras* sowie zahlreiche Vertreter der Gattungen: *Holcodiscus, Silesites, Pulchellia* (*P. D'Orbignyi* D'Orb. sp.), *Costidiscus, Barrecoras*.

Daneben mögen *Ostrea Leymerici* Desl., *Requienia ammonia* Goldf sp., *Pecten alpinus* D'Orb., *Turritor Ricordeanus* Cott. sp., *Hidrurter Cooteni* Ag. sp., *Omiopppus prittotus* Ag. sp., *Nuekalites Olfersii* Ag., *Parodaridaris clunifera* Ag. sp., *C. punctatissima* Ag. und *Orbitolines* erwähnt werden, welche in den Gebieten nordischer Facies verbreitet sind; siehe S. 61.

Einige Arten, wie *Phylloceras Tethys* D'Orb. sp. *Phyll. infundibulum* D'Orb. sp. und einzelne *Desmoceras* und *Pulchellien* sind mit den tiefer liegenden Schichten der oberen Hauterivestufe gemein. Andere Formen, wie *Costidiscus recticostatus* D'Orb. sp. *Lytor. Phestus* Math. sp. setzen in die Aptstufe fort.

Die geographische Verbreitung der mediterranen Cephalopodenfauna dieser Stufe ist eine große; sie ist bis jetzt bekannt von Südostfrankreich, von den schlesischen Karpathen (Wernsdorf), Galizien, Rumänien, dem Banat, Mähren, dem Ungarischen Mittelgebirge,[1] den Tyroler und Schweizer Alpen (Säntisgebirge, Freiburger Alpen, Voirons), von Andalusien, den Baleareninseln, SO.-Spanien, Algerien, Marokko,[2] Kolumbien, Zentralmexiko (*Hidcoliense*-Kalke), Californien, Daghestan usw. Diese Kenntnisse verdankt man den Beiträgen von l'ulio, Hago, Kilian, Herbich, Simionescu, Tietze, Sawarin, Nicklès, Says u. A. sowie namentlich den grundlegenden Arbeiten von Matheron. Besagter Typus der Barrêmestufe ist aber ausschließlich in südlicheren Gebieten des großen Mittel-

---

[a] *Crioceras et Ancyloceras*. Ch. Lory (partim). — Zone à *Am. recticostatus* Reynès. — *Marnes à Ancyloceras* Sc. Gras. — Néocomien alpin (p. parte) Pictet. — Urgonien (p. parte) D'Orbigny = Néocomien superieur (p. parte). Über diese Stufe und deren Stellung siehe die Arbeiten von D'Archiac, Reynès, Denor, Coquand, Hébert, Leymerie, Maoras, Ch. Lory, Pictet, D'Orbigny, l'ulio, Vacek. Leenhardt, Hago, und namentlich die zusammenfassenden Untersuchungen von Uhlig (Wernsdorfer Schichten), Vacek (Neokomstudie) und Kilian (Montagne de Lure).

[1] Nach F. Frech und Takger.

[2] Mitteilungen von Herrn L. Gentil in Paris.

meeres, welche Douville mit der Benennung »Mésogée« versehen hat, entwickelt und ist von gleichaltrigen Bildungen Nordeuropas in faunitischer Hinsicht als grundverschieden zu bezeichnen.

Eine Gliederung dieser Stufe in Zonen wurde 1897 in der Montagne de Lure von W. Kilian durchgeführt und hat sich seither in ganz Südostfrankreich und in Algerien bewährt. Es können unterschieden werden:

a) ein Oberes Barrémien: Zone des *Heteroceras Astierianum* d'Orb. und *Silesites Seranonis* d'Orb. sp.

b) ein Unteres Barrémien: Zone des *Pulchellia compressissima* d'Orb. sp. und des *Holcodiscus fallax* Math. sp.

Coquand's Barrêmestufe (Barrémien) ist als die Ammonitenfacies der untersten Urgonschichten aufzufassen und ist im Juragebirge durch gelbe Thonkalke mit *Goniopygus peltatus* Ao. sp. *Pseudocidaris clunifera* Ao. sp. d. h. mit neritischen Facies vertreten.[1] Häufig stellt sich nämlich, besonders für die obere Abteilung die zoogene Rifffacies oder die Orbitulinenfacies[2] ein, welche unter der Bezeichnung Urgonien (siehe weiter unten) mit anderen ähnlichen Absätzen des folgenden Apt-Horizonts irrtümlich als eine gesonderte Stufe betrachtet wurden.

In Portugal und Nordspanien ferner tritt eine eigentümliche Facies mit großen *Natica*-(*Ampullina*-)Formen und *Ostrea pseudephantis* Coq. auf.

Auch eine Pelecypodenfacies zeigt sich zuweilen; aber noch verbreiteter ist unter den neritischen Äquivalenten der Barrêmeschichten die Toxasterfacies (mit *Toxaster Ricordeanus* Cott. sp. und *retusus* Lamk), welche namentlich bei Orgon (Provence) und in der Dauphiné sich einstellt und zuweilen der unteren Barrêmestufe entspricht, aber oft auch sich auf die Schichten des oberen Hauterivien (Zone des *Parahoplites angulicostatus*) erstreckt, welche übrigens, wie G. Sayn bemerkt, selbst in der Ammonitidenfacies bereits enge faunistische Beziehungen zur Barrêmestufe zeigen.

Im südlichen England gehören zum Teil die »Punfield Beds« mit *Exog. Couloni* Darn. sp. und die »Atherfield Beds« mit *Ex. Couloni* Defr. sp., *Ostrea Leymeriei* Desh., *Terebr. sella* Sow., *Toxaster retusus* Lam. usw. hierher.

In Zentral- und Nord-Rußland ist das Barrémien vielleicht durch die obersten Horizonte der Simbirskites-Schichten, mit *Bel. (Cylindroteuthis) brunsricensis* vertreten (s. oben p. 49).

Im nordöstlichen Teile Englands setzten sich zur Zeit des Barrémiens fossilreiche Thone (Speeton, Tealby) ab, welche faunistisch von dem gleichaltrigen Atherfield-Clay Südenglands scharf kontrastieren und auf eine östliche Provinz deuten; bezeichnend sind, wie in Rußland, in diesen, zum Teil den oberen Hauterivien

---

[1] In der neritischen Ausbildung der Barrémien kommen ebenfalls *Pleurotomaria neocomiensis* d'Orb., *Neriaea Coquandiana* d'Orb., *Harpagodes Pr'egi* Brogn. sp., *Paladompa elongata* Münst., *Sphaera corrugata*, Sow. sp., *Tripsia caudata* Au., *Tr. corinata* Ag., *Cerillia ascripa* Desl., *Neithea (Janira) atava* Röm., *Magrilonia (Zeilleria) tamarindus* Sow., *Cidaris punctatissima* Ag., und einige weitere mit anderen Stufen gemeinsame Arten vor; *Protes cinctus* Sow. (= *erassibaris* Röm.) reicht im Norden durch mehrere Stufen bis zum Aptien (incl.) hinauf.

[2] Die Gattung *Orbitolina* kommt zwar schon vereinzelt nach W. Kilian in den Rifkalken des oberen Jura (l'Echaillon [Isère]) und nach Paquier in der unteren Valendienstufe (Berriasien) vor.

angehörenden Ablagerungen: *Holcostephanus* (*Simbirskites*) *speetonensis* Y. a. B. sp.
S. *Drekrui* Röm. sp., *N. discofalcatus* Lah. sp., *S. progrediens* Lah. sp. und auch *Bel.*
(*Hibolites*) *jaculum* Phil., *H.* (*Cylindroteuthis*) *brunsvicensis* v. Stromb. Der süd-
französische *Criocerus Emerici* d'Orb. soll auch bei Speeton vorkommen.

Zur nordöstlichen Provinz gehört auch das norddeutsche Barrêmien; dasselbe
wurde 'durch v. Koenen bearbeitet und läßt sich folgendermaßen gliedern:

	6. Zone des *Ancyloceras*[1] (*Crioceras*) *trispinosum* v. K.
	u. *Desmoceras Hoyeri* v. K.[1]
	4. Zone des *Ancyloceras* (*Crioceras*) *innexum* v. K.,
Oberes	*Crioceras pingue* v. K.
Barrêmien	u. *Hamulina* cf. *pozilloza* Uhl.
	3. Zone des *Ancyloceras* (*Crioceras*) *castellatum* v. K.,
	Crioceras Denkmanni G. Müll.,
	u. *Crioceras Andreae* v. K.
	2. Zone des *Crioceras elegans* v. K.
Unteres	1. b. Zone des *Ancyloceras* (*Crioceras*) *crassum* v. K. und
Barrêmien	*Crioceras fissicostatum* Neum. u. Uhl.
	1. a. Zone des *Crioc. rarocinctum* v. K. und *C. Strom-*
	becki v. K.

Mit der mediterranen Provinz hat dieser, an besonderen *Crioceren* (bezw. *Ancyloceras*) (*Crioc. Roemeri* N. u. U., *Crioc. Stadtlandri* G. Müll.) reiche Typus, nur sehr
wenige Cephalopoden-Arten gemein, obgleich das Vorhandensein der Gattung *Desmoceras* und die Ähnlichkeit etlicher Formen (wie der grosse *Ancyl. gigas* Sow.
sp.) an dieselbe erinnern; dagegen zeigen sich neben *Bel.* (*Hibolites*) *jaculum*
Phill. dem Norden eigentümliche Belemniten, wie *Bel.* (*Cylindroteuthis*) *brunsvicensis* v. Stromb. und *Bel.* (*Cyl.*) *absolutiformis* Sinzb. *B.* *speetonensis* Pavl. Zugleich
kommen russische oder denselben nahestehende Formen vor, wie *Simbirskites discofalcatus* Lah. sp., *S. Drekrui* Röm. sp., *S. Hoeii* Weerth., *S. toembergensis*
Weerth., sp., *S. progrediens* Lah. sp., *S. speetonensis* Y. u. B.

In der südlichen Halbkugel und zwar nördlich von Punta Arenas in Patagonien hat Haüthal (nach den Mitt. Fr. Favre's) Crioceren vom Typus der
Cr. Denkmanni G. Müll. gesammelt.

Vielleicht gehören zum Teil brackische (?) braunkohlenführende Schichten mit
Vicaryen und Glauconien, die in Nordspanien das Urgon unterteufen, hierher.
Nicht marine Äquivalente der Stufe spielen in Europa (Isle of Wight,
Osnegehiet im Pariser Becken) keine bedeutende Rolle.

Als typische Lokalitäten der Barrêmestufe können genannt werden: für die bathyale
Ausbildung der mediterranen Provinz: Südfrankreich (Montagne de Lure, Barrême, Angles
[Basses-Alpes], Cabanne [Drôme]), Wernsdorf (Karpathen), Hinterthiersee bei Kufstein, Gardenazza (Südtirol), Columbien. Das neritische Barrêmien ist bei Morteau (Doubs) gut ausgebildet; für die zurgene Facies (Urgon) vergl. unten. Was die bathyale Facies Nordost-
europas betrifft, mögen Speeton (England), Simbirsk (Rußland), Mellendorf, Driepenstedt,
Hoppelberg und die Umgegend von Hildesheim in Hannover genannt werden.

[1] Ein Teil der Koenen'schen *Ancyloceras* gehören zu *Crioceras* und nicht zu *Ancyloceras*
(s. *stricto* emend. Hyatt), wie im paläontologischen Abschnitte gezeigt werden wird.

D. Aptstufe.

Die Aptstufe[1] (Aptien[1] D'ORBIGNY 1842) ist nach den ammonitenreichen Mergeln der Umgegend von Apt (Vaucluse) in Südfrankreich, mit welchen später untere kalkige, der Barrèmestufe konkordant auflagernde Schichten mit großen Ammoniten vereinigt wurden, benannt worden. Bei La Bedoule erreicht die Stufe 200 m Mächtigkeit. Sie ist aber in den verschiedensten Gebieten, so z. B. in England, Norddeutschland, Rußland, Nordamerika (Texas), Patagonien, Abessinien, Südostafrika (Delagoabai) u. a. O. vertreten.

Leitend sind für die bathyalen und neritischen Vertreter dieser Stufe:

Belemnites (Cylindroteuthis) brunsvicensis v. STROMB., *Duvalia Grasiana* DUVAL sp., *Bel. (Hibolites) Ewaldi* v. STROMB., *Bel. semicanaliculatus* BLAINV., *B. fusiformis* VOLTZ., *Nautilus plicatus* FITT., *Hoplites furcatus* SOW. sp. (= *Dufrenoyi* D'ORB.). *Acanthoceras (Douvilléiceras) Martini* D'ORB. sp. (Typus), *Douvillé Kiliani* v. KOENEN, *Douvilléiceras Cornuelianum* D'ORB. sp., *Oppelia Nisus* D'ORB. sp., *O. Nisoides* SAR., *O. cplata* v. KOEN., *Costidiscus recticostatus* D'ORB. sp., *Ancyloceras Matheroni* D'ORB. und verwandte Formen, *(Anc. simplex.* D'ORB., *Anc. Hillsi* SOW. sp., *Ancyl. gigas*, SOW. sp., im Norden), *Toxoceras, Reyrieanum* D'ORB., *Crioceras Urbani* N. u. U. *Hoplites (Parahoplites) Deshayesi* LEYM. sp. (consobrinus D'ORB. sp.), und verwandte Formen, *Hopl. (Weissi* N.u.U., *H. (Leopoldia) Bodei* v. KOEN., *Desmoceras (Puzosia) Matheroni* D'ORB. sp., *Crethium optimus* D'ORB., *Lucina ordpta* D'ORB., *Plicatula placunea* LAM., *Pl. radiola* LAM., *Exogyra aquila* D'ORB. sp., *E. aulolidae, Rorm, Fimbria (Sphaera) corrugata* SOW. sp., (= *Venus cordiformis* LEYM), *Thetis Laevigata* D'ORB., *Thracia Phillippi* A. ROEM., *Turonter Coltynoi* SISM. und für die zoogene Hifffacies *Pterocera (Harpagodes) pelagi* BRONN., *Glauconia Lujani* COQ. sp., *Toucasia carinata* MATH. sp., *Tour. Lonsdalei* SOW. sp. und Orbitolinen (*O. comoidea* A. GRAS, *O. discoidea* A. GRAS etc.) etc. etc.

Das Erscheinen von *Douvilléiceras* und die reiche Entwicklung der Parahopliten sind neben dem Beginn von *Tetragonites* im südlichen Europa für die Cephalopodenfacies besonders bedeutsam. An Cephalopoden sind einige Arten mit der Barrèmestufe gemein.

z. B. *Belemnites (Cylindroteuthis) Brunsvicensis* v. STROMB., *B. (Hibolites) minaret* RASP. *B. (Duvalia) Grasiana* DUVAL, *Costidiscus recticostatus* D'ORB. sp., *Parahoplites* - cf. *Milletianus*[2] D'ORB. sp.

In die höher liegende Gaultstufe reichen unter Anderen, namentlich:

Bel. (Hibolites) semicanaliculatus BLAINV., *Douvilléiceras Martini* D'ORB. sp. var., *Tetragonites Duvalianus* D'ORB. sp., *Phylloceras Guettardi* RASP. sp. var., *Lytoceras (Jauberticeras) Jauberti* D'ORB. sp., welche namentlich in der untersten Gaultzone (Zone des *Parahopl. Nolani* SEUNES sp.) vorkommen.

Zwei bereits durch E. DUMAS erkannte Zonen oder Unterstufen können in der Cephalopodenfacies der Aptstufe unterschieden werden; es sind das:

2. Obere Zone mit *Hopl. furcatus* SOW. sp. (= *H. Dufrenoyi* D'ORB., *Oppelia Nisus* D'ORB. sp., *Phylloceras Guettardi* RASP. sp).

1. Untere Zone mit *Hoplites Deshayesi* LEYM. sp., *H. Weissi* N. u. U., *Ancyloceras Matheroni* D'ORB. sp., *Acanth. (Douvilléiceras) Stobierkii* D'ORB. sp., *Acanth. (Douvilléiceras) Martini* D'ORB. etc. (Fauna von La Bedoule, Lafarge, l'Homme d'Armes, bei Montélimar);

---

[1] Heißer Aptésien, von Apta Julia (Apt) in Südfrankreich, eine Stadt, deren Einwohner unter dem Namen Aptésianer bezeichnet wurden.

[2] Die typische Form des *Parah. Milletianus* D'ORB. sp. stammt nur dem unteren Gault Südfrankreichs; es ist aber mit diesem Namen viel Mißbrauch getrieben worden und es wurden damit verschiedene Formen aus dem oberen Apten und untersten Gault irrtümlich bezeichnet

Die obere Zone umfaßt vielleicht zwei von W. KILIAN in SO.-Frankreich nachgewiesene Ammonitenfaunen (Type oriental und Type occidental); beide Faunen sind von PERVINQUIÈRE ebenfalls in Nordafrika nachgewiesen worden und zwar erstere (mit *Phyll. Guettardi* RASP. sp., *Ph. Goreti*, KIL., verschiedenen *Puzosia, Lytoceras*, *Uhligella* und *Desmoceras*) im nördlichen Teile Algeriens und letztere (mit Parahoplilen, *Douvilléiceras* und *Oppelia Nisus* D'ORB. sp.) in Tunesien (auch aus den Pyrenäen, Catalonien, dem Kaukasus und Persien bekannt). Erstere ist namentlich in den Gebieten fossilreich, wo die Aptmergel auf Urgonkalk ruhen; letztere dagegen, wo dieselben auf bathyalen Gebilden folgen.[1] Dazu kommt noch eine obere Übergangszone zum unteren Gault mit *Parahoplites Tobleri* JACOB.

Eine erschöpfende monographische Bearbeitung der Aptfaunen und namentlich der unteren, welche den ganz besonderen Charakter und die reiche Entfaltung derselben genügend ins Licht stellte, liegt leider nicht vor[2]; eine genaue Revision der *Douvilléiceras* und *Parahoplites*-Formen wäre besonders wünschenswert.

Diese zwei Zonen besitzen eine beträchtliche geographische Verbreitung: die untere ist namentlich mit ihren charakteristischen Ammoniten in Südfrankreich, in Südtirol (Gardenazza), in Transkaukasien, in Südafrika, wie auch im Pariser Becken (Haute Marne) auf der Isle of Wight (Hythe-beds) und bei Speeton nachgewiesen worden; im Pariser Becken folgt dieselbe bisweilen transgredierend auf das kontinentale Barrémien. Die obere mit *Hopl. furcatus* Sow. sp. verbreitet sich sogar bis Texas.

Typisch sind die Cephalopodenschichten der Aptstufe in Südostfrankreich (Dep. Ardèche, Gard, Vaucluse, Basses-Alpes) entwickelt; sie kommen ebenfalls im Pariser Becken, in Norddeutschland, England, Rußland usw. vor.

Die Grenze der Aptstufe nach oben wurde neuerdings von Seiten CH. JACOB's einer schärferen Untersuchung unterzogen; die Übergangsschichten zum folgenden Horizonte (Hor. de Clansayes, CH. JACOB[3]) enthalten neben *Douv. subnodosocostatum* SINTZ. und einigen Aptformen (*Tetrag. Deperoti* KIL., *Phyll. Goreti* KIL., *Desm. Zürcheri* JAC., *D. Emerici* JAC., *Hel. semicanaliculatus* BL. mut. *major* KIL., eine Reihe besonderer Parahoplilen und *Douvilléiceras* (*Parah. Tobleri* JAC., *Hour. Buxtorfi* JAC., *D. orientalis* JAC., *Discoidea decoratus* DSA. sp.); es wurden dieselben (Sch. von kս Grèzes [Drôme], Sch. des weiteren Zuges [Schweiz]) meist schon zur Gaultstufe gerechnet.

Unter dem Namen Voconcien wurde (KILIAN Ann. géol. univ. t. III 1887, p. 302) die untere Abteilung bezeichnet, deren tiefste Schichten bei Vaison (Vaucluse) als Cephalopodenkalke von LEENHARDT beschrieben worden; ungefähr gleichbedeutend ist die Bezeichnung *Bedoulien* (von dem Orte la Bedoule bei Marseille): die Vaisonkalke LEENHARDT's entsprechen dem unteren Bedoulien.

---

[1] *Belemnites* (*Hibolites*) *Ewaldi* v. STROMB. und *Strombecki* MÜLL. sind von gewissen Autoren als Stadien oder Varietäten von *Bel.* (*Hibolites*) *semicanaliculatus* BLAINV. angesehen; sie sollen bei la Bedoule und Escragnolles in Südfrankreich mit jener Form zusammen vorkommen.

[2] Siehe die Zusammenstellung in KILIAN, Mont. de Lure, p. 245 und 266.

[3] JACOB, Bull. Soc. géol. de Fr. 4. série, t. IV, 1905, p. 399 n. Mém. Soc. Pal. suisse, t. XXXIII. 1905.

Als *Gargasien* (KILIAN 1887 in Annuaire géol. univ. t. ist die oberste mergelige Zone aufgeführt worden, nach ihrem typischen Vorkommen bei Gargas unweil Apt (Vaucluse).

RENEVIER's rhodanische Stufe (Etage rhodanien) wurde für Bildungen geschaffen, welche bei La Perte du Rhône, im Jura, im Haute-Marne-Département anstehen und neritische Bildungen mit *Orbitolina* umfassen, die einem Teile des Urgonien von D'ORBIGNY entsprechen; dem Alter nach sind diese Schichten in der typischen Lokalität das Äquivalent der unteren Aptstufe (Bedoulien) und nicht, wie DE LAPPARENT (3ᵐᵉ Edition 1906) es meinte und es wirklich zuweilen (Dauphiné) vorkommt, eine Facies des obersten Barrémien, obgleich sie dieselben Arten enthalten und öfters mit dem echten Rhodanien verwechselt wurde. Bemerkenswert ist ferner, daß in Südeuropa innerhalb weiter Gebiete im untern Aptien die Urgonfacies auftritt (siehe weiter unten), welche oft schon in der obersten Abteilung des Barrémien einsetzt, so daß die Grenze zwischen beiden Stufen dann schwer zu ziehen ist; in den meisten Gegenden entspricht der obere Teil der Urgonkalke (mit *Toucasia carinata* MATH. sp. *Monopleura, Caprotina, Ethra* etc.) der unteren Aptzone.

Unter der Bezeichnung Urgo-Aptien (LEYMERIE) wurden von vielen Autoren die Riffbildungen und zoogenen Kalke der Barrême- und Aptstufe zusammengefaßt (siehe unten).

Auch eine Tonsterfacies mit *Toxaster Collegnoi* SISM. und neritischer Fauna (*Exogyra aquila* D'ORB. sp., *Ficstula plancusa* LAMK., *Fimbria* (*Sphaera*) *corrugata* SOW. sp.) stellt sich öfters in der unteren und oberen Zone ein und wird in letzterer durch *Discoides* (*Di-coides*) *derorotus* DESOR sp. charakterisiert (Le Teil in Südfrankreich).

Endlich muß daran erinnert werden, daß einige Fachleute, und namentlich VACEK und MAYER-EYMAR die obersten Zonen dieser Stufe als Faciesbildungen der Gaultstufe zu betrachten geneigt waren; andererseits werden in Norddeutschland die Thone des Oberen Aptien („Minimus-thon" wie *Bel. Ewaldi*) zum Teil, namentlich von v. STROMBECK und G. MÜLLER, als „Unterer Gault" zur Gaultstufe gerechnet, während die Schichten mit *Hopl. Deshayesi* und *Bel. Brunsvicensis*, welche in Rußland, England und Hannover als einzige Vertreter der Aptstufe verbreitet sind, in Wirklichkeit nur den unteren Teile derselben entsprechen.

Der zur Zeit des Barrémien seinen **Höhepunkt erreichende** palaeontologische Kontrast zwischen südeuropäischer und nordöstlicher Provinz ist in den Absätzen der Aptstufe kaum noch zu erkennen.

Zwei Belemnitengruppen zeugen jedoch durch ihre Verbreitung von provinziellen Unterschieden: In Nordeuropa herrscht die Gruppe des *Bel.* (*Cylindroteuthis*) *brunsvicensis* v. STROMB., während in Mittel- und Südeuropa *Bel.* (*Ribolites*) *semicanaliculatus* BLAINV. und Verwandte (*B. Strombecki* G. MÜLL. *B. obtusirostris* PAVL etc.) mit Ausschluß letzterer Gruppe verbreitet sind.

Gewisse Leitformen hingegen besitzen die größte Verbreitung: Neben *Hoplites* (*Parahoplites*) *Deshayesi*[1] LEYM. sp. (= *consobrinus* D'ORB. sp. = *fissicostatus* PHILL. sp. non D'ORB.), welcher ebensogut in Rußland, England (Speeton) und Norddeutschland vorkommt sind auch *Oppelia Nisus*[2] D'ORB. sp. und *Nisoides* SAR., *Hoplites furcatus*

---

[1] *Sonneratia bicurvata* MICH. sp. wurde wiederholt aus dem russischen und norddeutschen Aptien erwähnt; es handelt sich höchst wahrscheinlich um dieselbe Art, wie sie von SARASIN aus der französischen Aptstufe beschrieben wurde. Diese Gruppe scheint ausschließlich in Zentral- und Nordeuropa verbreitet zu sein; sie fehlt in südlicheren Gebieten.

[2] *Opp. Nisus* D'ORB. sp. und *Ac.* (*Douvilliceras*) *Martini* D'ORB. sind bis in Südafrika (Delagoa-Bai) nachgewiesen werden; *Hopl. furcatus* SOW. sp. wurde von Texas angegeben.

Sow. sp., *Douvilliceras Martini* d'Orb. sp. und Verwandte, *Ancyloceras Matheroni* d'Orb. *Plicatula placunea* Lamk, *Plic. radiola* Lamk zu nennen.

Lytoceras, Tetragonites, Phylloceras und *Hammoceras* (*Puzosia* und *Uhligella*) scheinen fast ausschließlich südlichere Meere zu charakterisieren, und es finden sich die Vertreter dieser Gattungen im Norden nur ganz vereinzelt (*Phyll. Morelianum* d'Orb. sp.) und meistens in Gestalt von seltenen ganz eigentümlichen Arten (*Desm. Hoyeri* v. Koenen, *D.* aff. *liptoviense* Uhl., *D. plicatulum* v. Koen.), welche als eine besondere Untergattung zusammengefaßt werden könnten; zu nennen ist auch *Hoplites decurrens* v. Koen.

In Norddeutschland hat v. Koenen eine Reihe von besonderen Formen beschrieben; aber *Bel.* (*Duvalia*) *Orasiana* Duval erscheint ebensowohl in Südfrankreich als im Gebiete nordwestlich vom Harze als eine der charakterischen Belemniten der Aptstufe[1].

Nichtmarine Vertreter des Aptien spielen (Portugal) eine sehr untergeordnete Rolle und bieten wenig Interessantes, es erscheint diese Zeit wesentlich als eine Epoche mariner Transgressionen und weitgehender Mengung der Faunen.

In Portugal scheint im östlichen Algarvegebiet die Aptstufe einer Lücke zu entsprechen; im Westen hingegen vertreten gastropodenreiche Ablagerungen der unteren Almargemschichten, mit Rudisten, Enallaster und Trigonia, sowie Sandsteine und pflanzenreiche Absätze (Flora von Caixarias und Cercal) das Aptien und stellen einen besonderen faciellen Typus dieser Stufe dar.

Als typische Lokalitäten können gelten 1. für das untere Aptien: Vaison und das Ventouxgebirge (Vaucluse), la Bedoule (Bouches-du-Rhône); Lafarge, l'Homme d'Armes (Ardèche).

2. Für die obere Aptstufe: Gargas (Vaucluse), Gurgy (Yonne), Grange-au-Roi bei Vassy (Hte Marne); St. André de Méouilles, Vergons, Hyèges (Basses-Alpes), Marokko, etc.

In nördlicheren Gegenden ist das Aptien gut vertreten bei Simbirsk (Rußland), Timmern (Hannover), Speeton auf der Isle of Wight, etc. Ein großer Teil der fossilführenden Absätze Englands und Rußlands entsprechen jedoch nur der unteren Aptstufe.

D. Zoogene und riffartige Bildungen der Barrême- und Aptstufe (Urgonien).

D'Orbigny's Urgonstufe (Etage Urgonien) wurde für mächtige Rudisten- und Foraminiferenkalke geschaffen, welche in der Provence und namentlich bei Orgon (Bouches du Rhône) in großer Mächtigkeit auftreten, und während langer Zeit als Äquivalente der Schichten mit *Macrocephalites Ivani* betrachtet wurden, nachdem Ph. Matheron dieselben als oberjurassische Diceraskalke aufgefaßt hatte.

---

[1] Siehe Ex. Dumas, Géol. du Gard, p. 134.
[2] Cours élémentaire de Stratigr. etc. t. II, p. 608.

Zoogene Urgonkalke von Orgon (Bouche-du-Rhône) in Südfrankreich.

(Plump zoogene Rquirienkalke des „Urgonien" (: oberste Barrème- und unterste Aptstufe) in ihrer typischen Ausbildung.)

Es hat sich nun seither herausgestellt, daß diese Kalke keine bestimmte Stufe bilden, sondern als zoogene Riffacies, ähnlich wie die Korallenkalke der Malm, in mehreren Horizonten erscheinen. Sie kommen ausschließlich im Gebiete des großen Mittelmeers vor.

Für Carez [1] ist dieser Requienienkalk ein stets in gleichem Niveau liegender Schichtenkomplex, der durch eine mehr oder weniger thonige, petrographisch und faunistisch vom Aptien wohl unterschiedene Ablagerung vertreten werden kann. Die zahlreichen, in den letzten Jahren publizierten Arbeiten zeigen, daß die Ansichten über das Verhältnis der Neocom-, Apt-, Urgon- und Gaultablagerungen im südlichen Frankreich sehr auseinandergingen. Nach Torcapel ist das Urgon eine mächtige Etage, deren untere Hälfte aus kalkig-mergeligen Schichten besteht, zwischen denen Chamalagen eingelagert sind, deren obere von Hudisten führenden Kalken (Donzérien) gebildet wird. Die Fauna ist in tieferen Lagen noch verwandt mit der des Hauterivien, enthält aber durch die ganze Etage hindurch Aptelemente. Die Bezeichnung »urgo-aptien« nach dem Vorgang von Coquand wäre daher ganz angemessen. De Houville möchte das Urgonien ganz streichen und teils dem Hauterivien, teils dem Aptien einverleiben. Léenhardt und Douville wollten das Urgon nur als eine Facies des unteren Aptien ansehen, Carez endlich, dem die ausgedehntesten Untersuchungen im Fekle (von Grenoble bis Santander) zu Gebote standen, geht, wie gesagt, von der Überzeugung aus, daß Urgon und Aptien selbständige, voneinander, und letzteres auch von Gault unabhängige Bildungen sind. Torcapel und Carez stimmten trotz mancher Unklarheiten und andauernden Polemiken insofern miteinander und mit Emilien Dumas überein, als sie das Barrémien Coquand's (Calcaire de Vaison, Zone des Macroscaphites Yvani) als »Facies vaseux«, des unteren und oberen Urgon ansahen. Die Schichten des Crioceras Durali, die sonst zum Hauterivien gebracht werden, versetzte Torcapel, indem er eine große, vom mittleren Hauterivieu bis zum unteren Aptien sich erstreckende Urgonstufe aufstellte, in sein Cruasien (unteres Urgon); die echten Requienienkalke nannte er Donzérien. Jedenfalls erscheint unter Berücksichtigung aller Verhältnisse, die von Campiche und Thiolet vorgeschlagene und von Hébert befürwortete Zusammenfassung des Urgonien und Aptien mit dem Neocom (sensu lato) nicht ungerechtfertigt.

Es läßt sich sowohl in den Alpen als im Jura (Dauphiné, Perte-du-Rhône, Ste. Croix, Schweizer Alpen), im »Urgonien« eine obere, durch Toucasia Lonsdalei Sow sp. und Orbitolinen charakterisierte Zone (Rhodanien) abtrennen. Letztere Fossilien finden sich nur in den oberen Schichten. Req. ammonia Goldf. kommt

---

[1] Noch in neuester Zeit (1905) fand d'Ormonyt's einheitliche Orgonstufe (Urgonien) in L. Carez einen hartnäckigen Verteidiger. Derselbe schreibt nämlich: „Das Aptien (Aptstufe) begreift ausschließlich die Aptmergel mit Ancyloceras Matheroni, Hoplites Deshayesi, Hoplites cruasicostatus, Ostrea aquila; meiner Ansicht nach können keine andere Schichten, ohne große und unnötige Verwechslungen hervorzurufen, als ‚Untere Aptstufe‘ mit jenen Schichten gruppiert werden." — Gegen diese Ansicht ist zu bemerken, daß die echten Aptmergel keineswegs durch Hoplites Deshayesi bezeichnet werden können, da diese Art als Leitform eines tieferen Horizontes überall auftritt; ferner mag auf die paläontologische Verwandtschaft der unteren und oberen Aptschichten hingewiesen werden, welche die hier angenommene, von Carez bekämpfte Einteilung als durchaus begründet erscheinen lassen.

gewöhnlich unten, jedoch im Dauphiné sowie bei Orgon und Apt auch oben
vor. — Renevier schlug vor, die mit dem Urgon in engster Verbindung stehenden
Aptschichten mit denselben in eine »Etage Urg-aptien« (Coquand) zu vereinigen
und begriff 1896 in seinem „Etage urgonien" das Barrémien, das Rhodanien und die
gesamte Aptstufe.

Inzwischen aber hatten Lenhardt's Arbeiten die Äquivalenz eines Teils
des Urgons und des unteren Aptiens (Kalke von Le Teil, Lafarge, etc.) zweifellos
bewiesen. Die Gleichaltrigkeit der Urgonkalke Südfrankreichs mit Cephalopodenschichten, welche z. T. der Barrémestufe, z. T. der Aptstufe angehören,
wurde zum ersten Male von Kilian und Lenhardt auf präzise Beobachtungen
gegründet und das allmähliche Erscheinen dieser Facies als zoogene, oolithische,
orbitolinenreiche Einlagerungen mit Korallen oder Bivalvenbruchstücken (Lesches
bei Beaurières, la Charce (Drôme) inmitten der Cephalopodenfacies[1] dargetan.
Kieselreiche Kalke begleiten gewöhnlich diesen Facieswechsel. In der Montagne
de Lure (Südabhang) hat W. Kilian dem allmählichen Übergange der Urgonkalke
von Simiane in Kieselkalke (calcaires à silex) des unteren Aptien (mit Costidiscus
recticostatus d'Orb. sp., Hoplites (Parahoplites) Deshayesi Leym. sp., Douvilliceras
Martini d'Orb. sp., Douv. Stobieckii d'Orb. sp., Puzosia Matheroni d'Orb. sp., Ancyloceras
Matheroni d'Orb.) eine gründliche Beschreibung gewidmet. Ähnliches wurde auch
von V. Paquier nördlich von Die (Drôme) nachgewiesen. In vielen Fällen (Dauphiné, Schweizer Kalkalpen) umfaßt also die Urgonfacies zugleich die Barrème-
und einen großen Teil der Aptstufe.

Das »Urgonien« darf demnach keineswegs als eine besondere Stufe aufgefaßt werden, sondern bloß als eine in verschiedenen Stufen sich einstellende
Facies; der Name muß als Stufenbezeichnung wegfallen[2], wie 1888 von W. Kilian
vorgeschlagen wurde, und jetzt bei den meisten Fachleuten geschieht, obgleich
einzelne Forscher, wie Carez, Toucapel und zum Teil auch Toucas trotz aller
Beweise, seit 1892 unbegreiflicherweise an der Beibehaltung der »Etage Urgonien«
noch festhalten.

Nach den Forschungen von Lenhardt, Kilian, G. Sayn und P. Lory,
in den Ventoux und Lureketten, bei la Charce, Chatillon-en-Diois, den Beobachtungen von V. Paquier am Südrande des Vercorsmassivs, und den Arbeiten von
Ch. Jacob, gestalten sich in Südostfrankreich die Äquivalenzen der Urgonstufe
wie folgt:

D. Die obere Orbitolinenzone entspricht dem oberen Aptien[3] und
setzt sich als zoogene Echinodermenbreccie (sog. »Lumachelle« Ch. Lory's)
bis in die unterste Gaultstufe (Zone des Hoplites [Parahoplites] Nolani) nach
oben fort.

---

[1] Ch. Lory hatte bereits bei Châtelard-de-Venc das Wechsellagern von Orbitolinenschichten
(mit Pygurus depressus A. Gras [non Ag.]) mit Macrorophites Yvani-Kalken nachgewiesen, jedoch
ohne irgend welchen Schluß daraus zu ziehen.

[2] Siehe Kilian, Annuaire géol. Universel. 1887 (L. III), p. 300, 301. (Vergl. auch Neues
Jahrb. f. Min. etc. 1884, II und 1888 I, p. 263, II, 113, 150.)

[3] Ch. Jacob, Annales Université de Grenoble t. XVII, 1905, p. 528. Comptes-rendus Soc.
géol. de France, Déc. 1905 und Soc. de Stat. de l'Isère 20. Nov. 1905.

C. Die oberen Urgonkalke treten als zoogene Stellvertreter des unteren
Aptien auf.

B. Die untere Orbitolinenzone (mittlerer Urgon) ist, wie PAQUIER nachgewiesen, eine Facies der obersten Barrêmestufe (*Heterocerras*-Schichten).

A. Die unteren Urgonkalke entsprechen dem mittleren Barrêmien.

Zu bemerken ist noch, daß manche Fachleute, wie MAYER-EYMAR, die Riffbildungen des Urgons von der Aptstufe scharf trennen, während andere, wie LEYMERIE, Urgonkalke und Apt-schichten unter der Bezeichnung Urgo-Aptien zusammenfassen.

Von COQUAND wurden die Urgonkalke zum Aptien gerechnet, während HÉBERT und CHAMBAN LORY überall, wo diese Bildungen nicht entwickelt sind, das Vorhandensein einer strati-graphischen Lücke annehmen pflegten. Außerdem wurden diese Kalke, mit Ausschließung ihrer lothyalen Äquivalente, von TOUCASEL als Etage *Dinarien* aufgefaßt, während von MAYER-EYMAR eine Zweiteilung des Urgonien in *Barulaien* (untere Schichten mit *Serpula Pilataae* MAYER und *Heteraster*) und *Douarrie* vorgeschlagen wurde, aber zugleich ein Teil der Orbitolinenschichten und Requienienkalke dem Aptien teils als (unteren) „*Rhodanien*", teils als (oberen) „*Lopparien*" einverleibt.

Die Urgonfacies erfreut sich einer weiten Verbreitung, ist jedoch in nördlicheren Ländern nirgends bekannt. Die Gebiete der Hauptentwicklung derselben
sind die Pyrenäen, Nordspanien, Tunesien, die südlichen Teile Algeriens, gewisse
Gebiete von Marokko, Südostfrankreich, Capri, der südliche Teil der Jurakette,
die Schweizer und Vorarlberger Alpen, Bulgarien, Bakony und die Balkanländer[2].
Auch in Portugal existieren in der Barrêmestufe Requienienkalke mit zahlreichen Gastropoden und Echinodermen und höher (Apt- und Gaultstufe) die
Almargemschichten mit *Orbitolina conoidea* A. GRAS. Requienien etc. In Mexico
kommen ebenfalls ähnliche Bildungen (mit Trigonien, Glauconien, Korallen) bei
las Salinas und San Raya vor (n. ANGUILERA).

Leitend sind für diese Facies namentlich folgende Formen: *Nerinea gigantea* D'HOMBRE-FIRM.,
Harpagodes Beaumonti PICT. sp., *Nerita memmonfermis* REUL. sp., *Monoplaura trilobata* D'ORB.,
M. Coquandi MATH., *depressa* MATH., *Matheronia Virginiae* A. GRAS sp., *M. gryphoides* MATH. sp.,
Requienia ammonia GOLDF. sp., *Toucasia Lonsdalei* SOW. sp.[1], *T. carinata* MATH. sp., *Pachytraga parvulara* PICT. sp., *Gyropleura Kiliani* PAQ., *Agria Martiensis* MATH. sp., *Etkra Munieri* MATH., *Horiopleura Lamberti* M. CHALM., *Polyconites Verneuili* BAYLE, *Caprina Donvillei* PAQ., *Praecaprina renitens* PAQ., *Offneria rhodanica* PAQ. *Pictea* (*Jonira Neithea*) *Drohayerianus* D'ORB. sp., *Rhynchonella Pyrenarius* D'ORB., *Rh. irregularis* DE LORIOL., *Terebratula Delhusi* HÉR., *Enallaster* (*Edaraster*) *oblongus* BROGG. sp., *Pygaulus cylindricus* DESOR und zahlreiche andere Echiniden; *Orbitolina* (*Patellina*) *conoidea* A. GRAS, *O. discoidea* A. GRAS, *O. bulgarica* PREVER. *O. Kiliani* PREVER, Millo-lideen und *Diplopora Mühlbergi* LORENZ, welche sich, je nach dem genauen Alter der Schichten, wie weiter unten gezeigt werden wird, in verschiedenen Höhen des Urgonkomplexes verteilen.

---

[1] Zu bemerken ist jedoch, daß eine Leitform *Toucasia Lonsdalei* SOW. sp. vereinzelt südlich von Corne (O. van Bowden Hill) im südlichen England mit *Terebratula Delhusi* HÉR. (= *T. Moutardi* DOLX.) *Terebratula depressa* SOW., *Nucleolites Olferei* AO. der unteren Aptstufe (Punfieldbeds) vorkommt, von wo sie zuerst beschrieben wurde.

[2] Über die Rudistenfauna der Urgonkalke siehe weiter unten (Zoogene Facies).

[3] Wurde auch erst aus dem „Lower Greensand" von Wiltshire in England be-schrieben, wo sie vereinzelt mit anderen Zweischalern vergesellschaftet in neritischen Ab-lagerungen vorkommt. Ihr Hauptverbreitungsbezirk ist aber Südeuropa (Alpen, Jura und Pyrenäenländer inbegriffen), wo sie in den zoogenen Urgonkalken zu Hunderten mit anderen Pachyodonten sich findet.

— Als typische Lokalitäten können außer Orgon und les Martigues (Bouches du Rhône), deren Fauna durch Ph. Matheron's Arbeiten weltbekannt worden, ebenfalls Savaeelle und Brouzet (Gard), Barcelonne bei Valence, la Clape (Aude), le Fâ, le Rimet (Isère) in Frankreich, der Pilatus Lerau und Lopperberg in den Schweizer Alpen, sowie zahlreiche Lokalitäten in dem Pyrenäen-Gebiete und in Nordspanien (Tortosa, Morella, L'Utillas etc.) erwähnt werden.

E. Gault- oder Aube-Stufe.

Der Gault oder die Aube-Stufe (Albien d'Orbigny 1842[1] [mittlerer und ober Gault G. Müller]) wird öfter zur Oberen Kreide gestellt und bisweilen mit der Cenomanstufe als »mittlere Kreide« bezeichnet. Die Cephalopodenfauna dieses Schichtenkomplexes ist reich und z. T. gut bekannt; sie zeigt nahe Verwandtschaft sowohl mit der vorhergehenden Aptfauna als auch mit dem darüberfolgenden Cenoman. Die untere Grenze des Gault bezeichnen in vielen Fällen, wie d'Orbigny gezeigt, Konglomerate mit abgerollten Fossilien aus älteren Schichten (»Discordance de corrosion«) sowie bemerkenswerte Transgressionserscheinungen. (Gegenden von Boulogne, Wissant, Aisne-, Ardennen- und Meuse-Départements in Norddfrankreich, Audegebiet, Pyrenäen, Seealpen [Clars bei Escragnolles etc.], Alpineskette, Martigues in der Provence), welche in mehreren Gebieten sich aber schon zwischen unterer und oberer Aptstufe einstellen (so z. B. in Südostfrankreich) oder erst später, z. B. in der oberen Gaultstufe eintreten (Westafrika, NW. Mexico), so daß nach denselben keine Stufengrenze aufgestellt werden kann. Diese Transgressionsvorgänge setzen sich während der Gaultzeit fort und erreichen zu Beginn der folgenden (Cenoman-) Stufe, mit der Zone der *Schloenbachia rurinas* ihren Höhepunkt.

Leitend sind im allgemeinen für die Stufe:

Nautilus Clementinus d'Orb., *Belemnites (Pseudobelus) minimus* v. Stromb., *Bel. (Hibolites) Strombecki* G. Müll., *Parahoplites Kalani* Seunes sp., *Par. Milletianus* d'Orb. sp.[1], *(Douvilléiceras) mammilatum* Schloth. sp., *Acanthoceras[2] Lyelli* Leym. sp., *Schloenbachia (Mortoniceras)inflata* Sow. sp.,

---

[1] Siehe Profilreihe de Pol. stratigr. 1830 die Liste der Zeitverschiebungen und der typischen Lokalitäten; vergl. auch die Zusammenstellungen von Hilton-Price (The Gault, London 1879 und Jukes-Browne (1900).

[2] Wie im paläontologischen Teile gezeigt werden wird, ist die von Neumayr geschaffene Gattung *Acanthoceras* durchaus heterogen, da in ihr sowohl die von *Parahoplites* abstammende *Douvilléiceras* (D. *mammillatum* Neum. sp.) als die Formenreihen des *Acanth. Lyelli* Leym. und die Sippe des *Ac. Mantelli* Sow. sp. untergebracht wurden, welch letztere eine verschlechterte Abstammung brachten. Auch die Hopliten der Gaultstufe gehören z. T. nicht zu den Hopliten der älteren Stufen. Dergleichen gilt von *Dromoceras*, welche Gattung scharf getrennte Formenreihen, wie z. B. die von *Dom. difficile* abstammende Gruppe des *D. Beudanti*, die Gruppe des *Dom. (Patoria) Mayorianum* d'Orb. sp. und die Gruppe des *D. latidorsatum* Mich. sp. (*Latidorsella Jacobi*, sowie die Sippe des *D. quercifolium* d'Orb. (*Uhligella Jacobi*), begreift. — Eine genaue Revision derselben und die Aufstellung neuer Genera scheint hier notwendig zu sein, da die meisten der Neumayr'schen Gattungen auf Convergenzerscheinungen gegründete unmittelbare Normaltypen, sogenannte »genera fasola«, sein dürften, welche mit den neueren Kenntnissen über Abstammung der Formenreihen keineswegs übereinstimmen.

[3] *Parahoplites Milletianus* d'Orb. sp. wurde in verschiedenen Varietäten, wie W. Kilian hervorgehoben, von den Übergangsschichten zum Apt bis in den mittleren Gault angegeben. Die typische Form dieser Art d'Orbigny's Originalexemplar aus dem Ardennendept., stammt aber, wie Ch. Jacob zeigte, aus der Zone des Hopl. dentatus Sow. Es wurde übrigens mit diesem Namen ein großer Mißbrauch getrieben. — (Vgl. die Arbeiten von Wollemann und Fritel.)

62　　　　　　　　　Gault-Stufe.

(und *Schl. rostrata* Sow. sp.), *Schl. varicosa* Sow. sp., *Schl. cristata* DE LUC. sp., *Stoliczkaia dispar* D'ORB.
sp., *Placenticeras* (*Sphenodiscus*) *Uhligi* CHOFF. (in den oberen Schichten) *Mojsisovicsia*, *Hysteroceras*
(*Binneyceras prius*) *Smerguiers* D'ORB. sp. *Hoplites* (*Leymeriella*) *tardefurcatus* LEYM. sp., *H.* (*Ley-
meriella*) *regularis* BRUG. sp., *H. tuberculatus* Sow. sp., *Hoplites dentatus* Sow. sp. (= *interruptus*),
H. lautus PARK. sp., *H. auritus* Sow. sp., *H. Deluci* BR. sp., *H. rubromatus* Sow., *H.* (*Anahop-
lites*) *splendens* Sow. sp., *Desmoceras Beudanti* BRONGN. sp., Desm. (*Latidorsalis*) *latidorsatus*
MICH. sp., *Helicoceras*, *Hamites rotundus* Sow., *H. attenuatus* Sow., *Turrilites Puzosi* D'ORB. sp.,
Turrilites catenatus D'ORB., *Salarium armatum* FITT., *S. dentatum* D'ORB., *Rostellaria carinata* MANT.,
Natica gaultina D'ORB., *Isocramus sulcatus* PARK., *Is. concentricus* PARK., *Isoceramus subsulcatus*
WILTON, *Hemiaster minimus* AG. sp. (Erscheinen der Gattung *Hemiaster*), *Arellem inflata* D'ORB.,
Trigonia Fittoni Sow., *T. aliformis* Sow., *Nucula bivirgata* FITT., *N. pectinata* Sow., *Arca Ahreni*
Sow., *Arcula* (*Ancilla*) *gryphaeoides* Sow., *Ostrea vesiculosa* Sow., *Terebratula Dutempleana* D'ORB.,
Discoides ronicus DESOR sp., *Holaster Perezi* SISM., *Trochosmylhus conulus* EDW. u. H. u. s. w.

Eine auf weiten Strecken durchführbare Gliederung dieser Stufe ist, trotz
der in Südengland und Nordfrankreich von HILTON PRICE, BARROIS JUKES-BROWNE
etc. vorgeschlagenen Zoneneinteilungen, kaum noch festgestellt und möchte sich
folgendermaßen gestalten:

1) Die untere Gaultstufe wird häufig mit der oberen Aptstufe verwechselt; insbesondere im nordwestlichen Deutschland und in Südostfrankreich:
sie beginnt mit der wenig bekannten[1] Zone des *Parahoplites Nolani* SEUNES sp.,
Douvilléiceras nodoxocostatum D'ORB. sp. und *Douvilléic. Clansayense* JACOB, welche zahlreiche, bis jetzt mit *Parah. Milletianus* D'ORB. sp. verwechselte Formen enthält und
mit der Aptstufe stellenweise durch allmähliche Übergangsschichten (mit *Douvilléiceras subnodosocostatum* SINTZ., *Hel. vermicanaliculatus* BL.) und durch einige gemeinsame Formen, *Douvilléiceras Martini* D'ORB. sp. var. *orientalis* JACOB (D'ORB.
pl. 68, Fig. 9) verbunden ist.

2) Darüber folgt die Zone des *Hoplites* (*Leymeriella*) *tardefurcatus* LEYM. sp.
H. regularis BRONGN. sp., die von Südfrankreich und den bayerischen Alpen bis
nach Norddeutschland (Altwarmbüchen) mit *Hel.* (*Hibolites*) *Strombecki* MÜLL. zu
verfolgen ist.

3) Als mittlerer Gault ist die weitverbreitete, gewöhnlich durch reiche
Ammonitenfauna bezeichnete Zone des *Hoplites dentatus* Sow. sp. (= *interruptus*)
BRONGN. sp. und des *Acanthoceras Lyelli* LEYM. sp. *Hamites rotundus* Sow. aufzufassen.

Hier kommen namentlich noch *Douvilléiceras mamillatum* SCHL. sp. (= *D.
monile* Sow. sp.), *Desm. Beudanti* BRONGN. sp. und *Des.* (*Latidorsella*) *latidorsatum*
MICH. sp. vor, welche schon in der vorigen Zone sich in großer Anzahl zeigten.

4) Die obere Gaultstufe umfaßt die Zone der *Schloenbachia* (*Mortoniceras*)
inflata Sow. sp. (und *rostrata* Sow. sp.) und *Turrilites Bergeri* BRGT., welche bei
genauerem Studium in mehrere Subzonen (z. Schichten der *Schl. Bouchardiana*

---

[1] Dieser, mit der darunterliegenden Aptstufe durch eine Übergangszone (mit *Douvilléiceras*)
verbundene Horizont ist insbesondere durch die Arbeiten von CH. JACOB charakterisiert worden
(Mém. soc. paléont. Suisse t. XXXIII, 1906). — Derselbe ist in Südost Frankreichs, Clansayes,
den Schweizer Alpen, im Kaukasus und in Südrußland (n. ANTHULA, SINTZOW), Marokko (n. KILIAN
und GENTIL) und Zentral-Mexico (*Parahoplites*-Schichten) gut entwickelt. Als Leitformen sind
noch zu nennen *Douvilléic. Cornuelri* PICT. sp., *D. Bergeroni* SEUNES sp., *D. Bigoureti* SEUNES sp.,
D. nodosocostatum D'ORB. sp., *Parah. Grossouvrei* JAC. *P. aschiltaensis* ANTH., *Desm. abnorbeanus* ANTH.,
D. (*Uhligella*) *Clansayense* JAC. nebst zahlreichen anderen Mollusken, Brachiopoden und Echiniden.

D'ORB. sp.; b. Schichten mit *Schl. inflata* Sow. sp. und *Turrilites Puzosianus* D'ORB. zerfällt, deren oberste zugleich mit den untersten Cenomanschichten von RENEVIER als Vraconnien beschrieben wurde. Die Zone der *Schloenbachia inflata* zerfällt also in zwei Subzonen, deren unterste (Perle du Rhône) eine Reihe von Schloenbachien, wie *Schl. Bauchardiana* PICT. et CAMP und *Schl. Candolliana* PICT. enthält und deren oberste durch die typische *Schl. inflata* ausgezeichnet ist. Die Zone der *Schl. inflata* wurde von einer Anzahl von Fachleuten (EMILEN DUMAS, etc.), wohl irrtümlich, der folgenden (Cenomanstufe) einverleibt, muß aber aus triftigen Gründen, wie bereits auseinandergesetzt (siehe oben p. 26) wurde, nach V. GUMBEL Beispiel zum Gault gestellt werden.

Typisch entwickelt sind diese vier Zonen im südöstlichen Frankreich; sie scheinen in manchen Gegenden nur infolge ungenügender Beobachtungen verkannt worden zu sein; zuweilen (Franche-Comté) fehlt eine oder die andere infolge der Transgressivität der Langenden Schichten.

Provinzielle Unterschiede in den Cephalopodenfaunen des Albien sind nicht sehr scharf ausgeprägt, doch scheinen eine Reihe von Gruppen wie *Tetragonites, Gaudryceras, Phylloceras, Silesites, Puzosia* und *Uhligella* [1] JACOB im Norden zu fehlen oder sehr selten vorzukommen, während dieselben im mediterranen Gebiete (Südostfrankreich, Nordafrika, den Baleareninseln) zu einer reichen Entfaltung kommen. Andererseits scheint das häufige Vorkommen von *Aucellina, (Aricula prius) gryphaeoides* Sow. sp. im Flammenmergel (oberer Gault) Norddeutschlands als ein nordisches Merkmal zu deuten sein. [2]

Außer den verbreiteten cephalopodenführenden Schichten, welche sich teils als bathyale und thonige Facies, zum Teil als detritogene, glaukonitische und grobklastische Bildungen (Uferfacies) zeigen, bieten die Absätze der Gaultstufe auch Beispiele anderer Entwicklungstypen: gastropodenreiche Thone im Audedepartement, Spongitenschichten in England, Brachiopoden-Pelecypodenfacies im oberen Gault von Blackdown etc., zoogene Bildungen mit Orbitolinen, Echiniden und Rudisten stellen sich im Vercorsgebirge in dem untersten Teil der Stufe (sogenannte »Lumachelle«) ein und sollen in den Pyrenäen, nach SEUNES, eine große Bedeutung nehmen.

In Portugal hat CHOFFAT über den Almargemschichten (s. p. 60), welche einen Teil des Albien umfassen, unter dem Namen Bellasien mächtige, z. T. neritische Bildungen mit Gastropoden, Rudisten (*Radiolites cantabricus* DOUV., *Caprina Choffati* DOUV., *Toucasia Santanderensis* DOUV. *Polyconites (Sphaerulites) sub Verneuili* CHOF. und zahlreichen Austern (*O. pseudo africana* CHOFF., *O. pseudophantis* COQ.) Orbitolinen etc. beschrieben, welche zu unterst *Bel. (Pseudobelus) minimus* LISTER und *Acanth. mamillatum* SCHLOTH. sp. lieferten, deren mittlerer Teil durch *Schloenbachia inflata* Sow. sp. und *Placenticeras (Sphenodiscus prius) Uhligi* CHOFF. charakterisiert werden und deren obere Region dem echten Cenoman angehört. Diese eigenartige Ausbildung (lusitanischer Typus KILIAN) der Gaultstufe (und bezw. unteren

---

[1] Besondere Untergattung von *Desmoceras* (obere Aptstufe und Gaultstufe Südeuropas) Typus *D. Clansaynum* JACOB. *Kossmatella* CH. JACOB = Gruppe des *Gaudryc. Agassizianum* PICT.

[2] Ein borealer Typus der Gaultstufe ist bis jetzt unbekannt.

Cenomanstufe) scheint bis jetzt nur aus der iberischen Halbinsel bekannt zu sein; auch in Sizilien und vielleicht auf Capri kommen ähnliche Facies vor.

In Mexico und Texas ist der obere Teil der Stufe (*Vraconnien*) durch Schichten mit *Schloenbachia inflata* Sow. und Schl. *acuticarinata* (Shum. sp.) Mancou, *Gryphaea Pitcheri* var. *Tucumcarii* Marc. und *Exogyra texana* Roem., vertreten und bildet höchstwahrscheinlich einen Teil der »Fredericksburg-Division«, welche auch neritische und zoogene Pachyodontenkalke umfasst.

Bemerkenswert ist sonst das Vorwalten der sandigen glaukonitischen phosphoritführenden Bildungen, welche auf seichtere Transgressionsabsätze deuten und gegenüber welcher die bathyalen Gebilde verhältnismäßig seltener vorkommen (Basses-Alpes, Balearen etc.). Im Nordosten des Pariser Beckens kommen kieselhaltige, feinere Bildungen (Gaize) mit Cephalopoden namentlich im oberen Albien vor.

Als nichtmarine Äquivalente der Gaultstufe können die roten, als Entkalkungsprodukte angesehenen Bauxitlager Südfrankreichs, ein Teil der pflanzenführenden Bellasien-Sandsteine Portugals, sowie eine Reihe limnischer und terrestrischer Sedimente Nord-Amerikas erwähnt werden.

Als typische Lokalitäten für die Gaultstufe können folgende Punkte angegeben werden? Algermissen, das Emsbett, nördlicher Rhein, Altwarmbüchen, Wolfenbüttel, Querum Gliesmarode. in Norddeutschland; Warminster und Folkstone (Südengland); Wissant und Macheromesnil in Nord- und Nordwestfrankreich, Gérodot und le Gaty, Dienville (Aube), Novion (Ardennes), Varenne, St. Florentin im Pariser Becken; Perte du Rhône (Bellegarde) im südlichen Jura, Umgegend von Ste. Croix im Waadtländer Jura; Escragnolles (Claus), Caussols, Gourdon (Alpes-Maritimes, vormals Var) in den Seealpen; Clansayes (Drôme), Les Fiz, Saxonet (Savoyen), La Fauge (hier nur die oberste Zone), Rencurel im Dauphiné, Gueule d'Enfer (Bouches-du-Rhône). Die bathyale Ausbildung mit mediterranem Typus ist bei Hyéres (Basses-Alpes), Venc (Drôme) und an gewissen Stellen der Baleareninseln gut zu studieren.

Schließlich ist zu bemerken, daß der allgemein gebräuchliche Name Gault sich nach Hebert eigentlich nur auf die bathyale Ausbildung (südl. England. westl. Pariser Becken) des Albien bezieht.[1]

---

[1] Da über die Einteilung dieser Stufe in die Untere oder Obere Kreide die Meinungen öfters auseinandergehen, und, wie gesagt, die Transgressionserscheinungen zur Lösung dieser Frage keinen triftigen Anhaltspunkt liefern, so erschien es zweckmäßig, wie es mit den ähnlich diskutierten und transgredierenden Übergangsbildungen des Rhaet geschehen, die nähere Beschreibung des Gault in den verschiedenen Gebieten in einem besonderen Kapitel am Schlusse des *Palaeocretacicums* zu behandeln.

Faßt man ausschließlich die cephalopodenführenden Sedimente des Palaeocretacicums ins Auge, so ergibt sich, nach oben Gesagtem, folgende Stufen- und Zonengliederung (p. 66, 67):

Außer den hier angenommenen Stufen- und Gruppenbezeichnungen der Unteren Kreide wurde von verschiedenen Autoren eine Reihe von Namen gebraucht oder vorgeschlagen, deren wichtigste mit Angabe ihrer Bedeutung und Synonymik zur Orientierung des Lesers hier aufgeführt werden mögen; weitere Lokalnamen werden im Laufe des Textes angegeben, sowie der größte Teil der hier erwähnten näher besprochen.

Aachénien Dumont 1849. Kontinentales Äquivalent des Wealden; von manchen Autoren zum Jura gerechnet, von anderen zur Oberen Kreide; begreift aber Bildungen verschiedenen Alters; ein Teil desselben, das sog. *Bernissartien* (*Iguanodon*-Schichten) entspricht wohl der kontinentalen Facies der Hastings-sande und gehört den alleroberen Juraschichten oder der tiefsten untersten Kreide an.

Albien n'Orbigny 1842 (Pal. Fr. Terr. Crét. I. II). = Gaultstufe.

Aleurogesteinschichten Choffat = Aeolumsialfacies (mit Pflanzenresten und marinen Bänken) der oberen Unteren Kreide (Aptien und Teil der Gaultstufe).

Altmannien Mayer-Eymar 1881 = Altmannschichten. Von Mayer als obere Valendinstufe betrachtet, wohl aber (nach G. Savn) einer höheren Stufe (Barrêmien) angehörend.

Altmannschichten Escher = Glaukonitische Facies der Barrêmestufe am Säntis; wurde irrtümlich als obere Valendinstufe angesehen; soll, nach versch. Autoren, aber in mehreren Horizonten sich zeigen.

Anglien Hicks 1879 = Kreideformation Englands.

Asterienmergel Baumberger 1886 = Oberste Valendinstufe mit *Holc. Astierianus*, im Neuenburger Jura. Neritisch.

Aptien Puzet 1858. Zwischen Urgonkalken und Gault der Jurakette begriffene Schichten; = mittlere Aptstufe, exkl. der obersten Schichten, welche vom Verfasser zum Teil mit dem Gault verwechselt werden.

Aptien n'Orbigny 1843 = Aptstufe (vergl. oben, S. 53). Die Vertreter der Aptstufe n'Orbigny's in Norddeutschland und anderen Gebieten, wurden von verschiedenen Autoren (Ewald, v. Strombeck, Vacek) als das Äquivalent der Gaultstufe betrachtet und meist noch von den norddeutschen Facideuten zum Teil in den unteren Gault gestellt.

Apt (*mabre d'*) Kilian und Lenssauit. Sande der Gaultstufe in der Gegend von Apt. (Vaucluse).

Aptien Mayer-Eymar 1881 = Aptstufe.

Aptmergel = Bathyale Cephalopodenfacies der oberen Aptstufe.

Aptychenschiefer = Kalkfrieschiefer der Schweizer Alpen. = Unterste Valendinstufe (bathyal).

Aquilonien Pavlow. Oberste Jurastufe = Oberes Portland = Purbeck; umfaßt jedoch irrtümlich den Gibssanhorizont, d. h. das Äquivalent der untersten (= Berrisasien) Valendinstufe.

Marbre de l'Autunois Mathat. Neritische Ausbildung der unteren Valendinstufe (Marbre bâtard).

Ardéchien Toucas 1888. Mittlere Valendinstufe (= Mergel mit *Duvalia lata*). Bathyal.

Argiles à Am. Nisus = Obere Aptstufe. Bathyal.

Argile scaglione. Ein Teil dieser neocretacischen, thonigen Bildungen Italiens (mit *Ichtyosaurus-*Resten) gehört vielleicht zum Palaeocretacicum.

Argile à Knaggra sinuata = Arg. à *Ostrea aquila* = Aptstufe des Pariser Beckens. Littoral.

Argile ostréenne. Mergel mit *Ostr. leymerici* in Nordostfrankreich = Barrêmestufe. Littoral.

Argile téguline Leymerie. Bathyale Facies der unteren Gaultstufe im Pariser Becken.

Argile à poterie. Thone der Hauterivestufe, im Pays de Bray. (Halbmarin, mit Landpflanzen).

Argile à Plicatules Cornuel. Obere Aptstufe.

Argile rose marbrée Cornuel. Süsswasserfacies der Barrêmestufe.

Ashburnham beds Maxtell = Barrêmestufe. Neritisch.

Ashdown sands Drew. 1861. Untere Unterabteilung der Hastingssande. Süßwasserfacies.

Astierienmergel (*Astérie-*Schichten). Obere Valendinstufe (Jurakette). Neritisch.

Auberronien Jackman 1870 = Mittlere obere Valendinstufe. (Waadtländer Jura.) Neritisch.

Atherfield-clay Fitton 1896, Drew. 1861 (Atherfield-Beds. Thone der untersten Lower Greensand's (Isle of Wight) = Barrêmestufe. Neritisch. Pelecypodenfacies; enthält keine Cephalopoden.

Belfrainschichten = unterste Valendinstufe (Berrisasien) der Schweizer Alpen.

Bargate Stone = Unterabteilung der Hythe-Beds (Untere Aptstufe). Neritisch.

Palaeocretacicum (Untere Kreide).

Barrêmestufe (Barrêmien, Cuv.) (unterer Teil)	1 Zone der *Pulchllia pulchella* D'Orb. sp. und der *Belemnites Cailloudi* Coll.	Zone der *Crioceras elegans* v. K. Zone des *Ancyloceras* crassus v. K. und *Crioceras furcillatum* Natt. und Uhlm. Zone des *C. crassicostatum* v. K.	*Hibolites minaret* Rasp. *Duvalia Oberessiense* Dl	Zone des *Hoplites regulis* Brus sp. und *similis* Hön. sp. (undulopli-... *Acanthodiscus ...* etc. Zone des *Hoplites leopoldinus* d'Orb. etc., *K. Spitzbergensis* V. u. R. sp. etc.
Hauterivestufe (Hauterivien Renev.)	4 Zone des *Parahoplites angulicostatus* D'Orb. sp. 3 Zone des *Desmoceras Segui* Paq. 2 Zone des *Crioceras Duvali* Lev. 1 Zone des *Hopl. (Leopoldia) castellanensis* D'Orb. sp., *L. Leopoldina* v. Orb. sp. und *Hoplites radiatus* Brug. sp.	Zone des *Crioceras Strombecki* v. K. und *Simbirskites Phillipsi* Roem. (Teutoburger Wald-Sandstein) Zone des *Crioceras capricornu* Röm. Zone des *Hoplites noricus* Roem und *H. variosus* Brug.	*Duvalia dilatata* Blainv. sp. *Hibolites jaculum* Phill.[1]	*Hibolites pes-puse* Phill. *Hib. platifurcatus* Phill.	Zone des *Polyptychites* Syphenborski Neumayr etc. und regularis Pavl. Zone des *Hoplites regelia* Brus sp. und noricus Hön. sp. (undulopli-... N. und C.)
Valangienstufe (Valangien Desor)	3 Zone der *Duvalia Emerici* Rasp. und der *Saynoceras verrucosum* d'Orb. sp. 2 Zone des *Hoplites perplexus* Uhl. und *Rochebrunae* D'Orb. sp. mit *Hegalierus* (Gerviliería). 1 Zone des *Hoplites Roubaudi* Pict. sp. und *Holcostephanus* (Spiticeras) Negeli Matu. sp. (cogt. Retr-...)	Zone d. *Saynoceras verrucosum* d'Orb. sp., *Hopl. (Leopoldia)* Pict. sp., *Holost.* polimasum N. u. Uhl. Zone d. *Polypt. keysserlingi* v. K. (Dicho-tomites-Schichten) und *Crioceras* curvicosta v. K. *Polyptychites*-Schichten mit *Pol.* Koenen etc., *K. n. L., P. Bersomi* v. K., *P. Clarkei* v. K. etc. Zone des *Olym.* (Garnieria) *Gevrilianus*-Marin. sp., *Schroederorum,* *Polypt. diphianus* v. K. *Wyaken* oder *Wealdenton und Han-tingo-Stunk* (?)	*Cyl. lateralis* Phil. sp.	*Cyl. subquadratus* Roem. sp.	Zone des *Polyp. Keyserlinki* N. u. Uhl. und granulosus Pavl. Zone des *Craspedites* stenomphalus, Ck. subpre-ssur etc. Zone des *Hoplites* Riasa-nensis Nik.
Oberer Jura (Portland Stufe = Tithon).	Obertithon mit Cephalopoden- oder Diffltecien (Strambercer Schichten).	Portland-Purbeck		Obere Wolgastufe (sensu stricto)

ZONEN.

Palaeocretacicum (Untere Kreide).

I. Südliches und z. T. Centraleuropa (Mediterrane Provinz)	II. Nördliches und östliches Europa (boreal-wolgische Provinz).
	A. Norddeutschland	B. Rußland und nord-östlichen England

Gaultstufe (Albien d'Orb.)

4 Zone der Schloenbachia (Mortoniceras) inflata Sow. (mit zwei Subzonen:
3 Zone des Hoplites dentatus Sow. sp. und Anomaloceras Lyelli Leym. sp.
2 Zone des Hoplites tardefurcatus Leym. sp. und Hoplites regularis Brongn. sp.
1 Zone des Parahoplites Milleti Mayer sp. (resp. Mittelliasschichten) und Douvilleiceras mammillatum d'Orb. sp., D. Bigoureti Seyne. sp.

Aptstufe (Aptien d'Orb. oder Albien.)

2b Zone des Douv. colombianum Sow. sp.
2a Zone des Hoplites furcatus Sow. sp. und Oppelia Nisus d'Orb. sp., Puzel, Gardneri Rasp. sp.
1 Zone des Parahoplites Deshayesi Leym. sp., Ancyl. Matheroni d'Orb.

Hauterivestufe (Hauterivien d'Orb. oder Neocom (i.e.) oberer Teil)

v Zone des Belemnites dilatatus d'Orb., Desm. hemisphaericum Rör. (Neocom. Pictet Prix.)

Parahoplites minimus Leser sp. Hilaites Strombecki Müll. sp.

Zone des Parahoplites Deshayesi Leym. sp. Belemnites (Cylindro-teuthis) Brunsvicensis v. Strombr.

Cyl. absolutiformis Sinta., Cyl. Brunsvicensis v. Strombr. Cyl. Jasikowi Lah. sp., Cyl. Spretaensis Pavl. sp.

Cyl. Ewaldi v. Strombr. sp., Cyl. Brunsvicensis v. Strombr. sp. Duvalia Graziana Duval sp.

Oberer Teil der Speetonthon-Schichten.

? C.

Barrémien Coquand 1861. Zwischen Neocomien und Urgonien eingelagerte Stufe = Barrémestufe. Bathyal, Cephalopodenfacies (*Mayor*, *Kruo*, etc.).

Barrémélien Tocapel 1902 = Barrémestufe (z. T.) des Languedocgebietes mit *Toxaster*,

Barrélien Mayer-Eymar 1880 = Barrémien, = Urgonien inférieur (Jaccard) des Jura, = *Scrpula Plicatuo*-Schichten.

Bauxite, Bauxitlager (Produkt kontinentaler Entlassung und Erosion); der Gaultstufe entsprechend (Südfrankreich).

Bedoulien Toucas 1888. Untere Aptstufe z. T.; bathyales Äquivalent des Rhodanien Reneviers.

Belemnitenkalk Mösch = Hauterivestufe der Schweizer Alpen.

Belemnites plexus (*Morus* h.). Mergel mit *Duvalia* der mittleren Valendisstufe (und der Hauterivestufe im Gardidepartement n. Emdlen Dumas). Bathyal.

Bellenuien Choffat 1900. Rudistenfacies (mit Austern und Orbitolinen) der Gaultstufe in Portugal. Neritisch; begreift auch einen Teil der Cenoman-Stufe.

Bernissartien Purvis 1883 = Iguanodonschichten von Bernissart (Belgien), = Kontinentalunterste Kreide. Wird zuweilen zum obersten Jura gerechnet.

Berriasien Coquand 1876 = Untere Valendisstufe (siehe p. 18), tiefste Schichten des Kreidesystems. Bathyale Facies.

Berriasien Mayer-Eymar 1881. Irrtümlich von Mayer mit dem Purbeck parallelisiert.

Berriasand-sands, Unterabteilung der *Folkestone-beds* (Gault)

Berriasschiefer der Schweizer Alpen = Unterste Valendisstufe. Bathyal.

Biancone de Zigno. Bathyale und pelagische Untere Kreide (incl. des Gault) Italiens. (Z. T. auch [bei Chiasso] Tithon.)

Blackdown-beds Fitton = Oberste Gaultstufe. Neritische sublittorale, spongienführende, kieselreiche Facies. = Vraconnien.

Blue marl William Smith 1813, Hamilton 1818, 1819 Conybeare and Phillips 1891; Martell = Gaultstufe.

Blue Slipper = Gaultstufe der Isle of Wight.

Bracquegnies (*Meule de*) = Oberste Gaultstufe (Belgien). Neritisch.

Brienne (*Argiles de*) = obere Gaultstufe. S. W. des Pariser Beckens.

Braunnienaischichten = Barrémien Norddeutschlands. Bathyal.

Calcaire mirvitani (Hébert), de Rouville, etc., etc. Neritischer Echinodermen-Kalk der mittleren und oberen Valendisstufe im Languedoc, (fälschlich für Berriasien gehalten).

Calcaire bleu et marne argileuse jaune Cornuel = Hauterivestufe (Pariser Becken. Neritisch.

Calcaire jaune de Neuchatel = Oberes Hauterivien des Neuenburger Juragebietes, Neritisch (Calcaire jaune, Montmollin.)

Calcaire à Crioceras = Schichten mit *Crioc. Duvali*, = Hauterivestufe in Südostfrankreich. Bathyal.

Calcaire a gryphées verts Marcou 1811. Hauterivestufe im Juragebiet. Neritisch.

Calcaire à Spatangus = Schichten mit *Macrasphites Yvani* = Barrémestufe. Bathyal.

Calcaire de Berrias = Untere Valendisstufe (Berriasien). Kalke mit *Hopl. Boissieri* Pict. sp. (z. T. auch für verschiedene Autoren oberstes Tithons), Bathyal.

Calcaire proceragi, Matheron 1880 (Leymerie) = Bathyale Cephalopodenkalke der Barrémeund unteren Aptstufe.

Calcaire a Chamas (Calc. à Chama ammonia) auctorum = Urgonkalke, Zoogen.

Calcaire à Spatangus Cornuel, Leymerie = Hauterivestufe mit Toxasterfacies. Neritisch.

Calcaire roux (Calcaire roux du Salève, Favre). Obere Valendisstufe des Juragebietes, Neritisch.

Calcaire à Requienia = Requienienkalke = Urgonfacies der Barréme- und Aptstufen. Zoogen.

Calcaire ferruginaux Marcou 1841 = Mittlere Valendisstufe im Juragebiet. Neritisch.

Calcaire du Fontanil Ch. Lory. Mittlere Valendisstufe (z. T.) der Umgegend von Grenoble, Neritisch.

Calcaire à Caprotinen Matheron, Marcou 1844, d'Archiac 1851 = Urgonfacies der Barréme- und Aptstufen; wurde von Matheron früher zum Jura gestellt.

Calcaire à Diceras E. de Beaumont 1838 = Urgonkalke z. T.

Calcaire de Sassenage d'Archiac 1851 = Urgonkalke.

Caprotinenkalke z. T. = Schrattenkalk = Urgonfacies der Barréme- und Aptstufen.

Carstone. Sandige, eisenhaltige Facies der unteren Gaultstufe (= Folkestone-beds), England.

Carthamien d'Archiac 1851 = Requienienkalke. Barrème- und Aptstufen; zusgn.

Cartusien Lory 1846. Valendis- und Hauterivstufen des Chartreusenmassivs. Mischfacies.

Cénomanien Renevier 1894 = Mittlere Kreide, umfaßt außer der Cenomanstufe (sensu stricto) auch die Gaultstufe, d. h. das Albien und Vraconnien).

Cephalopoden-Urkunend = Hauterivstufe in den nördlichen Schweizer Alpen. Sublittoral.

Cereal-Schichten. Kontinentale pflanzenführende Facies der unteren Aptstufe.

Château (Groupe du) Mallada 1892 = Hauterivstufe (Neocomien moyen) des Juragebietes. Neritisch.

Craies (Marne de). Bryozoenmergel der oberen Valendisstufe im französischen Jura. Neritisch.

Chert-beds. Obere Gaultstufe (Vraconnien) der Isle of Wight.

Chirkali-beds. Untere Kreide von Indien.

Ceragyn (Horizon de). Unterste Zone der Gaultstufe (Zone der Persh. Nolani Sowerby sp.) im unteren Rhônebecken. Litoral. -- Neritische Facies mit Phosphoriten.

Comanchien Chamberlin 1906 = Comanche-series; = Comanchian System, Hill. — Untere Kreide Amerikas. —

Corbrare-series. Obere Schichten der Punfield-Series (= Untere Aptstufe).

Corbynschichten. Unteres Hauterivien mit *Hoplites noricus* Ibach, sp. von Limenkohire. Umfaßt auch die oberste Valendisstufe mit Polyptychiten. Bathyal.

Coprolitic Beds. Unterabteilung der untersten Valendisstufe bei Speeton (Englands).

Courhe rouge = Barrènestufe der Htr. Marne; z. Teil Süßwasserfacies; z. Teil marin-neritisch.

Couches à Heterocalst oblongus (Courhe rouge) = neritische Facies der Barrèmestufe (Pariser Becken).

Coutonischichten = Hauterivstufe. Neritisch und litoral.

Crackers = Barrèmestufe (Isle of Wight) mit Eisensteinknollen (Atherfield Beds).

Criocerasschichten = Hauterive- und Barrèmestufen mit aufgerollten Ammonitiden. Bathyal.

Cyanolen Tocapel 1902. Cephalopodenfacies der oberen Hauterive- (z. T.) und Barrème- (z. T.) Stufen. Bathyale Cephalopodenfacies. (Vivarais.)

Cyanula Mayer-Eymar 1887 = Obere Hauterivestufe. Schichten mit *Krag. Coulandi* d'Orb, *Toxaster retunus* Ba, etc. der Schweizer Alpen.

Croix rouge d'Angleterre = Red Chalk = Gaultstufe.

Couche odontès au Jura Jac. v. Ilver. Untere Kreide des Neuenburger Jura.

Cuckfield-clay Dixton. Unterabteilung der Hastings Sands. Limnisch.

Deistermudstein Hoffmann = Wealden (z. T.) = Unteres Valangien = Berriaschichten; sandige Binnenfacies. Norddeutschland [vormals von Dittmars zu Wealden gestellt].

Diphyodenschichten ?; Untere Valendisstufe (Berriasien). Bathyal, mit *Phylloceras diphyoides* Pict.

Dollistria Kaufmann = Bitominöse Requienienkalke = Barrème- und untere Aptstufen. Zoogen.

Dreiton-Beds. Obere Gaultstufe (England) (= Devizean Jukes. Br.).

Dompérien Tocapel 1902. Urgonfacies der Barrème (z. T.)- und unteren Aptstufen im südl. Drome- und Languedocgebiete.

Dumbérien Mayer-Eymar 1887. Urgonfacies der oberen Barrèmestufe (Untere Urgonkalke, mit Requienien).

Dunnington Clays Strahan. Untere Aptstufe von Lincolnshire. Bathyal.

Draubryschichten - Toxasterfacies der Barrèmestufe mit *Toxaster Brunneri*; neritisch.

Éduse (Hoches de l') Mallada 1892 = Obere Hauterivestufe. Jurageblet. Neritisch.

Ellgothermudstein. Unterer Gault in Flyschfacies (Karpathen).

Farringdon-sands (Farringdon-beds) = Litorale Spongienfacies der unteren Gaultstufe in England.

Fairlight-clays Drew. 1861 : Bunte Thone des unteren Wealden (Hastings Beds) Englands. Unterste Valendisstufe. Binnenfacies.

Fer oolithique Coquand = Eisenerze der Barrèmestufe im Pariser Becken (Süßwasserbildung(?)).

Foule Platten. Neokom der Schweizer Alpen.

Fer géodique. Eisenerze der Valendisstufe im Pariser Becken. (Limnisch oder Litoral.)

Ferrugineus-sands J. Martin 1829 = Untere Gaultstufe. Sandige Facies.

Flammenmergel Römer 1841 = Obere Gaultstufe mit *Schl. inflata* Sow. sp.

Folkstone-beds Drew. 1861 = Gaultstufe (unteres). Oberer lower Greensand mit *Douvilléic. mamillatum*; auch mittlere Gaultstufe mit *Hopl. lautus*.

Folkstone marl Mantell = Gaultstufe (England).

Fontanilkalk Ch. Lory = Neritische Kalkfacies der mittleren Valendinstufe (Dauphiné).
Formation urvaldienne et **subcrementinse** Dutafroy et E. de Beaumont = Untere Kreide.
Formation rhécuminant Scipion Gras = Untere Kreide (excl. der Gaultstufe).
Fredericksburg-Schichten, vermutlich Oberer Gault (Vraconnien) und Cenoman, aber öfters zur Unteren Kreide gestellt. — Neritisch; z. T. zoogen.
Gaize de L'Ardonne[1] = Kieselreiche Mergelfacies der oberen Gaultstufe (nach Grossouvre) mit *Schlœnb. inflata* (Nordostfrankreich). (= Vraconnien Renev.)
Gaize de Droix Hardouin. Gaultstufe mit *Baplites tuberculatus*.
Gargasien Killan 1887 = Obere Aptstufe. Bathyale Cephalopodenfacies. (Provence.)
Gargasmergel = Obere Aptstufe. Bathyale Cephalopodenfacies. (Provence.)
Gault (Galt oder Golt) J. Michel 1793, Bathyale Thonfacies der unteren mittleren Kreide = Gaultstufe. — Lokalname der Cambridgegegend; wurde früher auch für Oxford-, Kimmeridge- und Kreidemergel gebraucht.
Gault Hailstone 1816 = Gaultstufe.
Gault (Fitton and Webster 1824, W. Smith, Sowerby, Fitton etc. Thone zwischen lower und upper Greensand = Gaultstufe.
Gault Brongka 1864 = Gaultstufe exkl. der Zone mit *Schlœnbachia inflata* (Vraconnien).
Gault Guemmel 1887 = Gaultstufe (inkl. der Zone der *Schlœnb. inflata*).
Gault (unterer). Der untere Gault der norddeutschen Geologen (v. Strombeck u. a.) ist das Äquivalent der oberen Aptstufe.
Gaultquader. Sandsteine der Gaultstufe (Norddeutschland).
Glanderivakalk, irrtümlich zur unteren Kreide gezählter neritischer oberer Jura Syriens.
Gibbusschichten. Neritische Schichten der Unteren Aptstufe mit *Rhynchonella Gibbsi* Sow., in der Nordschweiz. Neritisch.
Glaise panachée — Thone der Barrèmestufe im Pariser Becken. (Limnisch?)
Glaise et tables refractaires. — Schwarzser-Thone und Sande der Unteren Valendinstufe im Pays de Bray. (Pariser Becken.)
Gosausandstein. Litoralfacies der unteren Kreide (Neokom) in Zentralasien (Himalaya).
Gosausandstein. Klastische Facies der Karpathen. (Aptstufe [?] und Unterer Gault.)
Gosausandstein. Flyschfacies der Gaultstufe in den Karpathen.
Greensand Conybeare and Phillips. Marine untere und mittlere Kreide Südenglands (= Greensandformation W. Smith 1800—1815, Middleton 1812, Fitton an Webster 1836, etc.
Upper Greensand : Obere Gaultstufe z. T. und untere Cenoman (Zone des *Pecten asper*) im südlichen England.
Lower Greensand = Barrème- und Aptstufen (England).
Grès et Sables piquetés Conybb. Sandige Facies der Aptstufe im östlichen Pariser Becken.
Grès verts Scipion Gras 1840 = Gault- und Cenomanstufe.
Grès verts Ch. Lory = Gault- und Cenomanstufe.
Grès verts Al. Brongniart = Gaultstufe.
Grès verts inférieurs d'Amadac = Neokom (*sensu lato*).
Grandpré (*Sables de*). Neritische Bryozoenfacies der untersten Gaultstufe im Nordosten des Pariser Beckens.
Glauconie sableuse Conybb. = Gaultstufe (Pariser Becken).
Glauconie sableuse et crayeuse Brongniart = Gaultstufe.
Grinstead clay Drew, 1861, Unterabteilung der Hastings-sands. Limnisch.
Grès-verts Leymerie, Em. Dumas. Umfasst Aptstufe, Gault, Cenoman und Turon.
Grès verts de la Perte du Rhône = Obere Apt- und Gaultstufen.
Grès exogyrica Fallot. Gaultstufe. Litoral.
Grès de Nubie (Nubischer Sandstein) = Sandsteinfacies der Gaultstufe in Nubien.
Grès à Caïm. Sandsteinfacies der limnischen unteren Kreide im Pariser Becken. Barrèmestufe.
Grünsandstein = Gaultstufe.
Grodischter Sandstein. Hauterivien mit Flyschfacies. (Karpathen.)

---

[1] Ein Teil des „Caïse" des Pariser Beckens gehört zum untersten Cenoman.

Hauterivien HÉBERT 1874 = Néocomien moyen Coquand = Néocomien sup. autorum = Obere Stufe des Neocomiens (s. str.) Renevier = Hauterivestufe.

Hauterivemergel MARCOU = Mergel mit Hopl. Leopoldinus aus den Jurarebieten. Untere Hauteriventufe.

Hauterivron MAYER-EYMAR 1884 = Hauterivestufe mit Crioc. Duvali LEV. Blaue Toxastermergel und Bryozoenschichten des Jura.

Hastings sands FITTON and WEBSTER 1824; DE LA BÈCHE etc. = Sande des unteren Wealdien in Südengland (= Hastings Beds) = Untere Valendisstufe (und oberster Jura?). — Limnisch.

Hautrage (SAULEN D') = Untere Valendisstufe = Binnenfacies der unteren Kreide in Belgien = Wealden.

Häldeuglomerat RÖMER 1841 = Marine klastische Facies der Hauterivestufe (Konglomerat mit Hopl. radiotus RAUL. sp.). Litoral.

Hils. Marine untere Kreide von Hannover. Valendis- bis Aptstufe (exkl.).

Hilmesdstein RÖMER 1841. Litorale untere Kreide. Umfasst auch die Gaultstufe. (Norddeutschland.)

Hilsthon J. A. RÖMER 1836 (zuerst zum Jura; 1838 in die Kreide gestellt) = Neokom (sensu lato) von Hannover. Bathyal.

Hornlyphenkalk = Schrattenkalk Urgonfacies der Borrême- und Aptstufen in den Schweizer Alpen. Zoogen.

Hythe-beds DREW. 1861 = Untere Aptstufe (England).

Horioplenrakalk. Zoogene Rudistenfacies der Aptstufe (Pyrenäen); von SEUNES u. A. zur Gaultstufe gerechnet.

Hythe-beds DREW. 1861 = Unterer lower Greensand (m. Ancylocerus) von Hythe (Kent) = Untere Aptstufe.

Horntorr-stone = lakustre Kalke der Wealden (England).

Horsetown Beds. Untere marine Kreide im südwestlichen Nordamerika. (Barrêmestufe z. T.)

Infracrétacé oder Infracrétacique = Untere Kreide; nach DE LAPPARENT (inkl. des Gault) und RENEVIER (exkl. des Gault).

Infravolcomien und Calcaire infravolcomien DUMAS 1876 = Untere Valendisstufe mit Pygope diphyoides (Berriasien). Bathyal.

Infravalanginien KILIAN 1887 = Bathyale Ausbildung der unteren Valendisstufe (Berriasien).

Infravalanginien CHOFFAT 1885 = Untere Valendisstufe (Berriasien?) Portugals. Foraminiferenfacies. Zoogen.

Juvahohomergel = Mittlere Valendisstufe mit Lept. Studeri OOST sp. Schweizer Alpen. Bathyal.

Jura crétacé (terrain) THURIA 1836 = Neokom (sensu lato).

Karpathensandstein. Z. T. untere Kreide in Flyschfacies.

Käutkalkschichten mit Tox. retusus der nördlichen Schweizer Alpen. Neritisch. (Hauterivestufe).

Kentish Rag FITTON = Unterer lower Greensand, Untere Aptstufe von Kent (Engl.) = Hythe Beds.

Klimondstein (Klimande) = Nichtmarine Sandsteine des oberen Neokom (Aptstufe) mit Pflanzenresten der Umgegend von Moskau.

Knollenkalk. Unteres Neokom der Schweizer Alpen. (Valendis und Hauterivestufen.)

Knorrnhichten. Neokom der Nordschweizer Alpen.

Knoxville-Beds. Unterabteilung der Shastan Serie mit Aucellen, Phylloceras, etc. — Entspricht der Valendisstufe im westlichen Nordamerika.

Kootaniformation. Nichtmarine Bildungen der unteren Kreide in Nordamerika.

Kootenay and Morrison Formation = Untere Kreide (nicht marin) im N. O. Nordamerikas.

Koprolithlager. Obere Gaultstufe der Schweiz.

Landregenschichten. Spongitenfacies der Barrêmestufe (Unteres Urgonien). Neritisch.

Langion sands JUKES BROWNE = Carstone. (Gaultstufe.) Litoral.

Limnit (Calcaires ferrugineux) Eisenschüssige Kalke der oberen Valendisstufe in der Jurakette. Neritisch.

Lower Spenton clay = Valendis- und Hauterivestufen.

Limnète MARCOU 1840 = Mittlere Valendisstufe. Neritisch.

Limnite de Métabief mit Oxynoticeras (Garnieria) Gerrillanum und Pygurus rostratus. = Mittlere Valendisstufe. Neritisch, mit Eisenerzen.

Lobster-clay Krustaceenschicht der Aptstufe (N. O.-England).

Lapperbergschichten. Oberer Schrattenkalk der Schweizer Alpen = Untere Aptstufe. Neue Anzeigen.

Lamachalk CH. LORY = Neritische Echinodermenfacies der untersten Gaultstufe (Zone des *Per. Hoplites Nutani* SEEBACH) in den Kalkalpen der Dauphiné.

Lapperein MAYER-EYMAR 1887. Urgonfacies der Aptstufe beim Lapperberg (Pilatus). Neue Anzeigen.

Lusitanien (type) KILIAN. Durch das massenhafte Auftreten von Orbitolinen und Pachyodonten (*Uariopleura*, *Polyconites*) in der Apt- und Gaultstufe ausgezeichnete Ausbildungsweise in unteren Kreide. Iberische Halbinsel und Pyrenäen.

Lower Greensand FITTON and WEBSTER 1824, MURCHISON 1825, SOWERBY and FITTON = Neocomien (sensu lato), namentlich oberes Barrémien. Apt- und untere Gaultstufe in Südengland.

Macrocephalites (Calcaires à) = Cephalopodenfacies der oberen Barrémestufe. Bathyal.

Majolika (od. Majolica.) Neokom (z. T.) weisse bathyale Kalke der lombardischen Alpen.

Mallorvischichten KILIAN. Mittleres Valanginien. Neritisch. (Dauphiné.)

Malmstone von *Devizes* = Gaultstufe in England.

Marbre bâtard. Zenogene Facies der unteren Valendisstufe im südlichen Jura. Neritisch.

Marnes néocomiennes inférieures LORY. Mittlere Valendisstufe. Bathyal.

Marne à Spongiaires JACCARD = Obere Valendisstufe mit neritischer Spongiten-Facies.

Marnes à Belemnites plates. Bathyale Cephalopodenfacies der mittleren Valendisstufe (im Gard-departement auch untere Hauteriverstufe).

Marnes à Bryozoaires CAMPICHE (= M. à Spongiaires). Obere Valendis-Stufe des Juragebiets. Neritisch.

Marnes astértennes. Litorale Austernfacies der Barrémestufe im Pariser Becken.

Marne jaune. Kalkmergel mit *Heteraster oblongus* (obere Barrémestufe) des Jura. Neritisch; (= Rhodanien autorum von HEENAAR.)

Marnes à Plicatules CONTEJEAN 1842. Thonige Ausbildung der oberen Aptstufe im Pariser Becken.

Marnes à Belemnites latex PICTET 1867 = Mittlere Valendisstufe. Bathyal.

Marnes d'Hauterive MARCOU 1860. Hauteriverstufe – mit *Hopl. radiatus* (Juragebiet). Neritisch.

Minkiel (*Limouse de*) = Eisenschüssige Kalke der mittleren Valendisstufe im französischen Jura. Neritisch.

Marnes d'Arzier DE LORIOL = Mittlere Valendisstufe (Waadtländer Jura). Neritisch.

Marne à Bryozoaires CAMPICHE 1860 = Oberste Valendisstufe. Neritisch. (= Marnes de Censeau = *Asteria*-Schichten.)

Marnes bleues DE MONTMOLLIN = Hauteriverenmergel der Jurakette (Marnes d'Hauterive MARCOU). Neritisch.

Marne bleue CONSTANT. Mergelfacies der Hauteriverstufe (Pariser Becken). Neritisch.

Marne bleue sans fossiles MARCOU 1841 : Mergel der mittleren Valendisstufe (Marnes d'Arzier).

Mertinithon. Bathyale Thone der oberen Aptstufe mit Cephalopoden (Norddeutschland).

Marnes bleues fossilifères MARCOU 1841. Mergelige Facies der Hauteriverstufe (Juragebiet).

Marnes bleues sans fossiles MARCOU 1848 = Purbeck.

Matmatas (*Urds de*), Sandige Facies der Unteren Kreide in Algerien.

Middle Speeton clay = Barrémestufe Nordostenglands.

Marnes de Villers. Mergelige Purbeckschichten des Juragebietes. Limnisch. Äquivalent der obersten Portlandstufe. Nicht zu verwechseln mit dem *Astéria*mergel von Villers!

Maurremont (*Roches de*) MARCOU 1852. Untere Urgonkalke (Barrémestufe) des Juragebietes. Neritisch.

Mrale de Braquegnies. Klastisch-kieselige Facies der obersten Gaultstufe (Zone des *Schl. inflatus*) (Hennegau, Belgien).

Mrale de Bernissart, id.

Münderon MAYER-EYMAR 1888 = Purbeckschichten des Jura. Irrtümlich oft dem Berriasien (untere Valendisstufe) gleichgestellt; gehört aber noch zum oberen Jura.

Müllriamsthone. Bathyale Tone der untersten Gaultstufe Norddeutschlands.

Münderomergel. Estuarialfacies der obersten Juraschichten (= Ob. Portl. = Ob. Tithon).

Minerai de Métabief. Eisenoolith der mittleren Valendisstufe bei Jougne im französischen Jura. Neritisch.

Matanovicze-Schichten. Flyschfacies der Unteren Kreide (Karpathen).

Minimathona. Bathyale Theme der mittleren Gaultstufe (Norddeutschland) (= Basis des oberen Gault vieler Fachleute).

Myrmes (Argile de). Gaultstufe im südwestlichen Pariser Becken.

Neumannum MAYER-EYMAR 1884 = Mittlere Valendinstufe mit verkiesten Ammoniten. Bathyal.

Neumanstes SAYMAN D'ALLARD 1875 (von Neumannum = Simes (Gard)) = bathyale Ausbildung der mittleren Valendinstufe (Mergel mit *Bel.* (*Duvalia*) *latus*).

Néocomien 1835 = Untere Kreide des Juragebietes (*sensu stricto*).

Néocomien (s. str.) RENEVIER 1894 = Valendis- und Hauterivestufen (1. Berriasien, 2. Valangien, 3. Hauterivien).

Néorique RENEVIER 1894 = Néocomien (*sensu lato*).

Neuronians der englischen Autoren = Wealden Beds und Lower Greensand = Neokom (*emendata*).

Néocomien THURMANN 1835 (Soc. géol. des Monts Jura: Bull. soc. géol. de France 1, Série, t. VII, p. 208) von Néocomien (Neuchatel). = Valendis- bis (incl.) Aptstufe.

Néocomien D'ORBIGNY 1842 (*s. str.*). Valendis- und Hauterivestufen.

Néocomien BLUME 1867 (*sensu lato*). Tithon (inkl.) bis Aptstufe (inkl.).

Néocomien inférieur CAMPICHE et de THORINET 1858, PICTET = Valendinstufe.

Néocomien moyen CAMPICHE et de THORINET 1860, PICTET = Hauterivestufe (Mergel von Hauterive MARIN).

Néocomien supérieur CAMPICHE et de THORINET. Urgonkalke (Vertreter der Barrême- und unteren Aptstufe) im Juragebiete.

Néocomien supérieur PAVLOW = Obere Hauterive (und Barrêmestufe?) mit *Simbirskites*. (Russland.)

Neokom[1] GEYMARD 1897. Untere Kreide inkl. der Berriasstufe.

Néocomien supérieur D'ORBIGNY 1841 (um 1852) = Aptstufe.

Néocomien supérieur D'ORBIGNY 1843 (= Barrêmestufe und Urgon).

Neocomian JUDD 1884 (Lower, middle, upper Neocomian) = Untere Kreide (marin); Schichten zwischen Kimmeridge und Kreide (Chalk) in Yorkshire. = Speeton clay.

Néocomien alpin PICTET = Bathyale Cephalopodenfacies der Valendis-, Hauterive- und Barrêmestufen in den Voralpen.

Néocomien brun. Toxasterfacies der Hauterivestufe in den Waadtländer Alpen, Neritisch.

Néocomien MUNIER-CHALMAS und DE LAPPARENT (*sensu stricto*). Valendis- und Hauterivestufen.

Néocomien MATHERON 1878. Mittlere Valendis- bis Aptstufe mit Ausschluß der Urgonfacies, welche Verfasser anfangs zum Jura stellte.

Neohemastodus WEBERN. = Litorale Facies der Hauterivestufe im Teutoburger Wald = Hauterivestufe zum großen Teil.

Neohomopsychenkalk. Hauterivestufe in den Ostalpen. Bathyal.

Néocomien HAUG 1867. Untere Kreide (mit Ausschluß der Gaultstufe).

Néocomien PICTET. Valendis-, Hauterive-, Barrême- und Aptstufen.

Néocomien à Céphalopodes = Bathyales Neokom (Valendis- bis Barrêmestufe [inkl]) der Schweizer Voralpen.

Neuchâtel (PIERRE DE) = Obere Hauterivestufe. Neritisch.

Nirunstedtia MAYER-EYMAR 1881 = Serpulit. = Niemstedtschichten (Hannover) = Obere Purbeckieum des Jura; von Mayer 1888 als Äquivalent des Beerbulorizontes betrachtet. (Im Widerlicht obersten Portlandien.)

Ninussergel. Mergel mit *Oppelia Nisus* D'ORB., sp. von Apt (Vaucluse) = Bathyale Cephalopodenfacies der obersten Aptstufe = Gargasien.

Noirvaux (Groupe de) MARCOU. Urgonfacies der Barrême- und unteren Aptstufe im Juragebiet.

Noirvaux-dessus (Calcaire de) MARCOU 1858 = Untere Aptstufe. Urgonfacies.

Ostervaldschichten = Limnische untere Valendisstufe von Hannover, mit Pflanzenresten.

Orbitolinenkalk (Orbitolinaschichten) = *Orbitolina lenticularis*-Schichten der Schweizer Alpen (= Rhodanien t. T.); = Obere Barrême- und Aptstufen z. T. = Couches à *Orbitolina* der Dauphiné.

_____

[1] Das Neokom der norddeutschen Geologen wird oft in Oberneokom (= Barrêmestufe), Mittelneokom (= Hauterivestufe) und Unterneokom (= Valendinstufe) eingeteilt.

Oak Tree clay, W. Smith, Mantell. Thone, z. T. dem Jura (Kimmeridge) gehörig; wurde aber von W. Smith auch für den Gault, sowie für Wealdenthone gebraucht.

Oolites-Group (Unterer = Oberer Gault (*Inflatus*-Zone z. T.) im indischen Gebiete, Uithyal.

Potopam-Schichten. Unterabteilung der Potomac-Formation. Nichtmarines Palaeocretacicum in Nordamerika.

Passwarth-beds. Kalke des unteren Lower-Greensand (Keal.) = Obere Barrêmestufe (Winkler 1916 (Purbeck. — Süßwasserbildungen, irrtümlich von manchen Autoren zur untersten Kreide gestellt.

Perna-beds Whiteman = Neritische Thone mit *Perna Mulleti*. Untere Aptstufe von Atherfield, Isle of Wight.

Perte du Rhône-Schichten. Oberes Aptien und Gaultstufe bei Bellegarde (Ain). Sandig-glaukonitische Facies.

Petacheartes Smith = Valendis- und untere Hauterivestufe mit *Bel.* (*Cylindroteuthis*) *lateralis* der „borealen" Provinz (insbes. N.-O.-Rußland).

Pierra jaune de Neuchâtel Marcou 1863. Obere Hauterivestufe. Neritisch. Schweizer Jura.

Pinnaerbichi. Hauterivestufe der Glarner Alpen. Neritisch.

Plasttula (Argile à) Coquand. = Thone mit *Ficatula planara* und verkiesten Ammoniten der Aptstufe im Pariser Becken.

Porte-de-France (Calcaires à ciments de la). Bathyale Mergelkalke (Zementkalke) der unteren Valendisstufe (Hermoxies).

Première Zone de Rochiers d'Orbigny = Urgonfacies (unteres Barrêmien und Aptien).

Potomacformation. Süßwasserfacies mit Pflanzenresten der unteren Kreide in Nordamerika.

Prian-beds. Halbmarine Facies der Gaultstufe.

Preturgonten Leenhardt 1886. Zongroser Teil der Hauterivestufe im Ventouxgebirte, mit Kieselknollen.

Pterommina-beds. Limnische untere Kreide der Rocky Mountains.

Peruqudenmergel Uhmtn = Untere Valendisstufe der Wandilländer Voralpen = Hathyal.

Puisage (Sables de la). Eisenhaltige Sande der Gaultstufe im Südwesten des Pariser Beckens.

Punfold-beds Judd. 1871. Brackische Schichten mit *Glauconia* (*Viripra*) cf. *Infaul* Vider, sp. von Dorsetshire (untere Aptstufe?), = oberes Wealden und Basis des Lower Greensandes.

Purbeck-beds Middleton und W. Smith 1819; Fitton, de la Bêche, etc. Limnische und brackische Facies der oberen Portlandstufe in Südengland.

Punfridformation Judd. Marine und brackische Äquivalente des Lower Greensands. Barrême- (Barnen Series) und Apt- (Cowleaze Series-) Stufen. — (England).

Purbeckiannum Mayer-Eymar 1888. Diese in England (Isle of Purbeck) und Norddeutschland unter dem eigentlichen Wealden entwickelten Binnenabsätze wurden im Jurngebiet von Maillard schon als teilweises Äquivalent der Portlandstufe betrachtet, während z. B. Mayer-Eymar u. a. (de Lapparent 1900 etc.) das Purbeckianum als limnischen Vertreter des Berriasien (= unterste Valendisstufe) und als älteste Stufe des *Cretaceums* auffaßt. Maillard und W. Kilian zeigten, daß diese Purbeckschichten des Jura im Süden (Chne de Chaille) durch Wechsellagerung in das obere Tithon übergehen. — Im Nordeuropa scheinen die Purbeckschichten ebenfalls dem Ende der Portlandzeit anzugehören.

Purbeckien Drommiant 1889 = *Purbeckianum*.

Pondingue de St. Florentin = Gaultstufe im Südosten des Pariser Becken.

Quadersandstein (unterer) Hoenen 1841. Umfasst die obente Gaultstufe.

Rangradschichten = Barrêmestufe des Donaugebietes.

Raritan-clays. Continentales Palaeocretacicum von New-Jersey.

Red-Chalk = Mittlere und obere Gaultstufe von Yorkshire (England) inkl. der Sch., mit *Schloenbachia inflata* Sow. sp. Neri inch.

Reigate-sands = Unterer Gault; Unterabteilung der Folkestone Deds (Südengland).

Requienenkalk = Zongrere Riffkalke (Urgonien) der oberen Barrême- und Aptstufen.

Rhodanien Haswinn 1891 = Neritische Orbitolinenfacies der unteren Aptstufe (= oberes Urgon). Diese Begrenzung wird je nach den Lokalitäten verschieden aufgefaßt, und z. T. auch für Schichten der oberen Barrêmestufe (Mittleres Urgon) gebraucht.

Rhodanien MATER-EYMAR 1887. Untere Aptstufe, Orbitolinenschichten (= T. oberes Barrémien?)

Riazanhorizont = z. T. untere Valendisstufe (= Berriasien), von manchen Autoren als oberste Wolgastufe dem Tithon gleichgestellt.

Rolling-down Beds. Untere Kreide in Australien = Neokom (Aptstufe inkl.). Marine.

Ropiankaschichten = der neokome Teil des Karpathensandsteins wird öfters so bezeichnet; die echten Ropiankaschichten sind aber (nach UHLIG) obercretaceisch.

Rossfeldschichten = Bathyales, cephalopodenführendes Neokom, namentlich Hauterivestufe der Ostalpen (Salzkammergut).

Rossi-di-Velo-Kalke = Bathyale Cephalopodenkalke des obersten Tithon, vielleicht z. T. Übergang zur untersten Valendisstufe (= Berriasien).

Rudistenkalk (Première Zone de Rudistes d'ORBIGNY) STUDER = Urgonkalk der Schweizer Alpen, mit Requienien und Toucasien. Oberes Barrémien und Aptien. — Zeugen. —

Rumilla (Marnes de la). *(Rusantlien.)* Neritische Mergelkalke mit *Geniopygus pictaius* des Waadtländer Jura = Barrèmestufe. Neritisch.

Sables verts CORNUEL. = Gaultstufe des Pariser Beckens.

Sables d'Apt = Gaultstufe in einem Teile der Provence. Sandig-ebenschlämmige Facies.

Sables jaunes CORNUEL. Gaultstufe des Pariser Beckens.

Salines (Kalke von Las) Rudistenkalke des Barrème-(?) und Aptstufen (= Urgon) in Mexiko.

Salzen Hohenau-Devonloy = Oberste Gaultstufe.

Salzgitter (Eisenerz von). Entspricht den Hauterive- und Barrèmestufen sowie dem unteren Aptien mit *Hoplites Deshayesi*.

Sanerrois (Sables du). Litorale Sande der Aptstufe (Südwesten des Pariser Beckens).

Sandgate beds DREW, 1861. Untere Aptstufe Südenglands mit *Rhynchonra Gibbsi* Saw.

Sandringham beds HARMER = Unterabteilung des Lower Greensand's (Aptstufe Südenglands).

Saquenia (Cordon de) LEYMERIE. Rote Thonschicht in der Barrèmestufe des Pariser Becken.

Sarstaumande = Aptstufe mit *Hoplites Deshayesi*. Litoral.

Sivenr-Schichten = Obere Kreide in den Schweizer Alpen (Baikyal); der unterste Teil umfaßt manchmal auch die oberste Gaultstufe.

Sainte Croix (Groupe de) MARCOU 1859 = Valendisstufe des Waadtländer Jura. Neritisch.

Serpigo-Schichten. Vertreter der Gaultstufe(?) in Brasilien.

Schrattenkalk STUDER. Zoogene Requienienkalke der Schweiz = Urgonien (zoogene Facies der Barrème- und Aptstufe). Oberer *Schrattenkalk* (Schweizer Alpen). Urgonfacies der Aptstufe. Unterer *Schrattenkalk* = Obere Barrèmestufe in zoogener Facies, mit Requienien.

Schrambachschichten LILL. = Bathyales Neokom mit Aptychen (Ostalpen).

Serraria de Bellignies. Oberste Schichten der Gaultstufe *(Isolatus-Zone)* in Belgien.

Shanklin-sands FITTON and WEBSTER 1824, MANTELL. Sande mit *Exogyra aquila* der Isle of Wight. Aptstufe. Neritisch.

Shasta-Group (Shastan Series) = Untere Kreide von Kalifornien.

Shastan System LE CONTE = Marines Palaeocretacicum Nordamerikas (mit *Aucella*).

Shoerer-sands. Mündungsfacies der Gaultstufe (England).

Selbornian JUKES BROWNE 1900. Umfaßt die Schichten vom obersten Aptien bis zur unteren Cenomanstufe (= DEYDHAM JUK. BR.).

Simbirsk (Argiles de). Obere Hauterive bis Untere Aptstufe (incl.).

Simbirskien PAVLOW *(Argile de Simbirsk* z. T.) = Cephalopodeufacies der oberen Hauterive- (und Barrèmestufe?) in borealer Ausbildung = Thone von Simbirsk z. T.

Spatangus (Calcaire à) HUMBERT (t. A. *Toxaster*-Facies der Hauterive-, Barrème- oder Valendisstufen, je nach dem Gebiet. Meistens Hauterivien.

Speeton-clay PHILLIPS 1829 = Bathyale Thone der unteren Kreide (unterste Valendis- bis untere Gaultstufe) von z. T. borealem Typus in Nordostengland (= Upper shales, YOUNG and BIRD 1828). Vertritt zugleich Wealden, Lower Greensand und Gault. bL. bei STROMBECK.

Spilsby-Sandstone STRAHAN. Sandsteine mit *Aucella vulgensis* in Lincolnshire. Valendisstufe.

Spitistufe. Cephalopodenschichten der Himalayagegend; entsprechen namentlich der untersten Grenze der Unteren Kreide.

Stockhornkalk STUDER. Bathyale Kalke der Hauterivestufe in den Schweizer Voralpen.

Subverinensis Gerskell 1907 = Untere Kreide (= Infracrétacé de Lapparent) = Palaeocretacicum.

Sussex marble. Palustineaführende Kalke des englischen Wealden. Limnisch.

Tanello. In Friaul verbreitete besondere flyschartige Ausbildung der Unteren Kreide (und des Tertiärs).

Tealby-clay. Thonige Facies der obersten Hauterive- oder Barrêmestufen in Lincolnshire (England).

Tealby-beds. Eisenhaltige Sande der Barrême- und Aptstufen (Tealby series Clays and Ironstones Judd.) in Lincolnshire. Kalke der unteren Aptstufe (Tealby limestone). Neritisch.

Teil (Kalke von le) = Bathyale Cephalopodenkalke der unteren Aptstufe (Zementkalke).

Tenemrien (Tenemiens) Lapparent 1874 = Apt-urgonische Riffkalke Syriens mit *Glaueonia* (*Vicarya*) = zoogene Facies der Barrême- und Aptstufen.

Teschener Schichten. Valendis-Hauterivestufe und Flyschfacies in Schlesien.

Teschener Schiefer. Bathyale Flyschfacies mit Ammoniten der Valendisstufe in Oberschlesien (Karpathen).

Tetsworth clay. Unterabteilung des englischen Wealden. Limnisch. Auch für marine Gaulthone gebraucht.

Teutoburger-Wald-Sandstein. Klastische Facies der Hauterivestufe (Nordwestdeutschland).

Tilgate-beds Mant. Unterabteilung des süddeutschen Wealden. Limnisch.

Tilgate stone. Reptilienführende Schichten der Hastings Beds. Limnisch.

Tunbridge Well sands Drew. 1861 = Unterabteilung der Hastings Sands. Limnisch.

Taraster (*Néocomien* b) = Mergelkalke und Schiefer der Hauterivestufe mit *Taraster retusus* in den Waadtländer Hochalpen. Neritisch.

Taurtia, besondere Ausbildung der Apt- und Gaultstufen; (z. Th. Cenoman und obere Kreide) im Artoisgebiet (Nordfrankreich und Belgien). Litorale Conglomerate.

Trinity-beds oder *Trinity-sands.* Detritogene Facies der Aptstufe im Texasgebiete.

Tristelhreccie (Lorial); klastische Einlagerungen nach Orbitolinen in der Flyschfacies der Unteren Kreide (Ostschweiz).

Tunbridge-sands = Oberer Teil der Hastingssande (Süddeutschland) .: Mündungsfacies der tiefsten Valendis-stufe.

Tuscaloosa series. Limnische untere Kreide (Nordamerika).

Undercliff-Sands = Upper Greensand mit Schlorak. inflass der Isle of Wight = oberste Gaultstufe.

Unterer Gault Stromber = Aptstufe (Hannover).

Upper Gault. Schichten mit Schlorak. inflass der oberen Gaultstufe von Folkestone (England).

Unterer Quadersandstein Römer 1841 = oberste Gaultstufe.

Upper Specton clay = Apt- und unterste Gaultstufe in Nordostengland. Bathyal.

Upper shales Young and Bird 1824, W. Smith 1819 = Specton-Clay.

Upper Greensand W. Smith 1812, Webster 1824, Murchison 1825. Auf den Gaultthonen liegende Sandsteine = Obere Gaultstufe z. T. und Cenomanstufe. (= Merstham beds.)

Upper Ferruginous sands, Judd. (= *Chloritic Sands* Judd.) .: Unterer Gault. Litoral.

Urgo-Aptien Coquand 1860 = Zoogene Riff- und Rudistenfacies der oberen Barrême- und Aptstufen.

Urgo-Aptien Violier = Urgonfacies der Barrême- und Aptstufen. Bas-Languedoc.

Urgo-Aptien Gerskell = Urgonfacies der Barrême- und Aptstufen. Auch Gerskell faßt (1847) also unter dem Namen *Urgo-Aptien* Barrême- und Aptstufen nebst ihren zoogenen Vertretern (Urgonkalke) zusammen.

Urgo-Aptien Reneville 1894 = Barrême- und Aptstufen in zoogener Ausbildung.

Urgo-Barrêmien = Urgonfacies der Barrêmestufe.

Urgonien d'Orbigny (Prodrome) 1850. (= Néocomien supérieur) von Orgon (Bouches-du-Rhône). = Urgonfacies der Barrême- und Aptstufen, sowie Cephalopodenbildungen des Barrémien.

Urgonien Mayer-Eymar = Barrêmestufe.

Urgonien Reneville 1894 = Barrême- und Aptstufen (1. Barrémien, 2. Bloudanien, 3. Aptien).

Urgonien inférieur Urban et Gerskell. Neritische gelbe Kalke von Morteau. Aequivalent der unteren Barrêmestufe.

Urnshaga-beds. Untere Kreide Südafrikas. Neritisch und Litoral.

Urtillameerschichten. Brackische und zoogene Braunkohlen führende Schichten mit *Glaueonia* (*Vicarya*) *Lujani* Vers. sp., von Nordspanien .: Barrêmestufe.

Vaisos (Calcaire de), siehe Vocontien.

Valangien Blanc. Weiße zuckerige Kalke der unteren (= Berriasien) Valendisstufe am Jura- und Salèvegebirge.

Valanginien Desor 1853 (= Néocomien inférieur Pictet et Campiche, Pictet etc). Valendisstufe (nördlich des Juragebietes, von Schloß Valangin (Valendis) bei Neuchatel (Schweiz). Durch Nicolet und Montmollin beschrieben.

Valanpien Nicolet 1840 = Valanginien Desor.

Valanginien = Valanginien Desor.

Valanginien Mayer-Eymar 1884 = Mittlere und obere Valendisstufe.

Vamp (Fer de). Eisenschüssige Süßwasserschichten (mit Unio) des östlichen Pariser Becken (= Barrêmestufe). Limnisch.

Vallrisialuhe = Zuncrne Hallistenfacies der Valendisstufe in der Umgegend von Chambéry (Savoyen).

Vectien (Vectian) Jukes Browne 1885 und Topley = Lower Greensand, = Barrême- und Aptstufen Süddenglands (Isle of Wight = Vectium).

Vallers (Couches de) = Obere Valendisstufe. Neritisch mit Ammoniten.

Vectine Fitton 1845 (Fide Dotti) = Lower Greensand = Aptstufe.

Vierauer Kalk Kaufmann = kieselige Facies der Valendisstufe in der Zentralschweiz.

Vocontien Kilian 1897. Cephalopodenführende unterste Kalke der Aptstufe (Grenzschichten gegen das Barrémien) = Calcaires de Vaison Leenhardt; Schichten von Vaison (Vaucluse) mit Costidiscus recticostatus d'Orb. sp., Ancyloceras Matheroni d'Orb. etc.

Volgien. Wolgastufe Nikitin = Portlandstufe. Im engeren Sinne genommen ist diese Stufe jurassisch, doch umfaßt sie für manche Autoren den Rjäsanhorizont, d. h. der unteren Valendisstufe (Berriasien) entsprechende Gebilde mit Cephalopoden.

Vraconnien Renevier = Obere Gaultstufe (Schichten mit Schloenb. inflata Sow. sp.), begreift vielleicht auch infolge schlechter Beobachtung einige Schichten des unteren Cenomans.

Vraconnien Mayer-Eymar 1884 = Obere Gaultstufe. (= Salairo Rohloms-Devrizky.)

Wulpen sands Fitton. Untere Aptstufe mit Ancyloceras (Süddengland).

Warminster beds. Oberster Gault und tiefsten Cenoman (England).

Walkerni-clay Drew. 1861. Thone der mittleren Hastingssande = Untere Valendisstufe. Limnisch.

Waukilon beds. Als Äquivalente der Gaultstufe in Texas angegeben; gehören aber eher dem Cenoman an.

Weald Measures Middleton 1812 (siehe Weaklen).

Wealdclay Conybeare und Mantell 1822, Phillipps 1822, Fitton 1822, de la Bêche. Wealden P. J. Martin 1828. In Südostengland entwickelte limnische und brackische Vertreter der Valendis- und Hauterivestufe. Fitton's Wealden (1837) umfaßte auch die Purbeckschichten, d. h. den obersten Jura. Der untere Teil (Hastings-Sands) des Wealden wird von einigen Autoren noch zum Jura gerechnet.

Wealdien (Weakden), Wealden-Beds Middleton 1812; Mantell 1834 = Binnenfacies der Valendis- und Hauterivestufen und Äquivalent des Lower und Middle-Neocomian (Judd) von Yorkshire; in Norddeutschland nur der untersten Valendisstufe. Es hat Mayer-Eymar den Wealdclay und die Hastingssande als Äquivalente des Valanginien betrachtet. — Von verschiedenen Autoren wird diese Bezeichnung für SüB- und Brackwasserabsätze der unteren Kreide (sensu lato) gebraucht.

Wealden Pictet 1858 = Purbeckschichten des Jura. — Von de Lapparent (1900) zum Teil in den oberen Jura gestellt.

Wealdenthon Dunker 1846. SüB- und Brackwasserbildungen der Valendisstufe in Norddeutschland.

Wealdien Coquand = Valendisstufe im Pariser Becken. (Binnen- und Süßwasserfacies.)

Groupe Wealdien Lyell = Valendis- und Hauterivestufen in limnischer Ausbildung. Das Wealden wurde von v. Dechen und Strombeck zum Jurasystem, von Beyrich und v. Strombeck zur Kreideformation gestellt. Renevier betrachtete einen Teil desselben als SüB- und Brackwasserfacies des Neokoms, v. Koenen und Karsten als Aequivalent der Berriasstufe.

Wernsdorferschichten Hohenegger. Barrême- und zum Teil (?) auch unterste Aptstufe (mit

Daurälkir. Albrechti Austriae) von Mähren. Bathyale zum Teil Flyschartige Ausbildung mit Cephalopoden.

Wiener Sandstein. Detritogene Sandstein-Flyschfacies des Cretaciums bei Wien; umfaßt zum Teil Bildungen der unteren Kreide (= Flyschfacies).

Woburn-sands Firma 1841. Halbmarine Mündungsfacies der Gaultstufe; vom Gault überlagerte Sande.

Warchino-Sandsteia. Oberste Hauterive- und Barrémestufe mit *Simbirskites*-Fauna (Wolgischer Typus) bei Moskau.

Wicken beds. Halbmarine Mündungsfacies der Gaultstufe.

Faciesverhältnisse.

Aus unseren Kenntnissen über die paläocretacischen Bildungen erhellt in erster Linie die große Mannigfaltigkeit der bathymetrischen und lithogenetischen Bedingungen, unter welchen diese Sedimente zum Absatz kamen. Schichten, bei denen die stratigraphische Stellung oder das Auftreten gemeinsamer Leitfossilien entschieden auf Gleichaltrigkeit hinweisen, zeigen oft sowohl abweichende petrographische Beschaffenheit, als auch sehr verschiedenes, sei es von lokalen Tiefenverhältnissen und der Natur ihrer Entstehung, sei es von klimatischen und geographischen Bedingungen abhängendes Gepräge.

Neben den zoogeographischen Verhältnissen spielen somit in der Ausbildung der Unteren Kreideschichten diese faciellen Bedingungen eine nicht unbedeutende Rolle. Im Bereiche jeder, durch die Verbreitung gewisser Gattungen gekennzeichneten Provinz haben Unterschiede in der Meerestiefe, Entfernung oder Nähe der Strandlinien, das Vorhandensein seichterer Stellen, »kontinentaler« Schwellen«, oder tieferer Geosynklinen, sowie Binnenmeere« und größerer Landflächen mit Flüssen, Seen usw., bedeutende Verschiedenheiten in den Sedimenten bedingt. Nicht nur durch das minder oder mehr grobe Material, sondern auch durch die organischen Einschlüsse unterscheiden sich z. B. litorale, neritische (Seichtsee-) oder bathyale Absätze. Unter gewissen Molluskengruppen scheinen besondere Formen und Gattungen an bestimmte Tiefenverhältnisse gebunden zu sein, so z. B. hei den Ammonitideen sind *Phylloceras, Lytoceras, Desmoceras* u. A. in den bathyalen Gebilden verbreitet, während andere Formen wie gewisse Hoplites- und Holcostephanus-Arten vorwiegend in der Seichtsee- (neritischen) Facies vorkommen, wo ihre Gehäuse mit zahlreichen Pelecypoden, Gastropoden und Toxaster iter liegen. E. Haug[1] hat solche Ammonitenformen, von denen bereits 1880 W. Kilian zeigte, daß sie an besondere Faciesverhältnisse[2] gebunden zu sein scheinen, als stenotherme Formen, im Gegensatze zu eurythermen, d. h. sich an verschiedene Bedingungen anpassende Gattungen und Arten bezeichnet (vergl. oben S. 8).

Gewisse Facies, so z. B. die zoogene, Riff- oder Korallogene Facies, sind von bestimmten klimatischen Verhältnissen abhängig. Sie erreichen im mediterranen Gebiete eine besondere Entwicklung. Es fehlen solche Formationen in der Borealen

---

[1] Vergl. Revue génér. des Sciences, Paris 30. Juni 1890 und auch die diesbezüglichen Ausführungen von Pomtkau, Kilian, Sayn.za, etc.

[2] In Südostfrankreich sind z. B. *Desmoceras Charrierianum* D'Orb. sp., an die glaukonitische Ausbildung und *Holcodiscus fallax* Matn. sp., an die mergelige bathyale Facies der Barrémestufe gebunden (s. oben, S. 6).

Provinz vollständig, während thonig-sandige Bildungen mit Phosphorit und Glaukonit in diesem Bezirke besonders verbreitet sind.

Für jede einzelne Zone oder Stufe sind demnach eine Reihe von Facies zu unterscheiden, welche auf physikalische Bedingungen, wie z. B. größere oder geringere Meerestiefe, Ablagerungen am Strande, in Brackwasser, Binnenmeeren oder kontinentalen Seen, in Flüssen oder auf kontinentalen Flächen etc. zurückzuführen sind.

Daneben machen sich geographische Einflüsse geltend, welche zur Unterscheidung von Provinzen führen und besonders durch zoogeographische Merkmale gekennzeichnet sind; es lassen sich daraus einstige Land- oder Meeresverbindungen erkennen, welche z. B. Wanderungen von gewissen Tiergruppen erlaubten, deren Reste in den Sedimenten begraben liegen.

Innerhalb jeder einzelnen Provinz können sich demnach dieselben Facies zeigen, deren paläontologische Merkmale aber durch das Vorhandensein gewisser Arten oder Gattungen auf abweichende geographische Stellung weisen.

Aus der genauen Kenntnis dieser Facies- und Provinzunterschiede läßt sich somit ein genaues Bild der geographischen Verteilung von Wasser und Land zu einer bestimmten Zeit konstruieren.

Die wichtigsten Facies, welche in untercretacischen Sedimenten erkannt worden, sind folgende:

A. Nichtmarine Bildungen der Unteren Kreide.

Kontinentale Facies. Rote Oxydationsthone (Laterit, Bauxit), Sande, Konglomerate, Breccien und Gerölle mit Resten von Pflanzen, Leuameodonten und Landtieren. Meist fluviatilen Ursprungs und Vertiefungen einstiger Landflächen ausfüllend. (Sind z. T. Entkalkungsprodukte.)

Limnische Facies. Süßwasserkalke und Mergel, Sande und Sandsteine, mit Resten von Süßwasser- und Landmollusken und geschwemmten Pflanzenresten. Es sind das Sedimente von Land- und Binnenseen und Flußmündungen.

Brackwasser-Facies. Mergelige Kalke, Tone (zuweilen mit Dolomiten), Braunkohlen, Salz- und Gipslager enthalten bezeichnende Mollusken (Cyrena, Unioiden, Melania, (?) etc.). Entstehung in lagunenartigen randlichen Teilen des Meeres oder in der Nähe von Flußmündungen. Oft mit marinen Bänken alternierend.

Nichtmarine Bildungen der Unteren Kreide sind besonders in Nordeuropa (Norddeutschland und Südengland), in Nordspanien und Portugal sowie in Westgrönland, im zentralen und östlichen Gebiet von Nordamerika (Virginien, Montana, Maryland, Kansas etc.) als Tuscaloosa series, Potomacformation, Kootenay and Morrison-Formation etc. und in Südafrika entwickelt. Man begegnet denselben in Europa meistens im untersten Teile als Übergangsschichten zwischen Jura- und paläocretacischem System. Nach dem Rückzug des Jurameeres bildete namentlich ein beträchtlicher Teil Mitteleuropas eine große Kontinentalfläche, innerhalb welcher große der heutigen Ostsee nicht unähnliche Binnenmeere und Landseen entstanden und an deren Rande große Deltabildungen den in das Meer mündenden Flüssen und Strömen zum Absatze kamen. Momentane Verbindungen mit der offenen See bedingten mehrfach brackische Episoden in den schon entsalzenen Gewässern, und so sehen wir mehrfach Schichten mit Cyrena, Melanien und Unioniden sich auf Sedimenten mit rein limnischer Fauna absetzen. In den Grafschaften Kent, Sussex, Surrey, Dorset und besonders in dem Wealdengebiete Südenglands, auf der Insel

of Wight, in Nordfrankreich und Nordwestdeutschland begegnen wir diesen unter
dem Namen Purbeck-Beds, Hastings-Sands, Wealdclay, Deistersandstein und Wälderthon bekannten Übergangsgebilden, welche von CH. LYELL als die Reste einer einheitlichen, mit den ähnlichen Bildungen der heutigen Niger-, Mississippi- oder
Hoangho-Mündungen vergleichbaren, ausgedehnten Deltaformation aufgefaßt
wurden. Zahlreich sind die Pflanzen- und Reptilienreste dieser Schichten, die
zwar als ungefähr gleichaltrige Gebilde, aber wohl nicht als Absätze einer
einzigen zusammenhängenden Formation zu betrachten sind; ein Teil derselben
gehört noch zum obersten Jura (Purbeck-Beds und vielleicht die Hastings-Sands),
das übrige (Wealdclay) zur Unteren Kreide.

A. Zur untersten Valendisstufe gehören: Brack- und Süßwasserfacies:
Mündungs- und Deltabildungen; (lagunaler und aestuarialer Typus
RENEVIER'S); Wealden Thon von Hannover mit Cyrenen, Melanien etc., Deister-
sandstein (Unio, Cyrena) und Braunkohlen bei Rückeburg, zu oberst mit marinen
Oxynoticerasschichten des mittleren Valanginien alternierend (n. HAABORN;
oberste Lager der »Purbeckien« der Jurakette (bei Petites Chartes und Mt. du Chat
zwischen marinen Valanginienbänken eingelagert). (Die Hauptmasse des jurassischen
Purbeckien gehört jedoch trotz der Behauptungen verschiedener Autoren [ROU-
LIER, etc.] entschieden der Juraformation [Tithon, Portlandien] an. Siehe oben).

B. Als Äquivalent der Hauterivestufe mag ein Teil des englischen Wealden
betrachtet werden.

C. Dem Barrémien entsprechen im Pariserbecken rote limnische Thone
(»couche rouge«), welche in marine Schichten übergehen.

D. Der obersten Barrème- und untersten Aptstufe gleichzustellen sind als
brackische Facies: einzelne Einlagerungen der Punfieldbeds mit Glaukonien der
Isle of Wight und Dorsetshire, sowie Braunkohlenflötze, welche die marinen Schichten
von Utrillas (Spanien) mit Glauconia (Georgia) Lujani VERN op. begleiten.

E. Folgende Bildungen sind ferner als Äquivalente der marinen paläocretacischen Sedimente
zu betrachten, können aber kaum mit den bestimmten Stufen derselben parallelisiert werden:
Sandsteine mit Pflanzenresten, Wealden Thone und Wealdclay Südenglands, Gerölle und
Sandsteine von Torres-Vedras (Portugal), Hastings-Sands (z. T.) des nördl. England. Trinity
sands (z. T.) (Aptstufe?) von Texas, Gips, Salz- und Dolomitlager von Uitenhage (Südafrika) (?),
Syzran und Simbirsk, Rußland (?), Bou-Saada (Algerien).

Als pflanzenführende Schichten sind zu erwähnen die Vorkommnisse von Almar-
gem, Calzarias, Cercal, Torres Vedras, St. Sebastian, Bronco, Fonte Nova (Portugal), Thone und
Sande von Belgien, England (Hastings-Sands), Osterwald (Hannover) (= U. Valendisstufe), Klin
bei Moskau (Rußland); ferner die Schichten der sog. Potomacformation von Koolanie, Montana
und Charlotte Island (Nordamerika); Indien, Madras und Südafrika (Uitenhage).

Dazu kommen die Knochenschichten mit Iguanodontenresten des englischen Wealden
und von Bernissart (Belgien); Schichten mit Süßwasserschnecken (Viviparus, Unio, Cyrena,
Cyrtina) und Cypris bei Wassy (Hte. Marne), in England (Wälderthon = Valendis-Hauterive-Stufe,
in Nordspanien etc.

F. Der Gaultstufe gehören namentlich die pflanzenführenden Ablagerungen
(Almargemschichten, z. T., Bellasien) von Monsanto, Alcanede in Portugal, welche
bei Bellas und Ericiera mit marinen Schichten abwechseln und in der südlichen

---

¹ Sog. Aach/aire Dumont (z. Teil), auch Bernissartien benannt. Wird von TAX oder THEOBALD
als oberjurassisch betrachtet und den Hastings-sanden gleichgestellt.

Provence die fossilleeren und ausgedehnten Bauxitbildungen, welche ein kontinentales Entkalkungsprodukt von erodierten Kalkmassen darstellen und mit den tertiären Bohnerzformationen zu vergleichen sind.

B. Marine Bildungen.

a) Litorale Facies. Klastische Sedimente verschiedener Natur, zuweilen eisenhaltige Sande, Sandsteine, sandige Mergel mit Glaukonit- und Phosphoritknollen oder gröbere Konglomerate und Breccien. Charakteristisch sind für diese Bildungen einige Pelecypodengattungen, hauptsächlich Ostreiden, Bohrmuscheln etc., sowie gewisse Echiniden (Toxaster) und Gastropoden (Cerithium); zuweilen verschwemmte Ammonitenschalen. Anzeichen naheliegender Küsten und Strandlinien, sowie transgredierende Lagerung fehlen selten in diesen Bildungen, welche in der Nähe des Meeresufers entstanden. — Sie führen oft verschwemmte Holzreste.

b) Neritische Facies. (Seichtsee-Facies.) Meist thonigkalkige Absätze, zuweilen mit Glaukonit und Phosphorit. Gewöhnlich reich an Fossilien: Gastropoden (Natica), Pelecypoden (Myaceen, Trigonien etc.), Brachiopoden, gewisse eurytherme Ammonitenformen (Holcostephanus, Hoplites), Echiniden (Toxaster, Pygurus, Heteraster etc.), Foraminiferen (Orbitolina) usw. Auch Spongien und Bryozoeen oft zahlreich (Spongiten- und Bryozoeenfacies). — Solche, bisweilen weitverbreitete Sedimente deuten auf seichtere Meeresgebiete von unbedeutender Tiefe.

c) Riff-Facies. (Facies zoogène, récifal', subrécifal) rein kalkige, massig oder linsenförmig auftretende Bildungen, reich an Schalenbruchstücken, Foraminiferen (Milioliideen), Korallen (selten massenhaft), Kalkalgen (Diplopora), öftere oolithisch oder kreidig. Enthalten meistens reiche Echiniden- und Pelecypoden-Faunen (besonders Pachyodonten aus den Gruppen von Valletia, Matheronia, Monsierria, Pachytraga, Ethra, Monopleura Polyconites, Horiopleura, Requienia, Toucasia, Offneria, Praecaprina, Himerarlitrs etc.), Gastropoden (Nerinea, Harpagodes, Natica, Nerita etc.). — Milioliideen, Orbitolinen und Kalkalgen treten häufig gesteinbildend auf.

Orbitolinenkalke und Mergel, sowie Muschel- (Calcaires à debris) und Echinodermenbreccien begleiten überall diese Riffkalke und bilden den Übergang (facies subrécifal) zur bathyalen oder neritischen Facies. Silexkalke treten ebenfalls in den randlichen Teilen auf und vermitteln den Übergang zu anderen Gebilden.

d) Flysch-Facies. Schlammig-sandige, mächtige, einförmige Bildungen mit Sandsteinbänken; arm an Fossilien. Bildeten sich bei reicher Zufuhr an klastischen Elementen in Meeresteilen, welche in der Nähe von Gebirgen lagen und sich allmählich vertieften.

e) Bathyale Facies, Schlammfacies, subpelagische Facies. Mächtige, schlammige, einförmige, meist thonige Sedimente, zuweilen mit verkiesten Ammoniten, oder sehr feine Kalke und Thonkalke (facies vaseux). Meist nur Cephalopoden enthaltend, unter welchen besondere, sogenannte stenotherme Gattungen wie Lytoceras, Phylloceras, Desmoceras und Verwandte vorherrschen; zahlreiche Belemniten und Aptychen. Solche Bildungen entstanden in tieferen (bis 900 m),

---

¹ Renevier hat sehr richtig den Ausdruck „récifal" der gebräuchlichen Bezeichnung „corallique" vorgezogen: manche dieser Riffkalke enthalten nämlich nur wenig oder gar keine Korallen.

sich allmählich vertiefenden Teilen der Meeresbecken, gewöhnlich *Geosynklinen*; sie sind mit den eigentlichen Tiefseebildungen nicht zu verwechseln.

f) Foraminiferen Facies. Feine dünngeschichtete Kalke und Mergel reich an Globigerinen u. a. Foraminiferen, sind von manchen Autoren als Tiefseeabsätze aufgefasst worden. Echte abyssale Sedimente, d. h. Ablagerungen der Tiefsee dürfen bisher aus der Unteren Kreide kaum bekannt sein.

In gewissen Gegenden, z. B. im nördlichen Dauphiné, dauern dieselben Faciesverhältnisse nicht durch die ganze Reihe der Neokomstufen an, sondern es treten Abänderungen ein, welche einen eigentümlichen Mischtypus (»type mixte«, Loґʏ) bedingen. Ferner ist zu bemerken, daß zwischen den obengenannten faciellen Typen alle möglichen Übergänge existieren und es oft schwer fällt, in der Natur die Verbreitung jeder einzelnen Facies scharf zu begrenzen.

Faßt man die wichtigsten Forschungsergebnisse über die Untere Kreide zusammen, so lassen sich die aus den verschiedenen Gebieten beschriebenen Vorkommen, trotz mancher lokalen Abänderungen, auf folgende Weise gruppieren:

I. 1) Marine, sandig-klastische Facies.

a) In der Unteren Valendisstufe (sog. Berriasien):

Glaukonitische Sande von Hjuan (Rußland) mit *Hopl. rinnovasis* Nm.; eisenhaltige, phosphoritreiche Sandsteine mit *Aucella colgensis* Lah. von Simbirsk (Rußland), oberster Spilsby-Sandstone mit *Aucella colgensis* Lah. von Lincolnshire (England).

b) In der mittleren und oberen Valendisstufe:

Marine Sande mit angeschwemmten Landpflanzen von Valle de Lobos (Portugal), eisenhaltige Sande mit Eisenerz der Hte.-Marne-Gegend. Untere Clashy-Ironstone mit *Bel. (Cylindroteuthis) lateralis* Ph all. und *Polyptychites Bowsi* Pavl. von Lincolnshire (England).

c) In der Hauterive-Stufe:

Karpathensandstein (z. T.), Neokomsandstein des Teutoburger Waldes. Hilskonglomerat (Hannover) z. T. mit *Hoplites radiatus* Brug. sp., *Toxaster retusus* Lah. (= complanatus). Ironstone (z. T.) von Clashy (Lincolnshire) mit *Hoplites regalis* Bean. sp.; Konglomerate von Biasala (Krim) mit *Leopoldia Leopoldina* d'Orb. sp. Neokomsandsteine Algeriens (Djebel-Amour).

d) In der Barrême-Stufe:

Sandsteine von Morkou mit *Siembirskites*; Konglomerate [Pyrenäen, Tiaret (Algerien), Erigly (Kleinasien)].

e) In der unteren Aptstufe:

Sandsteine und Sande mit *Parahopl. Drahowei* Levn. sp. von Saratow (Rußland), eisenhaltige Sandsteine mit *Parahopl. Deshayesi* Levn. sp. von Rußland.' Lower Greensand (Unterer Teil) Englands; eisenhaltige Sandsteine (Mineral de fer) mit *Ostrea Rauliniana* d'Orb. des Ardenne-Departements; eisenschüssige Sande mit *Cerithium Co. anefianum* d'Orb. des Aube-Departements. Sandsteine mit *Douvilléiceras Martini* d'Orb. sp. und Pflanzenresten von Delagoa-Bai (Afrika).

f) In der oberen Aptstufe:

Sandsteine mit *Kn. aquila* d'Orb. sp., und *Plicatula placunea* Lah. z. T. von Hellegarde (Ain und südl. Jura. Shanklin-Sande der Isle of Wight mit *Exogyra aquia* d'Orb. sp.; Sandgate-Beds von Kent (England); eisenhaltige Konglomerate mit *Thetys minor* d'Orb. und *Exog. aquila* d'Orb. sp. bei le Havre (Normandie). Trinity-Sande (z. T.) von Texas mit *Hoplites furcatus* Sow. sp (= *Dufrenoyi* d'Orb. sp.).

g) In der Gaultstufe sind

litorale Gebilde infolge der transgressiberienden Lagerung ungemein verbreitet; als besonders typisch können genannt werden: für den unteren und mittleren Gault: Imitó Sandsteine (grün dur-") von la Perte du Rhône (Ain), Grès nummpliens (glaukonitische Sandsteine) des südöstlichen Frankreichs, Sandsteine von Norddeutschland, Bosnien, Herzegovina, Salazac (Gard), Sande von Clansayes (Drôme), Apt (Vaucluse), Eisensande der Puymaye und des Sancerrois im südwestlichen Pariser Becken, Konglomerat mit *Hoplites deniatus* Sow. sp. von St. Florentin (Yonne), Sande und Sandsteine mit *Hopl. deniatus* Sow. sp. von Rußland, Farringdon-Beds (England) etc. und im oberen Gault (Vraconnien): der Upper Greensand Englands, die glaukonitischen Sandsteine und Sande mit *Terrilites Puzosianus* d'Orb. von le Tonde (Basses-Alpes) und la Fauge (Isère), la Vraconne (Waadtländer Jura), die „Meule" von Bracquegnies (Belgien), die Blackdownschichten (Devonshire), Grünsande mit *O. reviculum* (Ornedepartement), ein Teil des „*Tourtia*" des Artoisgebietes (Pernes, Aix en Gohelle) etc. „Sarrasin" von Bellignies, nubischer Sandstein, etc.

L. 2) Marine Flysch-Facies.

Stellte sich in verschiedenen Horizonten ein und erlaubt meist auf Grund der Seltenheit der Leitfossilien keine genauere Gliederung. — Als Beispiel mögen angeführt werden: der *orbitolinenführende Teil der Bündnerschiefer* (n. Steinmann) im Engadin, die *Tristelbreccie* des Falknis sowie gewisse Abteilungen des Wiener- und Karpathensandsteins und namentlich die Mikrozoiten-Schichten (Neokom), Ropiankaschichten (z. T. oberkretacisch), sowie ein Teil der Teschener Schiefer, Grodischter Sandsteine, Wernsdorfer Schichten[1] und der Godulasandsteine (Gault), der Orbitolinen-Flysch der Balkangebiete, etc. — In den Pyrenäen stellt sich auch. nach G. Seunes, in der Apt- und Gaultstufe zuweilen die Flyschfacies mit Orbitolinen und einigen Ammoniten ein.

I. 3) Glaukonitische Facies (z. T.) mit Phosphoritknollen.

a) In der unteren Valendisstufe (Berriasien):

von Mittel- und Südeuropa ist diese Ausbildung unseren Wissens bis jetzt nirgends nachgewiesen worden. In Rußland gehören hierher die glaukonitischen Schichten von Iljaan mit *Hoplites boisay* Roouil. und *rissanensis* Nik.

b) In der mittleren und oberen Valendisstufe:

Phosphoritsande mit *Polyptychites Keyserlinki* N. n. Uhl. sp. von Rjäsan (Rußland). Glaukonitschichten am Pilatus (Schweiz) (n. Baxtow) mit *Polyptychiten torcosinus* v. St., *Bochiosites* und *Hopl. newcomiensis* d'Orb. sp.

c) In der Hauterive-Stufe:

Glaukonitische Thonkalke mit *Hoplites radiatus* Brun. sp., *Leopoldia Leopoldina* d'Orb. sp. von Escragnolles (Seealpen), St. Pierre-de-Chérennes (Isère), Cimbrières, La Martre (Basses-Alpes) etc.

d) In der Barrême-Stufe:

Sch. mit *Pulchellia* und *Holcodiscus* von Escragnolles, le Bourguet, Gourdon, Nizza (franz. Seealpen) und Columbien (S.-Amerika). Altmannschichten (Ostschweiz) z. T.

e) In der Aptstufe:

kennt man außer dem zugleich sandigen Lower-Greensand-Typus Englands und den Discoidesschichten von le Teil (Ardèche) nur wenige Beispiele dieser Ausbildung.

---

[1] Die Teschener und Wernsdorfer Schichten (Hauterive- und Barrêmestufe) zeigen, nach Uhlig, unbedingt „Flysch"-Facies. Namentlich die oberen Teschener Schichten enthalten viele schmale Sandsteinbänke mit „Hieroglyphen" und Fucoiden, die Sandsteinbänke gehen zuweilen in kalk- und eisenführende Bänke über, so daß Gesteine entstehen, die man als sandigen eisenschüssigen Kalk oder kalkigen Sandstein ansprechen kann. Seltener sind die Sandsteinlagen im unteren Teschener Schiefer, der öfters in kalkmergelige Gesteine mit Fucoiden übergeht. Die Wernsdorfer Schichten enthalten namentlich in der Nähe des Flötz V eine bisweilen recht mächtige Sandsteinpartie. Die Hauptgebiete der flyschartigen Unteren Kreide sind Oesterr. Schlesien, Mähren und Galizien, sowie der Aussenrand der Ostkarpathen (irrtümlich als Ropiankaschichten bezeichnete Bildungen).

84 Neritische Facies.

f) In der Gaultstufe:

zeigt sich diese Ausbildungsweise recht häufig und in äußerst prägnanter Weise, z. B. in den Seealpen bei Escragnolles, Gourdon, Esc (mit eingeschwemmten Barrêmienfossilien), be: Clansayes (Drôme), Reneurel (Isère), in den Schweizer Alpen (Seelisberg, Lullerer Zug, Chevilles, Vorarlberg (Feldkirch), an der Porte du Rhône bei Bellegarde (Ain), im Jura (Vraconne Le Pré-la-Monthier (Doubs). Diese phosphoritreichen Schichten mit Bivalven, Gastropoden, Brachiopoden und Ammoniten werden an vielen Punkten auf Calciumphosphat abgebaut; typisch bei Bellegarde (Ain), im Pariser Becken, bei Machéromesnil (Ardennen), Escragnolles und Clars (Alpes-Maritimes), La Ruchère, Reneurel (Isère), Clansayes (Drôme), Sahune (Gard) usw.

II. 1) Neritische (sublitorale) Facies,

sehr mannigfaltige Bildungen umfassend:

Bedeutsam ist namentlich für die Untere Kreide die weitverbreitete, durch ihren Reichtum an Toxaster ausgezeichnete Spatangenfacies. ("Calcaires à Spatangues".)

Diese neritische Facies mit Toxaster ("Facies à Spatangues"), Ansätze (Eryopsis Couloni d'Orb. sp., Ex. aquila d'Orb. sp., Aletryonia rectangularis ROEM sp.), Myacren (Pholadomya elongata MÜNST.) und anderem Pelecypoden (Trigonia caudata Ao.), Brachiopoden (Ter. acuta Qu. Rhynchonella multiformis ROEM.), stellt sich öfters in verschiedenen Horizonten der Unteren Kreide ein und zwar mit einer Reihe bestimmter Toxasterformen: In der Valendisstufe Tox. granosus d'Orb., in der Hauterivestufe Tox. retusus Lx. und gibbus Ao. (in Südfrankreich durch Tox. amplus Desor und in Nordafrika durch Tox. africanus GAUTHIER vertreten), im Barrêmien Tox. Ricordeanus COTT. (= ergulosus d'Orb.) und in der Aptstufe Tox. Collegnoi SISM. (= Tox. Brunneri MER.). Im Gault herrschen Holaster Perezi SISM., Hemiaster minimus Ao. und Discoides conicus DESOR vor.

Was die Verbreitung der Ammoniten betrifft, so wurde bereits angedeutet, daß, wenn auch dieselben fast ausschließlich in bathyalen Ablagerungen vorkommen und z. T. auch verschwemmt in Uferbildungen sich zeigen, auch zahlreiche Formen gemeinsam mit Pelecypoden, Gastropoden etc. in zweifellos neritischen und litoralen Bildungen liegen, so daß unter denselben litorale (benthonische) und bathyale Typen unterschieden werden können. — Diese eigentümliche Verteilung versuchten Haug und neuerdings Sollas biologisch zu erklären. Es ist weiter oben auf diese Erscheinungen näher eingegangen worden.

Die neritischen, oft ebenfaltige, Ablagerungen zeigen sich gewöhnlich als Austern- und Zweischaler-(Pelecypoden-)Schichten, z. T. mit Foraminiferen (Orbitolinensande) als Gastropodenreiche Brachiopodenkalke und Mergel, als Echinidenschichten ("Facies à Spatangues" etc.), Bryozoenschichten, Spongitenschichten; häufig sind die Echiniden- oder Bivalvenbruchstücke geradezu gesteinbildend und bilden die sog. "Calcaires à debris" (feine Muschel- und Echinodermenbreccien) und "Lumachellen", die öfters den Übergang zu echten Riffkalken bilden ("facies subrécifal"); es zeigen sich diese neritischen Ablagerungen:

a) In der untersten Valendisstufe (Berriasien):

Helle Mergelkalke und weiße oolithische Mergel mit Natica (Ampullina) Leviathan PICT. ET C. und Toxaster granosus d'Orb. des südlichen Jura, Salève etc. (z. T. Rifffacies) (sog. Valanginien inférieur); krümelige, bläuliche Mergelkalke von Ballaigues (Waadtländer Jura) mit Phylloceras Renauldi Ao. sp. „Infravalangien" von Portugal mit Foraminiferen und Pelecypoden etc., Schichten mit Austern, Einzelkorallen und Berriasammoniten der Krim (nach C. von Voigt). —

b) In der mittleren und oberen Valendisstufe (eigentl. »Valanginien«):

Bryozoen-Mergel von Auberson, Colas und Censeau (Jurakette) Echinodermenkalke der Umgegend von Monthey (Wallis), Kalke mit Pygurus rostratus Ao. des Säntisgebirges (St. Gallen). Fontanilkalk mit Hopl. (Thurmannia) Thurmanni PICT ET C., Pygurus Largi de LOR. etc. der Umgegend von Grenoble (Isère), braunrote Kalke (Calcaire roux, Limonit) mit Pygurus rostratus Ao. der Jurakette. Bivalvenschichten von Malleval (Isère), Graue Spongiten-Mergel von Arzier (Waadt). Mergel und Kalkenschichten mit Ex. Couloni d'Orb. sp., Bryozoen und Rhynch. irregularis ROEM. Tox. Carteroni d'Orb., von Echaillon-les-Bains (Isère); gelbe Mergel und Kalke mit Aletryonia rectangularis ROEM. sp., Holcostephanus (Astieria) Astierianus d'Orb. sp., Villers im Jura, Salève, Danphiné, Portugal etc., sog. Spatangenschichten mit *Toxaster Kiliani* LAMB. u. a. Fossilien von Moustiers-Ste-Marie (Basses Alpes) etc.

c) In der Hauterive-Stufe:

Hauterivemergel (mit einigen Cephalopoden), gelbe Kalke von Neuenburg („Calcaire jaune de Neuchâtel") im westl. Jura, Toxaster kalke („Calcaire à Spatangues") und Thonkalke mit *Tox. retusus* LAMB. und *Hoplites (Acanthodiscus) radiatus* BRUG. sp. des Pariser Beckens, der Hte-Marne, der Jurakrite, des Languedoc und südl. Provence (Alpines, Moustiers-Ste.-Marie etc.) des Jura und Salève mit *Rhynch. multiformis* ROEM., *Toxaster retusus* Ag. etc., Spatangenschichten in Zentralasien (BLEEK 1894), etc.; Schichten mit Brachiopoden und *Leopoldia* von Westmarokko.

d) In der Barrème-Stufe:

Atherfield Clay mit *Peron Mulleti* DESH. der Isle of Wight (England). Rote Schicht mit *Heteraster (Enallaster) oblongus* BRONGN. sp. des südl. Pariser Beckens (Hte.-Marne). Ostreenmergel mit *Ostrea Leymeriei* DESH. des südl. Pariser Beckens. Gelbe Mergelkalke von Lamberon, Marseille, Mornant (südl. Jura) mit *Geniopygus paliatus* Ao. sp. (sog. „Unteres Urgonien"); Kalke des südl. Jura mit *Heteraster (Enallaster) Cenloni* Ao. sp., Spatangenschichten (z. T.) mit *Tox. Kunolenanus* COTT., *Tox. gibbus* Ao. und *Tox. retusus* LAMB. (= *Tox. complanatus* DESOR) von Südostfrankreich (Mont. Luberon, bei Umgebung von Valence). Gelbe Kalke mit *Orbitolina, Heteraster (Enallaster) oblongus* BRONGN. sp., *Pygaulus Dumontinei* Ao. des südl. Jura (Perte du Rhône, Vraconne, Presta), der Schweizer Alpen (Pilatus), nördl. Dauphiné (Isère-Dept.), der Vercousgegend und Algeriens etc. zur Rudistenfacies übergehend. Schichten mit großen *Natica* von Portugal etc.

e) In der unteren Aptstufe:

Gelbe Trigonienmande von Utrillas, Aragonien (Spanien) und Portugal, „Crackers" der Isle of Wight und Hythebeds von Kent (England). Schichten mit *Toxaster (Mistaouster) Collegnoi* SEISM. sp., *Enogyre aquila* D'ORB. sp., *Fimbria (Corbis) corrugata* D'ORB. des südöstl. Frankreich (Dassayer, Aubel (Drôme) und von la Clape (Aude). Kalke mit *Rhynch. lata* D'ORB., *Rhynch. Gibbsiana* SOW., *Terebratula sella* D'ORB. von Südfrankreich. Orbitolinen- und Echinidenschichten von la Pâ (Isère) (z. T. mogeren). Schichten mit *T... Autiriana* D'ORB. von den Croltes (Pariser Becken).

f) In der oberen Aptstufe:

Dunkle Kalke mit *Exog. aquila* D'ORB. sp. der Wannenalp (Schweiz), der Waadtländer und Savoyer Alpen; *Plicatula placunea* LAMK. — Mergel von la Presta (Neuenburg) und Serviers (Gard); obere Orbitolinenschichten mit Pelecypoden und *Mistoaster* des Audedepartements (Gard); obere Orbitolinenschichten mit *Rhynch. Bertheloti* Gras und Echiniden von Les Ravin le Rimet (Isère) zur Riff- und Rudistenfacies übergehend; Orbitolinen und Discoidenschichten von la Teil (Ardèche).

g) In der Gaultstufe:

Orbitolinenschichten und Echinodermenbreccien der Dauphinéer Kalkalpen („Lumachelle" z. T.), Spongitenschichten von Farringdon (England), Gastropodenreiche Mergel des Auledeparterments (Fontfroide), Spongien- und Pelecypodenschichten der obersten Gaultstufe von Blackdown, Braquegnies etc. Schichten mit *Inoceramus concentricus* PARK. Schichten mit *Placenticeras (Sphenodiscus)* UHLIGI CHOFF. (oberste Gaultstufe) von Portugal; Fredericksburgschichten z. T. (Texas).

II. 2) Spongiten-Facies:

Wie genannt bilden Spongienreste (namentl. Pharetronen) in manchen, von den neritischen und Litoralbildungen kaum zu trennenden Schichten, meist mit Bryozoeen, lokale Anhäufungen; z. B. bei Arzier im Schweizer Jura in der Valentisstufe, bei Lamberon im neritischen Barrémien; in der Gaultstufe zeigen sich dieselben in den litoralen Farringdon-Beds; auch die Blackdownschichten (oberer Gault) können als Beispiele von Spongitenschichten genannt werden.

II. 3) Zoogene und Riff-Facies:

Besonders bedeutsam und wichtig ist unter diesen zoogenen Formationen die sogenannte „Urgonfacies" (Facies récifal Renevier's, Urgonfacies z. T.), deren mächtige Kalkmassen in

Südeuropa weitverbreitet an dem Aufbau bedeutender Gebirgsteile teilnehmen. Charakteristisch entwickelt sind diese Urgonkalke namentlich in den Pyrenäen, Alpen und im Juragebirge, sowie in einem großen Teile der Provence und in den Balkanländern (siehe Karte I). Es sind die etwa als „Schrattenkalke", „Calcaires à Chama", „Calcaires à Caprotines", Requienienkalke, Caprotinenkalke beschrieben worden und zeigen sich bei Orgon (Bouches du Rhône) ansehnlich reich an Fossilien und typisch ausgebildet (vergl. oben p. 66), woher auch die übliche Bezeichnung „Urgonien" abgeleitet wurde. Auch in Süditalien (Puglia) kommen solche Kalke vor.

Das genaue Alter der meisten dieser Kalke als Äquivalente der Barrême- und Aptstufen ist nunmehr bekannt, gab aber Anlaß zu heftigen und zahlreichen Diskussionen, besonders vor seiten französischer Fachleute. Als randliche Übergangsbildungen zur bathyalen Facies sind meistens subrecifale Muschelbreccien („Calcaires à débris") und Kieselknollen-Kalke entwickelt (Monts de Vaucluse, Montagne de Lure). —

Allenthalben bestehen diese Urgonkalke vorwiegend aus Foraminiferenschalen und zwar aus Miliolideen und Orbitolinen, welche mit Oolithkörnern und mit Resten von Diploporen (Kalkalgen) vermengt die Gesteinsmasse bilden (z. Abbild. S. 67). Daneben kommen abgerollte Schalen, besonders von Pachyodonten und Gastropoden (Nerinea, Harpagodes etc.) in größerer Anzahl als makroskopische Bestandteile vor. Korallen sind nur ausnahmsweise, meist lokal angehäuft zu finden (z. B. im Aptgrün von Catalonien in Spanien, bei Sault [Vaucluse] in den Ostkarpathen, etc.), so daß das Prädikat „Corallogen" nicht passend für diese Bildungen gebraucht werden kann. Kreidige (bei Orgon) und oolithische, auch dolomitische Partien (Provence) sind häufige Vorkommnisse; gewöhnlich aber sind die Kalke kompakt und bestehen aus auffallend reinem Kalkkarbonat. Durchaus bezeichnend für die Urgonkalke sind die massenhaft darin auftretenden Pachyodonten, Pelecypoden und darunter die Gattungen Requienia, Toucasia, Monopleura, Matheronia, Pachytraga, Agria, Ethra, Gyropleura, Himeraelites, meistens Formen, welche den Übergang von den Diceratinen zu den echten Rudisten bilden; an vielen Stellen zeigen sich ebenfalls schon die aus diesen Sippen sich heranbildenden Capriniden (Offneria, Praecaprina etc.)

Allenthalben bilden diese meistens weiße, nur lokal gelblich oder schwärzlich (in gewissen Alpengegenden) gefärbte Kalke, massenförmige ruinenartige Felsen, die zeigen sich reich an Höhlen und Grotten (Umgegend von Uzès, Baron, Roquemaure, Vallon in Südfrankreich) und Dolinen, welche, je nach den Gebieten als „abîmes", „scialets" (Vercorsgebirge) oder „aven" (Provence), etc. bezeichnet werden.

Bald nur linsenförmig und in unbedeutenderem Umfange auftretend (Untere Valendisstufe bei Fourvoirie [Isère]; untere Aptstufe und Barrêmien bei Chalillon-en-Diois [Drôme]), bald sich auf ganze Stufen erstreckend (Grenoble) und mächtige massenförmige riffartige Felsenbänke bildend, scheint diese Facies in einzelnen Gebieten, wie auf der Insel Capri, den größten Teil des Palaeocretacicums einzunehmen und ist dann von den liegenden recifalen Tithonkalken kaum abzugrenzen.

Es sind nunmehr aus den meisten Stufen der Unterkreide zoogene Äquivalente bekannt; nur die Hauterivienstufe hat bis jetzt keine deutliche Vertreter dieser Facies geliefert. Den zoogenen Bildungen der Barrême- und Aptstufe wurde bisher die Benennung Urgonien oder Urgonkalk ausschließlich vorbehalten. In den Pyrenäen, in Portugal und in einem Teil der iberischen Halbinsel sind die zoogenen Bildungen mit mergligen orbitolinenreichen Einlagerungen (Pachyodonten (Harapleura, Polyconites), Echiniden, Terebratula Deltei LEYM. etc.) ganz außerordentlich in den obersten Stufen der Unterkreide entwickelt und dauern z. T. bis zur Gault- und unteren Cenomanepoche an; dieser an Cephalopoden arme, mehr eigentümliche Typus ist als „lusitanischer Typus" (KILIAN) bezeichnet worden.

a) In der unteren Valendisstufe (sog. Berriasien):

Sog. „Marbre bâtard" des südwestlichen Jura; oolithische und kompakte helle Kalke mit Nerinea (Ampullina) Leviathan PICT. et C. von Montelier am Salève; Oolithe von Lemal (Jura) oberste zoogene Kalke von l'Echaillon (Isère), weiße Kalklinsen in Zementkalk von Fourvoirie (Isère); weiße Kalke mit Nerinea Leviathan PICT. et C. und Nerinea von les Martigues, Allauch, Andon bei Escragnolles (Provence) la Buisse (Isère). Zoogene Foraminiferenkalke von Portugal

Lethaea geognostic

Hypothetische U
Wahrscheinliche

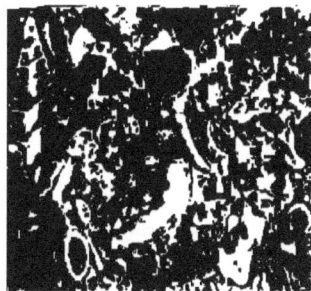

Orbitolinenkalk von Rimsteid bei Serres (Basses Alpes). Mit Gastropoden, Bryaltenbruchstücken, Orbitolinen, Miliolideen

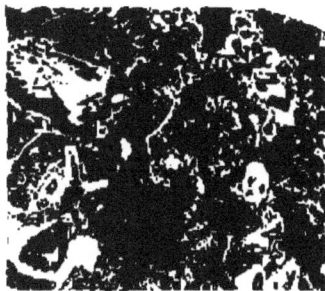

Orbitolinenkalk von Voreppe (Isère). Mit Orbitolinen, Miliolideen und Schalenbruchstücken.

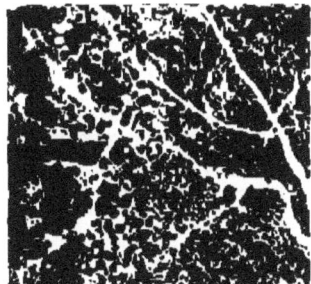

Urgonkalk von Montravin bei Grenoble. Mit Orbitolinen und Miliolideen

Urgonkalk von Simiane (Basses-Alpes). Mit Gastropoden, Miliolideen u. anderen Foraminiferen.

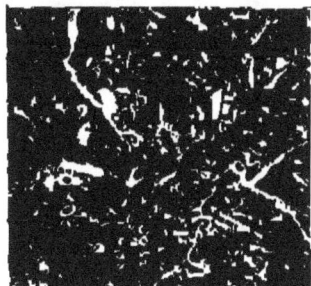

Orbitolinenkalk von Voreppe (Isère). Mit Kalkalgen, Miliolideen und Schalenbruchstücken.

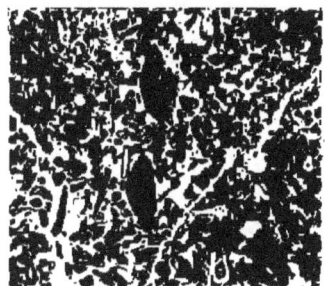

Orbitolinenkalk aus dem Urgon von Voreppe (Isère). Mit Orbitolinen, Miliolideen und kalkigen Diploporen.

Mikroskopische Struktur zweier Urgonkalke.

(Infravalanginien Choffat) mit *Spiroxytinu (Dicyclina)* Choffati var. *infravalanginiensis* Choff., im oberen Jura (Portland) beginnend und einen Teil der Valendisstufe einnehmend.

b) In der mittleren und oberen Valendisstufe:

Weiße korallogene Kalke von Souvent b. Bex (Waadtland) Sentisgebirge (Schweiz), weiße recifale *Valletia*-Kalke von la Rixouse und Montépile (franz. Jura). Oolithische Kieselkalke mit *Valletia* des Corbeletbergen und Conjux bei Chambéry (Savoyen), oolithische weiße Rudistenkalke des Balcon-de-l'Echaillon und von St. Gervais bei Grenoble. Weiße Kalke am Semnoz (Savoyen).

c) In der Hauterive-Stufe:

Oolithische Partien im gelben „Calcaire de Neufchâtel" des SW.-Jura.

d) In der oberen Barrème-Stufe:

Untere Orbitolinenschichten der Dauphiné (Umg. von Grenoble, Voreppe) Mergige Orbitolinenknollenbank von Montclus und la Charce (südl. Dauphiné). Kalke mit Sideakgalle (z. T.) der Basses-Alpes und des unteren Rhônetales. Unterer Schrattenkalk mit *Requienia ammonia* GOLDF. sp. der Vorarlberger und Schweizer Alpen (Leran; Rhodanien z. T.). Weißkreidige Kalke von Agiez (Waadt), Vaharine und Seyssel (südl. Jura), kompakte Kalke des SW.-Jura. Gelbe Kalke mit *Requienia ammonia* GOLDF. sp. des Mormont (Waadtland), unteres Urgonien (*Requienia, Agris*, etc. mit Orbitolinen von Orgon (Provence), Brouzet (Gard), Pyrenäen. Portugal, Caprotinenkalke mit Orbitolinen und Korallen (und *Pyrbougos*) der Ostkarpathen (auch Culao), Orbitolinenschichten der Krim, Tunesiens, Algeriens etc. Kalke von les Salins (Mexiko) z. T. (?).

e) In der unteren Aptstufe (Bedoulien):

Oberer Teil der weißen Urgonkalke der Umg. von Grenoble (Dauphiné), kreidige Toucasinkalke von Orgon (Provence), Barcelonne (Drôme) mit Itierien, Spanien etc. mit *Toucasia carinata* D'ORB. sp. und *Lovatdori* SOW. sp., *Matheronia Virginiae*, A. GRAS sp., *Proccaprina, Offneria*, etc. Orbitolinenkalke (Rhodanien) der Vorarlberger und Schweizer Alpen mit *Toucasia, Knellania* (*Heteraster*) *oblongus* BROSON. sp., der Krim; oolithische Orbitolinen- und Korallenkalke mit Caprinieren von Siméane (Mgne. du Jura) mit *Toucasia*; Spanien, Portugal (Almargemschichten z. T.), Algerien. — Oberer Teil der Urgonienkalke der Provence, Corbières und Pyrenäen, Urga der Umgegend von Barcelona, des Kaukasus, etc., sog. Urgo-Aptien von la Clape (Aude), (unterer Teil). Urgonkalke (z. T.) von Monte Cavallo (Friaul), der Italienländer, Echra kalke vom Bakony, Selinaskalk (Mexiko), z. T. mit Korallen. *Glauconia, Monopleura*, etc. Orbitolinenmergel von le Fuchère.

f) In der oberen Aptstufe (Gargasien):

Oberster Schrattenkalk der Vorarlberger und Schweizer Kalkalpen (?). Obere Orbitolinenschichten von Le Rimet und les Ravin (Dauphiné) (z. T.) Urgo-Aptien von La Clape (Aude), des Corbières (oberer Teil) und Spaniens mit *Polyconites Verneuili* BAYLE, *Horiopleura Lamberti* MUN. etc. *Rudistites cantabricus* DOUVILLÉ, *Toucasia Semseyi* DOUV.[1] und *Terebratella Delboui* HEBERT etc. Letztere manchmal dem Gault zugeteilt.

g) In der Gaultstufe:

Treten zoogene Kalke mit Pachyodonten und Orbitolinen in Portugal auf, wo sie das so genannte Bellasien (Choffat 1886) bilden und sehr mächtig sind; im oberen Teile herrscht *Polyconites* (*Sphaerulites*) *beyroutii* DOUV. vor. Hierher gehört ein Teil der Almargemschichten (mit Requienien, Toucasien etc.), welche ebenfalls Orbitolinenschichten und pflanzenführende Sandsteine begreifen. · „Lumachelle" des U. Gault im Dauphiné (Bryozoen) (z. T.).

Aus den Pyrenäen und Sizilien wurden ebenfalls urgonartige, den Gault vertretende zoogene Rudistenkalke beschrieben. Vermutlich sind auch die Hippuritenkalke Italiens und die Requienenkalke (*Caprotina Lisarensis*) der Frederickaburgdivision (Comanche-series) aus Texas ebenfalls dem Gault zuzuschreiben.

---

[1] Diese eigentümliche Pachyodontenfauna zeigt sich im iberischen Gebiete vom Aptien bis zum Cenoman; CHOFFAT fand dieselbe in drei verschiedenen Horizonten wiederkehrend.

III. Bathyale Bildungen:

III. 1) Mergelige Cephalopodenfacies, z. T. mit verkiesten Ammoniten.

a) In der unteren Valendisstufe (Berriasien):

Spretonclay (partim) mit Bel. (Cylindroteuthis) lateralis PHILL. (Yorkshire). Berriasschiefer der Aarnstraße (Schweiz), Mergel mit verkiesten Ammoniten von la Faurie (Htes. Alpes), sog. Pterophoren-Mergel mit Müllericrinus der bayerischen und Freiburger Voralpen.

b) In der mittleren und oberen Valendisstufe:

Mergel des Diois, der Basses Alpes und des Ardèchedepartements mit Bel. (Durotia) latus BLAINV., Hoplites (Neocomites) neocomiensis d'ORB. sp., Hopl. (Killiania) paripyriphus UHL. und Rombrodianus a'ORB. sp., dergleichen in SO.-Spanien (Prov. Alicante), Algerien, Salt Range in Asien (nach KOKEN) etc., Mergel des Justithales (Berner Alpen) mit Leptoceras Studeri OOST. sp., Spretonclay (z. T.) (D. 1—B) von Yorkshire mit Bel. subquadratus ROEM., Polyptychites Keyserlingki N. u. UHL. sp.: Hilsthon (z. T.) Nordkeutschlands mit Hoplites (Neocomites) neocomiensis ROEM. sp., Oxynoticeras (Garnierei) Gevrilianus d'ORB. sp., Polyptychites etc.

c) In der Hauterive-Stufe:

Mergel von La Baume-Cornillane, Lalored, Col de Perty, Saillans, Chaine de Haye (Südostfrankreich) mit verkiesten Ammoniten und Aptychus angulicostatus im LOMOL., dergleichen in Dalmanien und Algerien. Spretonclay (z. T.) (C. 8—11) mit Holcost. (Astieria) Atherstoni SHARPE sp. und Hopl. (Neocomites) regalis BEAN. sp. des Yorkshire (England), Hilsthon (z. T.) Nordeutschland mit Hoplites (Acanthodiscus) radiatus BRUG. sp. und Hopl. (Leopoldia) Leopoldinus d'ORB. sp.

In der oberen Hauterivestufe (und vielleicht Barrêmestufe?): Thone mit Simbirskites subinversus M. PAVL. von Simbirsk (Rußland), Spretonclay (z. T.) (C. 6—7) mit Simbirskites subinversus M. PAVL. von Yorkshire (England), Schichten von Simbirsk mit S. dicrofalcatus LAH., S. spretonensis, V. a. B. sp. etc.

d) In der Barrême-Stufe:

Thone und Mergel mit verkiesten Ammoniten: Mergel von Medjes-Sfa, Djebel-Tayia und Djebel-Ouach (Algerien), Aures (Tunesien) mit Silesites, Mergel von Col de Garnesier, Valaou (Ventoux) la Charce, Cobonne (südl. Dauphiné); Hilsthon (z. T.) von Hildesheim (Norddeutschland), Mergel von Swinitza (Banat) z. T.

e) In der unteren Aptstufe (Bedoulien):

Thone mit Desmoliceras Cornuelianum a'ORB. sp., Ancyl. Mathéroni a'ORB. von St. Dizier (Hte.-Marne) Thone und Mergel mit verkiesten Ammoniten von Le Chêne (Vaucluse); Plicatulathone mit Parahoplites Deshayesi LEYM. sp. der Hte.-Marne, Spretonclay (B. C.) mit Parahopl. Deshayesi LEYM. sp. und Bel. brunsvicensis v. STROMB. von Yorkshire (England) und Simbirsk (Rußland) mit Simbirskites; oberer Teil mit Parahopl. Deshayesi LEYM. sp. den Hilsthones von Hannover; oberer Teil des Teullyclay von Lincolnshire.

f) In der oberen Aptstufe (Gargasien):

Thone mit Oppelia Nisoides SAR. der Umgegend von Hannover, Mergel mit Hoplites furcatus Sow. sp. (= Dufrenoyi a'ORB. sp.), Oppelia Nisus d'ORB. sp. vom Apt. in Bedoule, (Provence[1]). Mergel mit Phylloceras Guettardi RASP. sp., Tetragonites Duvalianus d'ORB. sp. der Basses Alpes. Plicatulathone (z. T.) mit Oppelia Nisus d'ORB. sp. des Hte-Marne-Departements. Mergel mit Bel. ornivanulicristatus BLAINV. der südl. Dauphiné. Mergel mit verkiesten Ammoniten von Swinitza (Banat) (z. T.) — Mergel mit verkiesten Ammoniten und Plicatula radiola LAH.

---

[1] Das Vorhandensein von verkiesten Ammoniten in den Hauterive- und Barrême-Stufen ist zum ersten Male durch W. KILIAN (1887) nachgewiesen worden und später durch die Untersuchungen von SAYN, V. PAQUIER und P. LORY, welche eine ganze Reihe von Horizonten pyritisierter Ammoniten von Berriasien bis zur Aptstufe bekannt machten. In den Balearen-Inseln, in Ostspanien (Valencia), Algerien und in Tunesien sind durch NOLAN, COQUAND, AUBERT, SAYN, NICKLÈS, LE MICHE, JOLEAUD, HLAVAC, PERVESQUIÈRE ebenfalls reiche Fundpunkte verkiester Ammoniten aus einer Reihe von paläocretacischen Zonen angegeben worden.

von Marokko — Tone mit verkiesten *Tetrag. Durvillianus* D'ORB. sp., *Lytoceras numidum* COQ. sp., *Macrocephalites Fleheuri* SAYN., *Desmoceras (Puzosia) Anglodri* SAYN. etc. von Algerien (Oued-Cheniour, Djebel-Rahor etc.) etc.

g) In der Gaultstufe:

Mergel mit verkiesten *Gaudryceras (Kossmatella)* und *Tetragonites* von les Brunels (les Brugs bei Vesc, Hyèges, Rozans etc. In Südostfrankreich, Mergel und Tone mit verkiesten Gaultammoniten von le Gaty und Géradol (Aube), Morteau und St. Croix im Juragebirge, von Folkestone (England etc.) Argile téguline des Pariser Beckens, Thone mit verkiesten Fossilien („mittlerer Gault". Norddeutschlands, In Algerien und in den Balearen Mergel mit pyritisierten *Desmoceras (Puzosia Mayorianum* D'ORB. sp., var. *africana* KILIAN, *Douvilleiceras Mülletianum* D'ORB. sp., *Desmoceras (Latidorsella) latidorsatum* MICH. sp., *Tetragonites* und *Turrilites*; Mergel mit *Turrilites Bergeri* von Aumale, Meleah, etc.

III. 2) Kalkige Cephalopodenfacies[1] (Kalke und Mergelkalke mit verkalkten Ammoniten).

(Auch unter den Bezeichnungen „Facies pélagique" „Facies alpin" (PICTET) und „Facies sous-marin" D'ORBIGNY bekannt).

a) In der unteren Valendisstufe (Berriasien):

Zementkalke von La Porte de France bei Grenoble und Sebi (Tirol); kompakte Mergelkalke mit *Hoplites (Neocomites) Boissieri* PICT. sp. und *Lygope (Pygites) diphyoides* PICT. sp. von Berrias (Ardèche), la Faurie (Htes-Alpes), Ginestoux (Hérault). Kalke mit *Hopl. (Neocomites) occitanicus* PICT. sp, und *Natica (Ampullina) Leviathan* PICT. ET C. von St. Hippolyte (Gard); Kalke mit Berriasfauna von Ouled-Mimoun (Algerien), den Balearruinseln, Tunesien, Theodosia (Krim), Zentral-Mexiko, etc.

b) In der mittleren und oberen Valendisstufe:

Unterm Neokom der Schweizer Voralpen (Préalpes romandes); Mergelkalke der Montagne de Lure und des Diois mit *Hopl. (Neocomites) neocomiensis* D'ORB. sp., *H. (Neocomites) cf. regalis* BEAN. sp., *Aptychus Didayi* COQ., Majolita (z. T.) und Biancone (z. T.) mit *Aptychus Didayi* COQ. der lombardischen und venetianischen Alpen. *Holcostephanus*kalke von Zentralmexiko.

c) In der Hauterivestufe:

Mittlere Neocome Cephalopodenkalke der Préalpes romandes; Bachersboden; Mergelkalke mit *Bel. (Hibolites) pistilliformis* BLAIN. sp., *Crioc. Duvali* LEV., der Hte. Veveyse (Freiburger Alpen) und der Voirinskette (Hte. Savoie); (z. T. auch Barrémien). Mergelkalke mit *Bel. (Duvalia) dilatatus* BLAINV., *Crioc. Duvali* LEV. etc. von S.-Ostfrankreich (Drôme, Basses-Alpes etc.); Kalke mit *Holcost. (Astieria) Astierianus* D'ORB. sp. der Montagne de Lure; Kalke und Mergelkalke (oberm Hauterivien) mit *Parahopl. angulicostatus* D'ORB. sp. und *P. crassicosta* TOUC. sp. des Rhônebeckens. Biancone (z. T.) mit *Aptychus angulicostatus* DE LOR. von Südtirol; Roßfeldschichten (z. T.). Neocomsplychenkalk, Stoßbergschichten, Schrambachschichten. *Holcobrrieras*schichten von Patagonien (z. T. neritisch); *Astierien*schichten von Madagaskar.

d) In der Barrêmestufe:

Mergelkalke von Barrême, Clairon etc. (Basses-Alpes) des Diois (Colonne) mit *Desmoceras difficile* D'ORB. sp. und *Macrocephalites Yvani* PICTET sp., Kalke mit *Macr. Yvani* PICT. sp. und *Heterc. Astierianum* D'ORB. (emend. KIL.) von Morteiron und Mergelkalke mit *Crioc. Emerici* D'ORB. und *Holcodiscus fallax* MATH. sp. des Mont. Ventoux und von Combe-Petite (Montagne de Lure). — Kalke mit *Desm. difficile* D'ORB. sp. und *Holcodiscus fallax* MATH. sp. von Crussa und Meyrer (Ardèche). Kalke mit *Desm. difficile* von Marokko. Oberer Teil der Cephalopodenschichten von Veveyse und Châtel St. Denis (Schweizer Voralpen). Wernsdorfer Schichten mit *Macr. Yvani* PICTET sp. von Mähren; *Desm. difficile*-Schichten von Hinterthierberg (Tirol). Sikulakalke mit *Costi-*

---

[1] Als Übergangsgebilde zu der neritischen Facies treten oft Kalke mit *Nemausina neocomiensis* DUM. auf, welche als eine besondere (Nemausina-) Facies angegeben werden mögen. (Languedoc :

dienus (z. T.) der Provence und Montagne de Lure. Schichten des Dimbrovicioralbalses (Rumänien), (nach HERBICH, SOROKISKY, POPOVICI und Sorbiens. Kieselkalke mit *Holcodiscus* von Mexiko, etc., etc.

e) In der Unteren Aptstufe (Bedoulien):

Hornsteinkalke von St. Etienne-les-Orgues (Basses Alpes) mit *Parahoplites Deshayesi* LEYM. sp. und *Douvilléiceras Stobiecki* D'ORB. sp., Kalke von Vaison (Vencouxkette) mit *Douvilléiceras Cornuelianum* D'ORB. sp. etc. (= Voconcien), Kalke mit *Ancyl. Matheroni* D'ORB. von St. André et Le Teil (Ardèche), Hommes d'Armes; Vergona, Crnis (Basses-Alpes) und la Bedoule (Var) (= Bedoulien).

f) In der oberen Aptstufe (Gargasien):

Kalke von les Graves (Basses-Alpes) mit *Hoplites furcatus* Sow. sp. und *Douvilléiceras Martini* D'ORB. sp.

g) In der Gaultstufe:

Mergel-Kalke mit *Parahoplites Nolani* SAYN sp., *Douvill. rodocostatum* D'ORB. sp. von Marokko (Unterer Gault), Schichten mit *Parahoplites* und *Desm. Akuschanus* ANTH. des Kaukasus. *Parahoplitenschichten* von Zentralmexiko.

Kieselführende „Gaize" von Montblainville (Meuse) u. a. O. mit *Schloenbachia inflata* Sow. sp. etc. (oberste Gaultstufe), Red-Chalk mit *Schloenbachia inflata* Sow. sp., von Yorkshire, Flammenmergel von Hannover. Schichten mit *Schloenb. Raisyana* D'ORB. sp. (= *acutocarinata* SHUM. sp.) (mit Pygmaeenfauna) von Mexiko und Madagaskar, Untere Horsetownschichten Kaliforniens.

IV. Abyssale Facies.

Absätze der Unteren Kreide, welche als eigentliche Tiefseebildungen aufgefaßt werden könnten, sind heutzutage noch unbekannt, es sei denn, daß ein Teil der in gewissen alpinen Zonen entwickelten Globigerinenschichten („Couches rouges" der Schweizer Voralpen (Préalpes), Marbres en plaquettes (z. T.) der Zone des Briançonnais) als solche aufgefaßt werden müßten, was aber sehr zweifelhaft sein dürfte.

Grundzüge der geographischen Verhältnisse zur Zeit der Unteren Kreide.

Übersicht der palaeocretacischen Meere[1] und Festländer.

Bevor auf die Einzelheiten der Unteren Kreidegebilde in den verschiedenen Gebieten der Erde eingegangen und die Beschreibung der bekanntesten palaeocretacischen Typen gegeben wird, mag ein Überblick über die Verteilung der Meere und Festländer sowie der zwischen oberem Jura und Mittlerer Kreide stattgefundenen Transgressions- und Regressionserscheinungen nicht unnützlich sein. Weiteres darüber wird in den Schlußkapiteln dieses Bandes zum Ausdruck kommen. — Faßt man zunächst die Verteilung der marinen Absätze der Unteren Kreide und diejenigen Gebiete ins Auge, welche nur kontinentale bezw. Binnenmeerbildungen oder überhaupt keine Sedimente dieser Zeit aufweisen, und versucht man, an der Hand der Faciesverhältnisse und unter Berücksichtigung der seit jener Epoche durch Denudation entfernten Bildungen, sich ein Bild der damaligen geographischen Verhältnisse zu konstruieren, so kommt man zu folgenden Vorstellungen:

Was die Meere betrifft, so können folgende Hauptzüge festgestellt werden: Die Hauptrolle spielt ein „Großes Mittelmeer", welches das ganze südliche Europa und nördliche Afrika bis zur »Schott«-Gegend in der Nähe der Sahara —

---

[1] Eine leider mangelhafte, aber für die Zeit recht wertvolle Übersicht ist von D'ORBIGNY (Cours élém. p. 573 und 603) gegeben worden.

mit Ausnahme einiger Inseln [iberische Meseta, (vom oberen Barrémien an), Zentral-
Alpen (?), Sardinische Insel (mit Korsika, der Hyerischen Masse und Teilen der
Ostpyrenäen), kaukasische Insel (?), Ostungarische Insel, Dinarische, Macedonische.
Megarische und Kleinasiatische Inseln] — einnahm. Dieses Mittelmeer stand durch
verschiedene Meerengen und hauptsächlich über Dijon und das Pariser Becken[1]
namentlich in der zweiten Hälfte der Unteren Kreidezeit mit den nördlicheren
Gewässern in Verbindung.

In den südlichen Teilen Europas erstreckt also sich von der iberischen Halbinsel his zum Kaukasus, über die Balearen, Italien, die Alpen, die Karpathen und
einen Teil Nordafrikas (Algerien, Tunesien) ein Gebiet, innerhalb dessen die
Absätze der Unteren Kreide in ihren verschiedensten faciellen Verhältnissen
eine Reihe charakteristischer faunistischer Merkmale aufweisen. Es ist dies Gebiet
ähnlich wie zur Trias- und Jurazeit als Reich der Thetys, des zentralen Mittelmeeres, oder kurzweg Mediterranea Gebiet bezeichnet worden. Dorville's Verdienst ist es, noch schärfer als seine Vorgänger auf die Verbreitung gewisser
Formen wie Orbitolinen und Rudisten, welche in größeren Kolonien nur in
diesem Gebiete vorkommen, hingewiesen zu haben, und die Ausführungen Neumayr's,
Uhlig's u. A. weiterführend, dessen Fortsetzung jenseits der atlantischen Ozeane
(Zentralamerika, Zentralmexiko, Venezuela etc.) sowie gegen Osten bis in das
pacifische Gebiet der Sundainseln verfolgt zu haben. Dorville's »Mesogée«
oder Mesogäische Zone ist nur als eine Fortsetzung und ein Äquivalent des Neumayr'schen »zentralen Mittelmeeres« (Préméditerrannée) oder der Suess'schen »Thetys«
zu betrachten; wir nennen es die Zone des Großen Mittelmeeres.

Zu dieser zoologischen Provinz gehören, als nördliche meist neritische und
litorale Ausläufer oder »kontinentale« Schwellen («seuils continentaux« Haug) die
Ablagerungen Mitteleuropas, so z. B. jene von d'Orbigny (Cours élém. p. 587)
meisterhaft geschilderte des Pariser Beckens und der Jurakette, welche mit
E. Haug als neritische Äquivalente der alpinen und mediterranen paläocretacischen Gebilde zu betrachten sind; die gleichaltrigen Neokomablagerungen des
nordöstlichen Englands, Norddeutschlands und Mittelrußlands gehören einer
nordischen Provinz an, welche nur sporadisch und durch eine kleine Anzahl von
Meeresarmen mit dem »Großen Mittelmeere« in Verbindung stand. Eine besondere »mitteleuropäische« Provinz ist also ebensowenig wie zur Jurazeit nachzuweisen; vielmehr sind zahlreiche und allmähliche Übergänge zwischen
der jurassischen (type jurassien) und der mediterran-alpinen (type alpin) Ausbildungsweise der Unteren Kreide zu beobachten (z. B. bei Grenoble und
Chambéry in den Westalpen). Es sind das lediglich facielle Unterschiede: der
»jurassische« Typus z. B. ist das neritische Äquivalent der in tieferen Gewässern
abgesetzten Schichten des »alpinen« auch als »type vaseux« und »type pélagique«
bezeichneten bathyalen Typus aufzufassen.[2]

[1] Durch das sogenannte „Détroit morvano-vosgien", eine zwischen Morvan und Vogesen
liegende Meeresverbindung.

[2] d'Orbigny (Cours élém. p. 187, 591, 683) hatte folgende cretacische Becken unterschieden:
a) ein anglo-pariser Becken. b) ein pyrenäisches Becken ohne untere Kreide, c) ein mediterranes
Becken und dieselben irrtümlich als getrennte Meere aufgefaßt.

Wie G. DE GROSMOUVRE und E. HAUG dargetan haben, herrscht aber zwischen dem Hauptgebiete des Großen Mittelmeeres, welches durch das Vorherrschen bathyaler, in tiefen Geosynklinen gebildeter, terrigener, meist mächtiger und einförmiger, nachträglich durch tertiäre Faltungen stark dislozierter Sedimente ausgezeichnet ist, und seinen nördlichen und südlichen Randgebieten (Vorlanden) mit ihren neritischen und litoralen, meist wechselvolleren, weniger gefalteten Bildungen, ein sowohl stratigraphisch, als auch faunistisch und tektonisch ausgeprägter Gegensatz. Das Hauptgebiet dieses Großen Mittelmeeres stimmt im großen und ganzen (vergl. Karte von Grosmouvre[1]) mit dem Gebiete der großen tertiären (alpino-pyrenäischen) Faltungszone überein.

Die Grenzen dieses großen Beckens, welches eine Reihe nördlicher Festländer (Nordatlantischer Kontinent) von südlichen Erdteilen (Afrikano-Brasilianische Masse, Australischer Kontinent, etc.) trennte, lassen sich zur Unteren Kreidezeit von Ostasien bis Zentralamerika und von Nord-Indien über das südliche Nordafrika bis zum nördlichen Südamerika verfolgen[2].

Das Südufer desselben zog von Santa-Fe-de-Bogota in Columbien (4° nördl. Breite) schräg nach Norden durch Colombia und Venezuela nach der Insel Trinidad, um das nördliche Ende des brasilianischen Kontinentes, dann quer durch den Atlantischen Ozean, nördlich der Saharaplatte und südlich des heutigen Atlasgebirges[3] über Nordägypten und südwestlich der Somaliküste, dann wieder südöstlich (Socotora und Christmasinseln) bis gegen Ceylon.

Im Norden lief seine Grenze durch Nordkalifornien, Nordmexiko, das nördliche Texas, durchquerte den Atlantischen Ozean, umspülte das nordatlantische Festland und dessen südöstliche Ausläufer (zentralfranzösische Masse und iberische Meseta[4]) und zog über Südspanien (Guadalquivirgebiet, Valencia) mit einer Pyrenäisch-Iberischen Insel nach Nordwesten am südlichen Rande des mitteleuropäischen Festlandes entlang, über das Rhônebecken (Gard- und Ardèche-Gebiet), Dijon, das südliche Juragebirge, Biel, den nördlichen Alpen- und Karpathenrand, die Donaumündung, die Krim, das südliche Kaspische Meer, Persien, das Ober-Indusgebiet, Zentralasien etc. nach Osten.

Eine Anzahl von Inseln und kleineren Kontinenten ragten aus den Gewässern dieses Meeres; einige zwar nur während eines Teiles der paläocretacischen Periode: solche Inseln waren z. B. 1) ein Teil Westfrankreichs (inkl. des Zentralmassivs), welches sich zur Aptzeit vermutlich vom nordatlantischen Kontinent isolierte;

---

[1] Dr. Grosmouvre, Roches . . . en in Craie supérieure, s. 168 (1901).

[2] Ein Blick auf die Karte zeigt, daß die mesozoischen oberjurassischen und Purbeckzüge des westlichen Europa, sowie die untercretacischen Küstenbildungen NW.-Spaniens (Santander) und Portugals durch die atlantische Küste quer durchschnitten sind, ein Beweis, daß sich zur neocomischen Zeit ein breites Meer im Süden des nordatlantischen Festlandes quer durch das atlantische Gebiet zog.

[3] Das Paläocretacicum besitzt im west- und südmarokkanischen Atlasgebirge (nach Ratze, Gentil und Kilian) eine sehr bemerkenswerte Ausbildung, namentlich im Norden von Fez; auch aus Tunesien hat Pervinquière ausgedehnte Aufschlüsse der Unteren Kreide beschrieben.

[4] Bis zur Zeit der oberen Unterkreidestufe, da sich wohl nachher (Barrême- bis Gaultstufe) die Meseta als Insel von Zentralfrankreich trennte und ein pyrenäischer Meeresarm (Urgonbildungen) sich quer durch Nordspanien öffnete.

2) die spanische Meseta, welche zur Zeit des oberen Barrémien durch eine Meerenge von Zentralfrankreich abgetrennt wurde; 3) eine zentralostpyrenäische Insel, welche wohl mit der hyerischen Masse (Maures und Esterel), Sardinien und Korsika[1] zusammenhing; 4) eine ostungarische Insel (?); 5) dinarische, makedonische Inseln (Makedonien, Südserbien); 6) eine syrische Insel; 7) ein größeres südindisches Festland (mit Ostmadagaskar) -Continent australo-indomalgache- vielleicht mit Westaustralien zusammenhängend; 8) eine Dekkaninsel u. a.

Verbindungen des Großen Mittelmeeres mit den nördlichen und südlichen Meeren wurden durch einzelne Meeresarme hergestellt: sehr hypothetisch ist eine, zur Zeit des unteren Aptien zwischen Südengland und NO.-Frankreich sich öffnende Meerenge (»trouée de la Manche«), welche das Eindringen von *Exogloster* und von einzelnen Pachyodonten wie *Toucasia Lonsdalei* in das südbritannische Gebiet erlaubt haben möchte. Weit gewisser ist die schon zur Jurazeit existierende aber mit dem oberen Portland momentan aufhörende Verbindung des Mittelmeeres mit dem Pariser Becken[1] über die Gegend von Dijon (-détroit Morvano-Vosgien-), welche zur Zeit der Hauterivestufe das Pays-de-Bray nördlich Paris, sowie erst zur Zeit der Barrème-, Apt- und Gaultstufen das südwestliche England und das nordische Norddeutschland und Nordostengland einnehmende nordische Meer erreichte.

Ob über Zentraleuropa (Mitteldeutschland oder Polen?) eine andere Verbindung existierte, welche das Vorhandensein südlicher Formen der Hauterivestufe im norddeutschen Hils und bei Speeton sowie das Auftreten einiger nordischer Gäste im Neokom des Juragebietes, des Pilatus (Schweizer Voralpen) und Südfrankreichs erklären würde, konnte bis jetzt nicht bewiesen werden (siehe unten).

In Mittelrußland kamen zur Zeit des oberen Hauterivien und Barrémien die nach PAVLOW bis dahin momentan getrennten[2] (?) marinen Gewässer des Moskauer Busens mit den krimcokaukasischen Gebieten in Berührung, beide waren zur Portlandzeit über das Gebiet der unteren Wolga schon durch eine Meeresstraße verbunden. Am Ende der Unteren Kreidezeit (Gault) bestand aber nur noch der südliche Teil derselben.

Längs der westlichen nordamerikanischen Küste zog über Kalifornien, Oregon, Vancouver, Brittisch Kolumbien und Alaska nach Norden eine mit dem Mittelmeer verbundene Meeresstraße, welche die Vermengung der Faunen (Mexiko) gestattete.

Mit dem Süden kam das westliche Große Mittelmeer über das Atlantische Gebiet erst gegen Ende des Paläocretacicums (oberer Gault) in Verbindung, wie Vorkommen des marinen Vraconien an der Westküste Afrikas zeigen.

---

[1] Das Vorhandensein von zentralalpinen Inseln zur paläocretacischen Zeit ist, wie unten gezeigt werden wird, zwar wahrscheinlich aber noch unbewiesen.

[2] Die Strandlinien des Cretacischen Meeres längs des Morvanmassives hat neuerdings P'ÁROT eingehend untersucht. Im Norden des Juragebietes zeigt sich die Hauterivestufe bei Avilley und Nods deutlich *transgredierend.*

[3] Obgleich die mächtige Decke der neocretacischen Gebilde in Rußland es nicht gestattet, lenkimalere Angaben über die Verbreitung des marinen Paläocretacicums zu erlauben, scheint jedoch aus paläontologischen Gründen schon zur Zeit der Valendisstufe eine marine Verbindung zwischen Süd- und Nordrußland (Petschoraland) annehmen sein.

Im Osten aber herrschte schon bei Beginn des Neokoms über Ostafrika, Westmadagaskar und Südostafrika (Utenhage) marine Verbindung (s. unten).

Im ostpacifischen Gebiete mischten sich die Gewässer des Mittelmeeres und die Fluten des südlichen Ozeans in einem längs der südamerikanischen Kordilleren von der Magellanstraße (Mischung der Faunen in Patagonien; n. HAUTHAL und FH. FAVRE) durch Chile, Argentinien, Peru nach Columbien und Venezuela bis Mexiko ausgedehnten Meere, dessen westliches Ufer unbekannt ist und das sich vermutlich südlich in der Antarctis fortsetzte.

Faunistisch sind die Gebilde des Großen Mittelmeeres durch das Vorherrschen bestimmter in nördlicheren Gebieten fehlender oder äußerst seltener Faunenelemente wie Lytoceratiden, Phylloceratiden, Lissoceras, Desmoceraten (und *Uhligella*), Pulchelliden, Placenticeraten, Spiticeras und gewisse Paraboplıten unter den Ammonitiden, sowie durch *Durnha*, und *Pygope* u. A. ausgezeichnet, welche aber mit der Apt- und Gaultstufe sich z. T. durch obengenannte Meeresverbindungen auch in anderen Meeren, z. B. in den nordpacifischen und südpacifischen Gewässern verbreiten. Unter den Echiniden ist Enallaster, welcher von Argentinien, Peru, Venezuela, Texas, Portugal, Algerien und Syrien bekannt ist, und vereinzelt zur Gaultepoche von Südwesten her nach England (Blackdown) einwanderte, besonders bemerkenswert. Am bedeutsamsten gestaltet sich die bathyale Mittelmeerfauna zur Zeit der Barrèmestufe, deren eigentümliche Cephalopodenfaunen aus Columbien, Südspanien, den Baleareninseln, Südostfrankreich, der Schweiz, Nord- und Südtirol (Kufstein, Gardenazza), den Karpathen (Wernsdorf), Serbien, Rumänien, Marokko u. a. Orten bekannt sind.

Auf die Bedeutung der in neritisch-zoogenen Sedimenten dieser Provinz vorkommenden Pachyodonten, Korallen und Orbitolinen hat Douvillé bereits aufmerksam gemacht. Die erste dieser Gruppen, welche in den Sedimenten der nördlicheren oder südlicheren Meere durchaus fehlen oder selbst in den mitteleuropäischen Gebieten nur sehr vereinzelt vorkommen (*Toucasia Lonsdalei* im englischen Barrémien), erscheint geradezu gesteinsbildend in der Nähe der Inseln und randlichen Kontinente des Großen Mittelmeeres. Durch *Valletia* stammen die paläocretacischen Pachyodonten von den oberjurassischen Diceratiden ab, welche zur Portlandzeit von England und Nordfrankreich in die südlicheren Teile Mitteleuropas (Hérault und Gard, Echaillon in Südfrankreich, Wimmis (Schweiz), Inwald (Mähren), Griechenland etc. gewandert waren; diese Pachyodonten der Unteren Kreide, deren zahlreiche Formen oben genannt wurden, treten mit Echiniden, Orbitolinen, Foraminiferen und Kalkalgen in zoogenen, meist riffartigen Bildungen auf, welche unter der Bezeichnung von »Urgo-aptien, Urgonfacies« usw. beschrieben wurden. Dergleichen Gebilde sind in Texas, Portugal, den Pyrenäen, Nord- und Ostspanien, der Provence (z. B. bei Orgon), in den Alpen des Dauphiné, von Savoyen, der Schweiz, in Vorarlberg, bei Steildorf, im Bakony, in den Ostkarpaten, in den Donauländern, bei Herakles, im Kaukasus, in der Krim, in Nordpersien, sowie in Algerien, Sizilien und auf Capri und in Zentralmexiko entwickelt; ihr Verbreitungsgebiet füllt also ganz in das Gebiet des Großen Mittelmeeres, zu dessen bezeichnendsten Absätzen sie — den heutigen Koralleninseln in Polynesien nicht unähnlich —

gehören (vergl. Karte I, S. 05). Dieses Mittelmeer erscheint also für die paläocretacische Periode als eine wichtige Einheit; es bildete den Ausgangspunkt der
bedeutenden Cenomantransgression und ward auch ferner in späterer Zeit durch
eine Anzahl wichtiger und bezeichnender Faunenelemente, wie z. B. die neocretacischen Rudisten und Orbituiden und die tertiären *Orthophragmina* und *Lepido-
cyclina* ausgezeichnet.

Gegen Westen zog dieses Becken quer durch das atlantische Gebiet über
Texas und Mexiko bis zum pacifischen Ozean, umflutete eine große zentral-
amerikanische Insel (Antillen) und trennte das nordatlantische Festland vom
afrikanisch-brasilianischen Kontinente. Im Osten zieht sich das Große Mittelmeer
über Italien, Galizien, Rumänien, Serbien, die Krim, das kaukasische Gebiet,
Mesopotamien, Persien[2], Lauristan, Beludschistan, Syrien, Zentralasien (vergl. die
mächtige Schichtenreihe mariner Gebilde von Silakunk, Salt Range, Himalaya, Nord-
indien (bathyale Facies) verfolgen, und erreichte im Norden der südindisch-mada-
gassischen und javanischen Festländer das pacifische Gebiet, stand aber über Ostafrika (Somaliland), die Mozambiquestraße und Westmadagaskar einerseits, über
das Gebiet der südamerikanischen Kordilleren (Peru, Chili, Neu-Granada, Columbien,
Venezuela, Bolivien etc.) andererseits mit dem antarktischen Becken in Verbindung,
welches auch Patagonien (Hatchericeraschichten) und den randlichen Teil
Südostafrikas überflutete[3].

Höchstwahrscheinlich seit dem Beginne der Unteren Kreideepoche, aber ge-
wiß zur Zeit der oberen Hauterive- und Barrèmestufe, setzte ein breiter Meeresarm
(wolgischer Meeresarm) die nördlichen Meere mit dem Mittelmeer über das russische
Gebiet (Rjasan) vom Petschoraland bis Astrachan und die Krim in Verbindung;
diese Verbindung soll nach Pavlow zwar nur eine vorübergehende[4] gewesen

---

[1] Vergl. die Arbeiten von Zaraisky, Paqier, Zujović, Toula, nach welchen Ungeozokükle
in der Czernagora und Dobrudcha und in den Donauländern (Bulgarien) beträchtliche Entwicklung
erreichen. In Rumänien ist das bathyale Barrémien gut vertreten. In Argolis wurde auch Untere
Kreide nachgewiesen, welche in Euboea und Nauplia ebenfalls bathyale Vertreter neben neritischen Gebilden besitzt (Cayeux).

[2] Namentlich sind Unterkreideschichten bekannt aus Persien und am Irmaxee (Orbitolinenschichten) aus Daghestan (n. Abich u. Wyssiogorsky) Afghanistan etc. Das von Nopcsa u. Wett-
hofen entdeckte Vorkommen in Gulaisch am Irmaxee ist nicht Kreide, sondern Dogger, wie
von O. v. den Horst, (Inaug.-Dissert. Halle 1891) dargetan und ebenfalls von Uhlig (N. Jahrb.
1892, II, p. 485) nachgewiesen wurde.

Aus Palästina sind Aptien und Gault beschrieben worden, in Zentralasien besitzt das
Unterocretacicum z. T. die Sandsteinfacies, besitzt aber auch nach Kokes z. T. bathyale Facies.

[3] Marine Untere Kreide ist an der Somaliküste (n. Mayer-Eymar) in Deutsch-Ostafrika,
sowie im südöstlichen Afrika (Trigonien- und Holcostephanusschichten mit Süßwassereinlagerungen von Uitenhage, Aptiensandsteine von Delagoabay) bekannt, sowie im westlichen
Teile von Madagaskar (vergl. die neueren Arbeiten von v. P. Lemoine (Paris 1906)). In Patagonien
besitzen, nach den Aufsammlungen von Hauthal, Hauterivien, Barrémien und Aptien (Oppelia
Nisus d'Orb, etc.) an der norddeutsche Hilsfauna erinnerndes Gepräge. (Mitt. von Herrn Fr. Favre
in Freiburg).

[4] Vergl. A. P. Pavlow, Le Crétacé inférieur de la Russie et sa faune. Nouv. Mém. Soc.
imp. des Natur. de Moscou I, XVI, 2. Moscou 1901. Sämtlichen erreichte M. Pavl. gelangte z. B.
auf diesem Wege in das Gebiet der Krim, wo diese Art auch Karabanch mit *Hopl. Leopoldine*
d'Orb. sp. zusammen vorkommt.

sein; zur älteren Neokomzeit soll nämlich nach der Ansicht dieses Forschers nur
der gegen NO. sich öffnende Busen von Rjäsan existiert haben und zur Zeit des
Aptien erreichte eine nach Süden offene schmale Bucht kaum das Petschoraland,
ohne sich (nach Pavlow) mit dem arktischen Meere zu verbinden. Zur Gaultzeit
blieben die marinen Gewässer auf das Gebiet südlich von Kostroma beschränkt.

Längs des Westrandes des nordatlantischen Kontinentes zeugen marine Vorkommen von einer Vereinigung der Gewässer des Mittelmeeres mit denjenigen
der nordpacifischen Gebiete. Das Vorhandensein untercretacischer Schichten
an den pacifischen Küsten hat bereits Ed. Suess hervorgehoben; ob ein Mittel-
pacifischer Kontinent[1] im NO. von Australien, welches von einer circum-
pacifischen marinen Geosyncline umgürtet wurde, auch zur Zeit der Unterkreide
existierte, ist zweifelhaft, da zwar auf Neukaledonien und Neuseeland kohlenführende,
z. T. kontinentale Bildungen das Paläocretacicum zu vertreten scheinen, aber auch
marine cephalopodenführende Neokomschichten nachgewiesen worden sind. Wahr-
scheinlicher ist es, daß das mittelpacifische Gebiet eine Gegend großer Inseln vorstellte.
Jedenfalls lag weder ein indo-australischer noch ein Gondwana-Kontinent vor.

Über die Ausdehnung des Nordischen (borealen) Meeres liegen noch
wenig Daten vor; hierzu gehörten die Gewässer[1], welche die Yorkshireküste und
die Lofoteninseln bespülten, die skandinavische Masse im hohen Norden umrahmten
und sich im Petschora und nordsibirischen Gebiete über Alaska bis gegen das
nördliche Amerika fortsetzten; aber es erscheint wahrscheinlich, daß das Nord-
meer sich über die Polargegend mit dem nördlichen Teile des ostpacifischen
Meeresarms (Alaska) vereinigte; es dürften diese Zustände aber nicht bis zum
Ende des Paläocretacicums angedauert haben. Ein borealer Typus der
Gaultstufe ist nämlich unbekannt.

Dasselbe gilt von den antarktischen Gegenden: die marinen Gewässer des
südöstlichen pacifischen Ozeans überfluteten Patagonien und standen wahrscheinlich
im Süden mit dem untercretacischen Meere, dessen Absätze im südöstlichen Afrika
(Uitenhage) vorliegen und wohl auch südlich von Australien existierten in Verbindung; diese Südmeer, dessen Fauna Anklänge an die nordeuropäischen Vorkommnisse erkennen läßt (Uitenhage, Patagonien), erreichte aber voraussichtlich die
Polargegend nicht, sondern umspülte vermutlich ein antarktisches Festland.

Die Festländer der Unteren Kreidezeit.

Auf das Fehlen mariner Unterkreide an den atlantischen Küsten, mit Ausschluß von Gibraltar, Marokko und Zentralamerika hat Ed. Suess bereits hin-

[1] Wie Huxley und Haug vermuten.
[1] Auf Borneo ist zwar nur die Gaultstufe entwickelt, aber G. Boehm beschrieb neuerdings aus
Neu-Guinea und den Molukken Schichten mit *Barköinettes* und Cephalopoden, welche der allertiefsten
Unterkreide (Untere Valendisstufe = Berriasien) entsprechen dürften. Auf Neukaledonien stehen
nach Pirotret paläocretacische kohlenführende Absätze an, mit marinen Bänken, in welchen
Holcostephanus und *Desmolléras* auf Hauterive- und Aptstufe deuten. Man kennt in Neuseeland
neben kohlenführenden Sedimenten Crioceras-, Belemnites- und Aucellen-Schichten marinen
Ursprungs. — Immerhin bleibt aber im NO. dieser Gebiete noch Raum für ein ausgedehntes
Festland. Vergl. nach G. Boehm, Geol. Mitt. aus d. indo-australischen Archipel. (Neues Jahrb.
für Min. etc. Bigbl. XXII, 1904.)

gewiesen und sinnreich daraus geschlossen, daß die westliche Fortsetzung de-
Großen Mittelmeeres die Atlantis durchquerte: Ein nordatlantisches Festland
umfaßte das östliche Nordamerika und die »Urmassive« des westlichen Europas,
sowie den größten Teil von Grönland (untercretacische pflanzenführende Schichten in
Westgrönland; mit den marinen *Aucellen*-Schichten in Ostgrönland kontrastierend).
Im Westen begrenzte diese Landmasse ein von Californien über Vancouver nach
Alaska ziehender Meeresarm. Im Süden wurde dieser Kontinent vom Großen
Mittelmeer und seiner westlichen Fortsetzung bespült; in Buchten und am Rande
dieses Festlandes machten sich Transgressionen und Lücken der Schichtenfolge
fühlbar (Texas, nordwestliches Mexiko); vielfach siedelten sich Rudisten und Orbi-
tolinen an.

In Europa ragten beträchtliche Landstrecken aus dem Meere heraus.
Während zur oberen Jurazeit das französische Zentralplateau mit der Bretagne
inselförmig verbunden war, das Meer ganz Westfrankreich bedeckte und wahrscheinlich im Süden über das Languedocgebiet mit der Rhônebucht des Großen
Mittelmeeres in Verbindung stand, bilden jetzt Zentral- und Nordspanien, sowie der
nördliche Teil Portugals mit dem westlichen Frankreich, dem französischen Zentralmassiv, Irland und einem großen Teil Englands bis nach der Epoche der Hauterivestufe einen zusammenhängenden Kontinent[1], der wohl mit der hyerischen
Masse und Korsika zum nordatlantischen Festlande gehörte.

Zur Zeit des Barrémien und Aptien wird aber die iberische Masse[2] durch
einen Meeresarm von der westfranzösischen isoliert und zugleich die westfranzösische
von der englischen vermutlich ebenfalls durch eine Meerenge getrennt.

Gleichzeitig dringen die marinen Gewässer von Südosten her über die limnischen sich östlich über Schleswig-Holstein bis nach Pommern und vielleicht Esthland erstreckenden, auf ein Binnenmeer deutenden Wealdenbildungen des im N.
von Brighton ausgedehnten Gebietes von Hastings und Tunbridge Wells bis
in das südliche England vor[3] (Dorsetshire, Sussex, Wiltshire, Surrey, Kent, Berkshire, Oxfordshire, Cambridgeshire, Norfolk, Suffolk) und verbinden sich zur Aptzeit

---

[1] In der Umgegend von Soria und Logroño (O. von Burgos) zeugen lakustre und brakische
Wealdenbildungen von einer Kontinentalperiode während der unteren paläocretacischen Zeit.

[2] Marine Sedimente des oberen Paläocretacinums (Apt, Urgon) sind in den Pyrenäen,
sowie in der Umgegend von Santander und Bilbao entwickelt; sie erreichten im Westen über
Narbonne und Nimes das Rhônebecken. Eine Lücke mariner Bedeckung zwischen Perpignan
und Barcelona entspricht der westlichen Fortsetzung der hyerischen Masse (Axe des provençalischen Gebirges), welche vermutlich in Form einer Halbinsel dem Zentralgebiet der westlichen
Pyrenäen entsprach. Südlich der Pyrenäen trifft man gut entwickelte marine Unterkreide im
Süden der Provinzen Barcelona, Teruel, Jaen und Valencia (bathyaler Typus), sowie an verschiedenen Stellen Andalusiens (bathyal) bis in der Sierra de Cabras im Osten von Cadix. Im
Norden sind nur die Barrème- und Aptstufen marin entwickelt und es herrscht die Urgonfacies.
gegen Südosten und Süden (Valencia, betische Kordillere) trifft man die bathyale Entwicklung
und es sind auch die untersten Zonen marin ausgebildet. In Portugal sind die von P. Choffat
meisterhaft untersuchten paläocretacischen Ablagerungen nur am Meeressaume zu treffen; sie
zeigen z. T. litoralen und neritischen Charakter und enthalten lakustre Einlagerungen. (Cintra
westlich Lissabon, Westküste südlich von Porto, Südküste bei Tavira.

[3] Vergl. die paläocretacischen, quer durch Süd-England über Haunstanton-Cambridge-
Oxford, SW.-NO. streichenden Aufschlüsse.

über Yorkshire mit dem Nordmeere, wie die Aufschlüsse bei Speeton im NO. von Hull bezeugen. Es treten Aufschlüsse der obersten marinen Stufen (Aptien, Gault) an der Meeresküste sowohl in England als auch auf französischer Seite (Boulonnais, NO. von Boulogne) auf. Das Aptien hat in der Nähe von Le Hâvre Küstenbildungen hinterlassen. Im N. von Paris zeigen die Aufschlüsse im Pays-de-Bray nur erst im höheren Paläocretacicum marine Bildungen.

Der größte Teil Nordamerikas, ausschließlich der pacifischen Westküste (Vancouver, Queen Charlotte's Islands, Californiens [Knoxville-beds]), eines Teiles von Mexiko, Texas und New Jersey, war damals Festland. Im Süden drang jedoch das Mittelmeer bis nach Zentral-Mexiko, woselbst die Schichten vom Tithou zum Gault marin entwickelt sind. In Texas scheint die marine Untere Kreide mit den »Trinity sands« der oberen Aptstufe (mit *Hoplites furcatus* Sow. sp.) zu beginnen und bildet im südöstlichen Teile Nordamerikas eine marine Einbuchtung. Innerhalb dieses Saumes aber finden wir in Nordamerika nur z. T. pflanzenführende kontinentale und Süßwasser-Bildungen der Unteren Kreide (Kootanieschichten, Tuscaloosaformation, Amboy, Raritanclay, Potomacformation etc.).

Der Mitteleuropäische Kontinent[1] begriff die Gebiete der Vogesen, Ardennen, des Schwarzwalds, Hunsrücks, Thüringerwalds, die Böhmische Masse, die Sudeten, Polen und einen Teil Südrußlands. Nach Pavlow's Ausführungen soll zu Beginn der Unterkreide ein zeitweiliger Zusammenhang (über Saratov-Orenburg) mit dem Sinosibirischen Festlande bestanden haben; derselbe verschwand aber wahrscheinlich bereits zur Zeit der Valendisstufe, jedenfalls aber zur Zeit des oberen Hauterivien (und Barrémien), als sich über Simbirsk ein Meeresarm öffnete, der in N.-südlicher Richtung durch ganz Rußland ging, und so zwischen dem borealen Petschorameer und der Krim eine Verbindung herstellte.

Ob über Zentraleuropa, z. B. durch Mitteldeutschland, eine Verbindung mit den nördlichen Meeren bestand, welche das Auftreten einiger gemeinsamen Formen (*Oxynoticeras* [*Garnieria*] etc.) in der Valendisstufe des Dauphiné, des Jura, der Schweiz (Pilatus), Norddeutschlands und Rußlands erklären könnte, sowie das Vorhandensein einer Reihe von Arten der nordischen Provinz im südfranzösischen Hauterivien (*Holcost. psilodiscus* N. u. Uhl. etc.), muß dahingestellt bleiben. Aus dem Vorhandensein von *Cosmoceras rerrucosum* (eine mediterrane Art) im Jura und in Norddeutschland und der eigentümlichen und sehr bezeichnenden *Oxynoticeras*-

---

[1] Marine Gebilde der Unterkreide sind an dem Saume dieses Festlandes anzutreffen; man kennt sie von Bentheim an der holländischen Grenze gegen Osten, häufig gegen N. transgredierend lückenhaft und diskordant auf älterem Gebirge, namentlich im Teutoburger[2] Walde, bei Paderborn, Bückeburg, Hannover, am Deister, bei Hildesheim, Braunschweig, Halberstadt gut entwickelt. Gegen Osten trifft man solche nur in Rußland, der Umgegend von Moskau und Rjäsan wieder. — Geschiebe aus Schleswig-Holstein und Dänemark (n. Stolley, Nehad und V. Maimen) und Bohrungsresultate lassen auf ihr Anwesenheit an verschiedenen Stellen Norddeutschlands (Greifswald) schließen. Im Westen trifft man marines Paläocretacicum am östlichen Rande des Pariser Beckens nördlich bis zur Oise.

[2] Vergl. H. Riedel, Zur Kenntnis der Diskokoelionen, Schichtenablagerungen und Transgressionen im jüngsten Jura und in der Kreide Westfalens. (Jhb. Kgl. preuß. geol. Landesanst. BdX. T. XXVI, p. 101 bis 115.) E. G. Salter and Victor Watson, »De Jurassic, Neocomian and Gault boulders (Geschiebe) geologische Untersuchung«. 2. Heft No 5.

(*Garnieria-*) Formen in der Valendisstufe der Rhônebucht (vereinzelte Exemplare in der Dauphiné), des Juragebietes (Métabief), Norddeutschlands (Musingen bei Bückeburg) und Rußlands, sowie aus dem isolierten Vorkommen einzelner nordischer *Polyptychites* und *Simbirskites* in der Jurakette, am Pilatus und in Südostfrankreich[1] ist jedoch zu schließen, daß zwischen Südeuropa und dem Nordmeere zur Zeit des unteren Neokoms eine direkte Verbindung existierte. Ob diese Verbindung über Schwaben und Mitteldeutschland[2] oder über Polen und Warschau reichte, kann bei dem z. T. vollständigen Fehlen der durch Erosion entfernten untercretacischen Sedimente z. T. auch wegen der transgredierenden Decke neocretacischer Schichten leider nicht entschieden werden. Jedenfalls lassen die Binnenabsätze der Valendis- und Hauterivestufen im N. des Pariser Beckens und die Wealdenbildungen Südenglands eine marine Verbindung mit dem Nordmeere (Speeton) auf diesem Wege zur Zeit des unteren Neokoms als durchaus unmöglich erscheinen: dieselbe kam erst an Ende des Barrémien und während der Aptzeit zustande. — Andererseits ist es kaum anzunehmen, daß sich ausschließlich auf dem weiten Umweg durch Zentralrußland obengenannter Faunenaustausch vollzogen habe; es hat von Koenen dargetan, daß die Schichten des norddeutschen Palaeocretacicums wechselnd größere Ähnlichkeit mit Rußland, bald aber auch mit England und Südfrankreich besitzen.

Eine Finnisch-Skandinavische Masse (Fenno-Skandia), welche während der oberen Jurazeit bereits ein von dem Zentraleuropäischen Kontinente und von dem Sino-sibirischen Festlande ebenfalls durch einen Meeresarm (Warschau-Moskau-Petschoraland) getrenntes großes Land bildete, wurde im N. und W. vom borealen Aucellenmeere umgrenzt, welches in einer südwestlichen Ausbuchtung bei Speeton, in Norddeutschland[3] und Holland fossilreiche Sedimente hinterlassen hat.

Eine Trennung dieser Landmasse gegen das zentraleuropäische Festland scheint östlich von Schleswig-Holstein bereits als Binnenmeer während des unteren Palaeocretacicums[4] angedeutet gewesen zu sein; später und namentlich zur Zeit des Gault bestand über Norddeutschland ein Meeresarm zwischen beiden Kontinenten.

---

[1] Während zahlreiche gemeinsame Arten aus der Hauterivestufe von Speeton, Hannover, Ost- und Südostfrankreich nachgewiesen wurden.

[2] Über Mitteldeutschland scheint diese Verbindung nicht existiert zu haben, da an einer Linie Teutoburger Wald — nördlicher Harzrand, nach v. Koenen, durchweg die Untere Kreide durch Strandbildungen (Sandsteine und Konglomerate) vertreten ist. Auch hat G. Müller im Braunschweigischen deutliche Transgressionserscheinungen der Unteren Kreide beschrieben.

[3] Vergl. das marine Neokom in Helgoland, dessen Fauna durch Danes und neuerdings durch v. Koenen bekannt geworden ist.

[4] Bei Brzizie unfern der Weichsel in der Nähe der Provinz Posen sollen nach Hausmann (1903) durch Bohrungen marine Schichten mit *Exogyra* cf. *Couloni* nachgewiesen sein, welche auf Sandsteinen und Konglomeraten liegen, deren Liegendes brackische Cyrenen und *Cypris* führende Sedimente bilden (Valendisstufe?) und vom Purbeck unterteuft werden. Bei Greifswald und an anderen Orten haben ebenfalls verschiedene Funde gezeigt, daß südlich von Skandinavien über Dänemark und Bornholm bis Estland bereits zur älteren palaeocretacischen Zeit eine der heutigen Ostsee nicht unähnliche Senke existierte, in welcher sich zuerst nichtmarine Wealdenbildungen, später und namentlich zur Gaultzeit marine Schichten absetzten. Vgl. E. G. Skeat und V. Madsen: On Jurassic, Neocomian und Gault boulders (Dan. geol. Under. 2. R. No. 8) und Stolley, Neokomgeschiebe Schleswig-Holsteins.

Im Norden der Skandinavischen Masse herrschte zur Zeit der Valendis- und Hauterivestufe ein *nordisches Meer*, dessen marine Bedeckung auch Alaska, Spitzbergen und Nordsibirien, Novaja-Semlja, den Westen von Grönland erreichte und sich bis zur pazifischen Küste Nordamerikas erstreckte.

Jedenfalls zerfiel das mitteleuropäische Festland gegen Ende des Palaeocretacicums in mehrere Inseln; z. B. existierten eine südrussische und eine ungarische Insel zur Gaultzeit.

Im Süden grenzte dieses Festland an das große Mittelmeer [1], welches damals das Gebiet der Alpen, des Bakony und die Karpathen umfaßte; Rudistenkolonien und Orbitolinen (vergl. oben, Karte I), sowie die klastische Flyschfacies des Karpathensandsteins werden vielfach an diesem Saume angetroffen.

Im Süden der mitteleuropäischen Masse ragten große Inseln aus dem Mittelmeere empor; es sind das namentlich:

1. Das Sardinisch-korsische Festland (Tyrrhenis), zu dem auch die Hyerische Masse in Südfrankreich gehört zu haben scheint, an dessen nördlichem Rande die reichen untercretacischen Urbildungen von Escragnolles sich absetzten und deren westliche Fortsetzung südlich von Perpignan (grobklastische Breccien unter den Urgonbildungen) die Pyrenaeen erreichte und nur während der unteren Neokomzeit südöstlich mit Spanien in Verbindung stand.

2. Ob die Zentralalpen ebenfalls im nördlichen Teile des Mittelmeeres eine oder mehrere kleinere Inseln bildeten, südlich welcher im Gebiete der Trientiner und Veroneser Berge und im Appennin halbyale Absätze (*Biancone*, *Majolica* etc.) zur Bildung kamen, ist kaum wahrscheinlich, obgleich in manchen alpinen Zonen und in einem Teile der »Préalpes« das Palaeocretacicum vollständig zu fehlen scheint; daraus könnte bei Annahme der Überschiebungsdecken- und Schubmassentheorie sowohl in der Schweiz, als auch in den Ostalpen geschlossen werden, daß ein Teil der »Préalpes« und ganze Gebiete, z. B. die Zone der Kalkschiefer (»Schistes lustrés«), deren ursprüngliche Lage beträchtlich südlicher als die heutige zu suchen ist, zur Zeit der Unteren Kreide keine Sedimente enthielten und also vielleicht trockenliegenden Inseln entsprachen. Es muß aber auch der mächtigen Abtragung Rechnung getragen werden, welche die zentralalpinen Falten und »Wurzeln« erlitten, sowie auch des Umstandes, daß sich die Unterkreide unter oft sehr beirrenden Faciesverhältnissen, wie z. B. im Praettigau [2] zeigen kann; somit darf eigentlich nichts gewisses über diese Frage behauptet werden. Tatsächlich sind litorale oder klastische Gebilde, welche auf naheliegende Küsten hin-

---

[1] Gegen Süden begegnet man marinen Vertretern der unteren Kreide im Süden des Isère-Départements (Avilley), im Dieler Jura, am Alpensaume, von Genf bis Vorarlberg, Kufstein, Salzburg, in den Karpathen, deren freilich übergeschobene Massen, Neocomschichten aufweisen Brakiden und in Siebenbürgen (Flyschfacies)). Über Siebenbürgen, Moldau, die Krim, den Nordabhang des Kaukasus, Ostrußland (klastische Sandsteine) setzten sich nach N. transgredierende Sedimente ab. Savastos (Arch. Soc. Sc. de Jassy. 1905–1906) hat in der Moldau pflanzenführende Sandsteine und Schiefer des Neokom und Barrémien beschrieben.

[2] Die von Lorenz beschriebene „Tristelbreccie", sowie Breccien mit Diploporen (*D. Mühlbergi* Lor.) und Orbitolinen (*O. lenticularis* Gras), welche als Einlagerungen in den „Bündner Schiefer" im paläocretacischen Alter eines Teils dieser Schiefer bekunden.

weisen könnten, bis zum Anfange der Gaultzeit (bezw. bis zur oberen Aptstufe) in den französischen und Schweizer Alpen nirgends zu beobachten und es scheinen sich, wenn man die durch Überschiebungs- und Deckenbildung bedingten beirrenden Verhältnisse in Rechnung stellt, überall von N. und NW. nach S. und SO. die faciellen Zonen folgendermaßen aneinanderzureihen: a) eine Zone mit helvetischer, neritischer Facies, welche wohl durch die Nähe des nördlich vorgelegenen Zentraleuropäischen Festlandes bedingt wurde; b) eine Übergangszone mit z. T. bathyaler und neritischer Ausbildung; c) eine Zone bathyaler Facies; d) ein Gebiet der Erosion, in welchem cretacische Schichten abgetragen wurden und über dessen Facies-bedingungen wir überhaupt nichts wissen; es umfaßt dieses letzte Gebiet namentlich die »Wurzelregionen« der nordalpinen Schubmassen. Über das Verhalten einiger autochtoner Zentralmassive wie Pelvoux, Berner Alpen etc. zur palaeocretacischen Zeit fehlen uns übrigens bestimmte Anhaltspunkte infolge der Erosion der Kreidesedimente gänzlich. Jedenfalls aber erreichten die trockenliegenden Gebiete der Alpenregion, falls solche existierten, keine bedeutende Ausdehnung.

3. Auch eine Ungarische Insel (Theißgebiet) ist anzunehmen, obgleich in der Nähe bis zum Bakonyerwald Urgon und bathyale Barrêmestufe, im ungarischen Mittelgebirge (nach Hofmann) neokome Mergelkalke und Sandsteine und im Véslesgebirge marines Barrémien (nach Taeger) nachgewiesen wurde.

4. Eine balkanisch-kleinasiatische Masse[1] erstreckte sich durch Kroatien, Bosnien, die Türkei und einen Teil der Balkanländer zuerst als eine schmale, NW. von Laibach endende Halbinsel, welche sich nach SO. verbreiterte und sich, mit Ausschluß von Griechenland (marines Palaeocretacicum bei Nauplia, Neokomsandsteine auf Malta etc.) südlich vom schwarzen Meere an Kleinasien und Arabien anschloß. In Syrien und am roten Meere fehlen Sedimente der unteren Kreide vollständig.

5. Dem zentralen Teil des Kaukasus soll ebenfalls nach gewissen Autoren eine durch die sandig-neritische Ausbildung des Neokoms angedeutete Insel (?) (kaukasische Insel) entsprochen haben.

6. Ein großer Sino-Sibirischer Kontinent bis zur Zeit des Aptien vom Skandinavischen Erdteil durch einen Meeresarm (Kaspisches Meer — Petschoraland — Novaya Semlja — Arktisches Meer) getrennt, umfaßte einen großen Teil Asiens mit Einschluß der Gebiete von Kamtschatka, Korea, Japan und China, in welchen palaeocretacische Sedimente unbekannt sind, aber mit Ausschluß des nördlichen Sibiriens einerseits und des ganzen südlichen Zentralasiens andererseits (Nordindien, Afghanistan, Persien etc.) Es wurde dieses Festland im N. durch das boreale Meer und im S., durch das große, der heutigen Faltungszone des Himalaya ungefähr entsprechende große Mittelmeer begrenzt, welches ebenfalls Nordindien bedeckte.

7. Ein Afrikanisch-brasilianisches Festland[2] umfaßte auch Süd-

---

[1] Vergl. Literatur bei Toula (Intern. geol. Kongreß, Wien 1903).

[2] An westlichen und nordwestlichen Saume dieses Kontinentes lagerten sich marine fossilreiche Absätze ab, welche seit langer Zeit durch die Untersuchungen von Leopold von Buch

amerika mit Ausschluß der Kordilleren und Patagoniens, Nordafrikas (inkl. Marokkos) und einer Landstrecke am südöstlichen und östlichen Saume Afrikas (fossilführende marine untere Kreide an der Somaliküste, im Norden von Mozambique und in West-Madagaskar) und erstreckte sich quer durch den südlichen atlantischen Ozean. Diese Zustände veränderten sich jedoch gegen Ende der Gaultzeit in beträchtlichem Maße, wie die Absätze an der westafrikanischen Küste bezeugen, welche mit dem oberen Gault (Inflatusschichten) beginnen, unter welchen aber älteres marines Palaeocretacicum fehlt.

8. Ein Zentralamerikanisches Festland, welches ebenfalls die Antillen umfaßte[1], erhob sich aus den Fluten des westlichen großen Mittelmeeres.

9. Im Osten der Meeresenge von Mozambique lag ein Indo-Madagassischer Kontinent, welcher einen Teil Südindiens (Dekkan), das östliche Madagaskar und einen Teil Australiens umfüllte. Am südöstlichen Rande dieses Indo-Madagassischen Festlandes, welchem Australien, mit Ausschluß des Gebietes im S. und SW. des Carpentariagolfes angehörte, lagerten sich die »Rollingdown beds« (mit kohlenführenden Schichten) von Queensland und New South Wales ab, mit Aucellen, Crioceraten und Belemniten, und Schichten mit *Parahoplites Daintreei* Etheridge sp. der Aptstufe[2]. Daß dieser Kontinent mit dem Festlande von Ostmadagaskar zusammenhing, ist als wahrscheinlich zu betrachten. Es wurde südlich vom antarktischen Neokommeere umspült.

---

d'ORBIGNY, KARSTEN, STROMBERG, STOLLENZR u. a. bekannt waren und in letzter Zeit durch GERHARDT, PAULCKE, BURKHARDT, HAUPT näher bearbeitet wurden; es sind dieselben in Colombia, Argentinien, Neu-Granada, Chile entwickelt. — In Patagonien gehören die von STANTON beschriebenen Hatchericeras-(= *Lapaldia*-) Schichten mit großen Austern, trotz der Ansicht verschiedener Fachleute, vermutlich zur Unteren Kreide. Nach den Mitteilungen von Herrn F. FALCK (Freiburg) und den Aufsammlungen HAUTHALS kommen in Patagonien im Nordosten von Punta-Arenas und der Magellanstraße Schichten mit zahlreichen untercretacischen Ammoniten vor, unter welchen wir zahlreiche Hopliten (*Cornivolougruppe*), *Leopoldia*, *Neocomites*, *Himalayites* (?), *Crioceras* (*Cr. cf. Bowerbanki* SOW., *Cr. cf. Duvekmanni* G. BÖHL.), *Oppelia cf. nimbra* SOW. var. und *Bel*. (*Cylindroteuthis*) cf. *subquadratus* A. RÖEM. erkennen konnten. Diese Fauna zeigt, trotz eines sehr eigentümlichen Gepräges, interessante Anklänge an die Hilsfauna Norddeutschlands. Es ist außerdem wahrscheinlich, daß eine antarktische marine Verbindung zwischen diesen Gebieten, Südafrika, Ostindien und Australien vorhanden war.

Auch an der Magellanstraße sind seit langer Zeit Neokomschichten nachgewiesen worden.

[1] Auf diesem Kontinente bildeten sich Binnenseeen, welche uns zahlreiche nichtmarine Absätze hinterlassen haben, welche in Zentral-Nordamerika, in Virginien, Potomac, Maryland, Kansas, Montana, nördlich von Texas unter verschiedenen Bezeichnungen (Tuscaloosaformation, Kootanie, Magothyformation (Darton), Potomacformation etc. bezeichnet worden sind). — Es enthalten diese Bildungen Binnenmollusken (*Unio Douglassi* STANT., *Vivipara montanensis* STANT., *Goniobasis Ortmanni* STANT., *Campeloma harlowtonensis* STANT.) und Pflanzenreste, welche besonders in der Potomacformation eine reiche, von LESTEN, WARD, FONTMANTEL und FONTAINE untersuchte, durch das Erscheinen der Angiospermen gekennzeichnete Flora enthielten (ca. 800 Arten).

In Canada erscheinen aber Anzeichen einer marinen Bedeckung, so z. B. enthalten zu unterst der Kreideformation, nach McCONNELL, mächtige dunkle Tonschiefer mit Sandsteinbänken: *Desmoceras affine* WHIT., *D. affine* var. *glabrum* WHIT., *Hoplites canadensis* WHIT. Diese Coloradoschichten gehören vermutlich zur Unteren Kreide. Zu erwähnen sind ebenfalls die Peace River und Athabasca-Sandsteine (*Desm. athabascense* WHIT., *Hoplites McConnelli* WHIT.

[2] Eine Überflutung Westaustraliens durch die Gewässer des Aptmeeres, welches schon NEUMAYR befürwortete, wird von einer Anzahl von Fachleuten angenommen.

Das Javanische Festland, dem auch ein Teil von Hinterindien (Malakka, Siam) angehörte, scheint ebenfalls zur Unteren Kreidezeit existiert zu haben; aus Borneo ist nur die Gaultstufe bekannt. Über die Hypothese eines pacifischen Kontinentes haben wir uns bereits oben (p. 97) ausgesprochen.

Zur Zeit der obersten Aptstufe erstreckten sich transgredirend die Meere auf einen Teil der eben aufgezählten Festländer und mit der Gaultzeit wurde das Übergreifen noch ausgeprägter, um noch später, mit der Cenomantransgression (Mittlere Kreide) seinen Höhepunkt zu erreichen.[1]

Verschiebungen der Strandlinien während der Unteren Kreidezeit.

Die Regressionen und Transgressionen der Unteren Kreide.

Wenden wir uns jetzt den wesentlichsten Regressions- und Transgressionserscheinungen zu, welche während der Palaeocretacischen Zeit zur Geltung kamen und betrachten wir dieselben in ausführlicherer Weise.

In den Meeren der obersten Jurazeit konnten in bezug auf die faunistischen Verhältnisse, von NEUMAYR, E. HAUG u. a. mehrere »Provinzen« unterschieden werden; es sind das nach den neuesten Untersuchungen:

1. Eine »Wolgische Provinz« zu welcher der ostenglische und russische Oberjura gehörten und deren Formen (Perisph. Bleicheri etc.) sich vereinzelt in dem westlichen Teile Hinterindiens (Kutsch) und bis Madagaskar (Virgatites, Cylindroteuthis) zeigen.

2. Eine »portlandische Provinz« erstreckte sich über Südengland, Nordfrankreich, Hannover, das Juragebirge und Westfrankreich; es ist dieselbe durch besondere Typen (Stephanoceras gigas v'ORB. sp., St. portlandicum n'ORB. sp. etc.) gekennzeichnet, zu denen sich in den nördlichen Gegenden (Boulonnais etc.) einzelne wolgische Formen und namentlich Virgatiten gesellen. Gegen Ende der Periode nimmt die brackische und lakustre Facies Überhand.

3. Südeuropa gehörte zum großen Teile der sog. »lithonischen Provinz« an, deren bathyale Absätze mit Perisphincten, Idoceras, Hopliten, Neumayria, Oppelia, Waagenia, Simoceras, Phylloceras, Lytoceras, flachen (Notocoelen) Belemniten (Duvalia) und Pygope durch randliche zoogene Gebilde mit Heterodiceras, Nerineen. Iterien etc. umsäumt sind und durch Übergangsschichten mit den ähnlichen Gebilden der tiefsten Unterkreide verbunden sind. Dieser Tithontypus läßt sich bis nach Mexiko verfolgen (hier mit Mengung einiger wolgischen Arten wie Astella Philosi KILIAN, Craspedites, Virgatites mexicanus BURCKH. etc.) und ist auch in Chile, Argentinien[2], Tunesien nachgewiesen worden. In Europa herrscht der tithonische

---

[1] Vergl. n'ORBIGNY, Cours élém. etc. p. 693.

[2] Einen etwas abweichenden, an die indopacifische Provinz (Himalayites etc.) mahnenden und ein Gemisch sog. »borealer«, gemilderter und tropischer „Elemente" mit westeuropäischen und einzelnen südafrikanischen Formen (HAUPT) aufweisenden Charakter zeigen die von STEUER und neuerdings von HAUPT aus Argentinien beschriebenen Schichten. BURCKHARDT hat in Mexiko (Sierra de Mazapil) oberen Jura mit einem höchst interessanten Gemisch tithonischer und wolgischer Formen beschrieben; der indopacifische Hopl. Wallichi GRAY. kommt dort ebenfalls vor.

Typus in den Alpen, Appenninen, in den Karpathen, Balkanländern, der Dobrudscha, der Krim, im Kaukasus und in Andalusien allgemein vor.

4. In der Himalayagegend und in Neu-Guinea etc. scheint ferner eine indopacifische Provinz zur oberen Jura- und untersten Kreidezeit existiert zu haben; nach den Untersuchungen von V. Uhlig über die Faunen der Spitischichten und von G. Boehm über Neu-Guinea war diese Provinz zur Zeit des Tithons durch eine Reihe von Cephalopodentypen (*Himalayites, Blanfordia*, [*Hoplites* (*Blanfordia*) *Wallichi* Grat), *Streblites* etc.) und schon zur Zeit der Oxfordstufe durch die Entfaltung gewisser Sippen, wie z. B. der an *Macrocephalites* sich anschließenden Formenreihen, *Belemniten* aus der *Gerardi*-Gruppe, *Inoceramen* etc. ausgezeichnet und ihre Leitformen verbreiteten sich bis nach Mexiko und Argentinien.

Es entspricht diese Schlußperiode der Jurazeit im westlichen Nordamerika einer Epoche gebirgsbildender Vorgänge (Nordamerika, pacifische Küste, Sierra Nevada, Coast Ranges und Kalifornien); in den andern Gebieten einer Zeit der Transgression (tithonische Transgression (Haug), wolgische Transgression), in Mitteleuropa einem Regressionvorgange (»Régression portlandienne«), welch letztere mit der obersten Portlandstufe ihr Maximum erreichte. Die beiden letzteren Erscheinungen sollen nach de Grossouvre's Ansicht auch im oberen Jura wie in anderen Momenten gewissermaßen ausgleichend gewirkt haben und, wie bekannt, sollen sich dieselben nach Haug abwechselnd in den Geosynclinen und in den seichteren Gebieten (Plateformes continentales) abgespielt haben.

A. Der Übergang der Juraformation zur unteren Kreide

hat sich in den verschiedenen Teilen Europas wesentlich in dreifacher Weise vollzogen:

1. Marine Sedimente folgen ohne Unterbrechung den marinen Absätzen des Tithons; in diesen, auf das alpin-mediterrane Gebiet beschränkten Regionen ist zwischen Jura und Kreide keine scharfe stratigraphische Grenze zu ziehen.

2. Ein Rückzug des Meeres zur obersten Jurazeit bedingt lakustre und brackische Übergangsschichten, z. T. mit verkümmerten Heliktenfaunen von jurassischem Gepräge. Darüber, und nach mehrfachen Oscillationen, setzten sich bei der Wiederkehr des Meeres marine Schichten (derselben Provinz) mit anderer (palaeocretacischer) Tierwelt ab.

3. Auf marinen oberen Juraschichten einer Provinz folgen nicht marine Absätze und darüber wieder marine, von der Invasion der Fluten einer anderen Provinz herrührende Sedimente. Dieser letzteren Ausbildung entspricht der schärfste Wechsel zwischen oberjurassischen und untercretacischen marinen Faunen.

Der Schluß der Jurazeit entspricht wie gesagt in einem großen Teile des nördlichen Europa und in Mitteleuropa einem starken Rückzug (Regression) der Meere nach Süden und Osten, welcher z. T. beträchtliche Trockenlegung, z. T. auch Entstehung großer Seen, Lagunen und Binnenseen vom Ostsee- und caspischem Typus zur Folge hatte (Südengland, Nordwestdeutschland, Pariser Becken, Jura, Charente-Gebiet, Nordspanien [Logroño]). Es stammen von dieser Schlußperiode der Jurazeit Absätze limnischer und brackischer Natur, sowie Mündungs-(Ästuarial)-Sedimente (Boulonnais) und sogar, wie in Belgien und Nordfrankreich Kontinentalbildungen, welche z. T. bis in die untere Kreide andauern. Das englisch-pariser Becken und ein großer Teil des Juragebietes waren durch große Süßwasserseen eingenommen.

Im Gebiete des großen Mittelmeeres hatten sich zur Kimmeridge- und Portlandzeit die zoogenen und corallogenen Riffbildungen bis in den südlichen Jura und in die Nähe der Alpen zurückgezogen (Echaillon bei Grenoble, Wimmis [Schweiz], Inwald in Mähren, etc.); weiter südlich lagerten sich bathyale Absätze (Tithonkalke) von großer Eintönigkeit ab.

Im Norden herrschte von der NO.-Küste Englands (Yorkshire) an, ein nordisches Meer, welches um das skandinavische Festland herum Nord- und Zentralrußland erreichte, das sich nach Osten gegen Sibirien und Alaska erstreckte und dessen transgredierende Sedimente zur Zeit der Portlandstufe (wolgische Transgression) sich in manchen Gebieten des Ostens und in Nordsibirien übergreifend auf ältere Schichten ablagerten.

Zwischen diesen beiden marinen Gebieten spielten sich eine Reihe kontinentaler und limnischer Episoden ab, welche sich z. B. in NW.-Deutschland nach Hannoer folgendermaßen gestalteten: Am Ende der Jurazeit erfolgte[1] im Gebiet des Wesergebirges ein Rückzug des Meeres, durch den isolierte Seebecken abgeschnitten wurden, in denen das Wasser starker Verdunstung ausgesetzt war. Die Fauna verkümmerte allmählich und mit zunehmender Konzentration der Minerallösungen erfolgte ein Niederschlag von Gips[2] und Steinsalzablagerungen, sowie die Bildung der weit verbreiteten Pseudomorphosen nach Steinsalz in den fossilarmen Münder Mergeln. Über letzteren stellen sich im Gebiet von Bückeburg mächtige, oft stark bituminöse, auch wohl mergelige Thone und Blätterthone des unteren Wealden ein mit zwischengelagerten Toneisensteingeoden und einer brackischen, aus Cyrenen und Melanien bestehenden Fauna.

Der Charakter dieser Fauna, sowie das Vorhandensein von großen Mengen von Bitumen und Eisenoxydulkarbonat lassen, nach Hannoer, darauf schließen, daß sich stagnierende Ästuarien mit ausgesüßtem, wenig bewegtem und darum sauerstoffarmem Wasser gebildet haben müssen. Es erfolgte darauf eine Ablagerung von Sanden (Sandstein des mittleren Wealden) und eine stellenweise Verlandung des Gebietes, so daß sich eine Vegetation ansiedeln konnte, die zur Bildung der jetzigen Steinkohlenflötze Veranlassung gab. Auf die autochtone Entstehung derselben weisen die von Hannoer unter den Kohlenflötzen im Sandstein wiederholt beobachteten senkrechten Röhrichtwurzeln hin.[3] Vom Ästuarium her fand dann gelegentlich eine zeitweilige Überflutung der Vegetationsflächen (Moore) statt und brachte Conchylien, Saurier und Fische mit sich, deren Reste

[1] Vergl. Hannoer, Jahrb. der k. preuß. Landesanstalt 1905, und v. Koenen: Über das Alter des norddeutschen Waelderthones, l. c. S. 310.

[2] J. Schlüter: Jurabildungen der Weserkette bei Lemförde und Dr. Oldendorf, Jahrb. der kgl. preuß. geol. Landesanstalt 1901, 25, S. 90.

[3] H. Potonié, Zur Frage nach den Ur-Materialien des Petroleus, Jahrb. d. königl. preuß. geol. Landesanstalt 1904, 25, S. 365.

häufig in der »Dachplatte« der Flötze zu finden sind. Aus der Wiederholung dieser Vorgänge läßt sich die Entstehung der verschiedenen Flötze erklären. Über den Kohlenflötzen folgen wiederum 200 m bituminöse Thone mit eingelagerten Bänken von Thoneisensteingeoden. Das Asturium hat das Terrain dauernd überflutet und bringt die mächtigen, faulschlammartigen Thone zur Ablagerung. Nach oben hin nimmt der Bitumengehalt ab, die Humussubstanzen werden durch sauerstoffreiches Wasser oxydiert.

Ähnliche Vorgänge spielten sich vermutlich längs des Randes einer großen, sich von Südengland bis Esthland über Dänemark erstreckenden Senke ab, welche zu Beginn der unteren Kreidezeit ein einheitliches Binnenmeer oder mehrere Binnenseen einnahmen.

Von den eben geschilderten Bildungen entsprechen Munder Mergel und Serpulit noch der Portlandstufe, während die darauffolgenden Wealdenschichten dem Beginn der Unterkreide angehören (untere Valendisstufe); darauf schließen sich unmittelbar marine Sedimente (mittlere Valendisstufe) des nordischen Meeres an.

Im pariser Becken und in Südengland erfolgte die marine, hier von Süden oder Südwesten (?) herkommende, Überflutung erst später, zur Zeit der Hauterive- und Barrêmestufen.

In Südwesteuropa[1] sehen wir in Portugal sich folgende Ereignisse abspielen, welche an die gleichzeitigen oberjurassischen Regressionsvorgänge in Westfrankreich, Nordfrankreich und Hannover erinnern und denen zur Zeit des tiefsten Palaeorretacicums positive Bewegungen der Meere folgten: Mit dem oberen Lusitanien (Kimmeridge) beginnt ein allgemeiner Rückzug des Meeres, der sein Maximum in der Unterkreide erreicht. Unweit vom Ostende der Arrabida machen sich die Spuren einer Küste geltend, die bis in die Unterkreide und darüber hinaus bestanden haben muß. Die Gegend nördlich vom Tajo war durch ein ostwestlich gestrecktes Korallenriff geteilt, doch war die Fauna noch gleichmäßig marin oder brackisch, vielleicht mit Ausnahme einzelner Punkte, wie der Gegend von Cintra mit echt mariner Rudisten-Fauna, die aber nach Norden rasch verschwindet. Hier treten in der Unterkreide der Gegend von Torres, sowie bei Hellas, WNW. von Lissabon mächtige Sandbildungen auf, die bei Cercal neben brackischen Mollusken die ältesten europäischen Dicotyledonen führen. Noch weiter nördlich fehlen neocome Ablagerungen vollständig. Im nordwestlichen Spanien (Logroño) weisen mächtige Wealdenbildungen auf kontinentale und lakustre Verhältnisse. Aber diese Hebungsperiode war von kurzer Dauer, es greift eine vom Cap Mondego ausgehende, marine Versandung allmählich um sich, der im oberen Cenoman ein rapides Übergreifen des Meeres folgt. Es erscheinen detritus-freie, weiße Kalke mit Zweischalern, Schnecken und Cephalopoden, ferner Rudistenkalke. Die Grenzlinien der Facies laufen von NNW. nach SSO., und es zeigt sich, daß dem alten Festland zunächst Thone, dann kreidige Kalke und dann erst weiter außen Rudisten-Hilfkalke abgelagert wurden. Betreffs des provinziellen Charakters der Faunen ist zu bemerken, daß im Gebiete nördlich vom Tajo eine Mischung von nördlich gemäßigten und äquatorialen Typen bemerkbar ist, wo-

---

[1] Vergl. die Untersuchungen von Sharpe, Ribeiro und namentlich von Choffat.

gegen diese letzteren weiter im Süden, in Algarve, viel stärker hervortreten. Das Vorkommen der alpinen Fauna in Ablagerungen litoraler Entstehung zeigt, daß diese Fauna nicht ausschließlich an große Meerestiefen gebunden ist, vielmehr an die südliche Lage.

Im Bezirke des Großen Mittelmeeres und namentlich in der alpinen Region, folgen auf die oberjurassischen Tithongebilde, meist ohne wesentliche Facies-veränderung, die marinen Absätze der tiefsten unteren Kreide, um sich ohne Unterbrechung zuweilen bis zur mittleren und oberen Kreide fortzusetzen. Nur in randlichen Gebieten treten wechselvolle neritische Schichten auf (Juragebirge, Karpathen etc.). Es lassen sich gegen Osten ebenfalls Schichten des marinen unteren Neocoms in der Krim und in der Himalayagegend (Spitishales, Saltranges) nachweisen.

Die wolgische, durch Aucellen charakterisierte Transgression, welche mit dem oberen Jura beginnend, während des ersten Abschnittes der unteren Kreidezeit andauerte, läßt sich weithin verfolgen: Dem späteren, ebenfalls transgredierenden Gault nicht unähnliche, phosphoritreiche Sedimente, meist von dunkler Färbung, setzten sich zur Zeit des Portlands im Bereiche des wolgischen Meeres ab, sie erweisen sich reich an Cephalopoden (*Virgatites, Oxynoticeras, Craspedites* etc.), enthalten meist wenig Gastropoden und Brachiopoden, aber sie führen in großer Menge die bezeichnende Pelecypodengattung *Aucella* (wie später die Bildungen des Gault und der Kreide *Aucellina* und zahlreiche Inoceramen), welche sich noch in mehreren Zonen des Palaeocretacicums[1] fortsetzt. Solche aucellenführende Schichten des oberen Jura (Volgien, Aquilonien) sind nicht nur aus Rußland an den Ufern der Moskwa, sondern auch aus den östlichen Küsten des pacifischen Ozeans (Kalifornien, Mariposaschichten der Sierra Nevada), Mexiko (Sierra de Mazapil), den Aleuten, Alaska etc. bekannt, sie reichen nach Süden bis zum 22. Grad nördlicher Breite (San Luis de Potosi) und zeigen daselbst eine bemerkenswerte Vermengung wolgischer (*Aucella* [*A. Pallasi* KEYS. = *Anc. mosquensis* v. BUCH (non KEYS. non LAH.)], *Virgatites, Polyptychites, Craspedites*) und tithonischer (*Lytoceras, Phylloceras* etc.) Formen.

Diese vermutliche Verbindung zwischen russischem und pacifischem Gebiete mag durch das nördliche Polarmeer stattgefunden haben. Auch in Europa wanderten von der Oxfordzeit an einzelne nordische Aucellentypen (*A. impressae* QU.) nach Süden bis nach Schwaben, bis in das Tithon von St. Veit bei Wien, und bis zu verschiedenen anderen Punkten.[1]

[1] In der tieferen unteren Kreide kennt man Aucellen aus weit entfernten Gegenden, z. B. aus den Lofoteninseln (*Anc. Keyserlingi* LAH. auf Andö), Alaska, Sibirien, Novaya-Semlya (*Anc. piriformis* LAH.), König Charles Land, Jamesons Land, Grönland, dem Kaukasus (A. COQUAND, PÜSS.), der Krim (nach BOBRASCK), Manglschlak und sogar aus Peru. — Aus der Gaultstufe sind zu nennen: *Aucellina caucasica* ABICH sp. aus dem Kaukasus, *Anc. brasiliensis* WHITE aus den Sergipe-Schichten Brasiliens, etc. — Über Verbreitung, Synonymik und Literatur der Aucellen, vergl. die neueste Abhandlung von PAVLOW: Enchainement des Aucelles et Aucellines du Crétacé russe. (Nouv. mém. Soc. Impér. des Natur. de Moscou, t. XVII, 1., 1907.)

[1] Vergl. die diesbezüglichen Ausführungen von POMPECKJ und PAVLOW.

In Rußland drang diese Transgression von NO. über Kostroma (Rjäsanhorizont, Schichten mit *Craspedites stenomphalus* Pavl. etc.), Tver, Moskau, Rjäsan, Orenburg, Samara, Alatyr bis nach Simbirsk und vielleicht bis in das kaspische Randgebiet des Mittelmeeres vor. Auch bei Mangischlak zeugen Aucellen von derselben Überflutung. Gegen NW. erreicht die tiefere untere Kreide die Lofoteninseln und die Ostküste von England (Yorkshire), gegen W. das nordwestliche Deutschland (über Polen?). In Asien findet man die Spuren dieser Transgression am unteren Laufe des Obi (sie erreicht im S. 63 Grad nördlicher Breite), in einem Teile Nordsibiriens, namentlich in der Halbinsel Taimyr und bis zum unteren Jenissei und zur Jana, im Gebiete des Amurflusses (direkt auf Trias ruhende Aucellenschichten!) und der Burria; nach Lahusen erreichte sie auch Spitzbergen und Ostgrönland (in Westgrönland zeugen dagegen pflanzenführende Schichten von einer Emersion). Dasselbe Meer verschonte zwar wahrscheinlich noch den arktischen Teil Nordamerikas und das Gebiet des Cap Farewell, erstreckte sich aber nach Stanton über die Aleuten, Alaska, Queen Charlotte Islands, Britisch Kolumbien, Kalifornien (Knoxville-Beds, Mariposa Beds), New Mexiko (Kootanie Series), Washington, Oregon etc. bis nach Mexiko (*Aucella Pallasi* Keys. *var. plicata* Lah. — *Auc. regona* Finch. etc.). Ähnliche aucellenführende Gebilde sind aus Neu-Kaledonien (mit *Virgatites?*) und Neu-Seeland bekannt, und in SO.-Afrika zeigt die ebenfalls Aucellen enthaltende Uitenhageformation, daß zur Zeit des tieferen Palaeocretacicums wolgische Formen bis in das indopacifische Gebiet und in die südliche Halbkugel gelangt sind, aber eigentümliche Trigoniengruppen, welche ebenfalls aus Deutsch-Ost-Afrika, aus Hindustan (Rajmahal- und Oomiaschichten) und am südamerikanischen pacifischen Randgebiete bekannt sind, verleihen dieser Uitenhageformation (*Trigonia Smeei* Krauss, *Tr. ventricosa* Krauss etc.) ein besonderes Gepräge.

Der in N.- und NO.-Europa zur obersten Jura (Portland)Zeit (= Aquilonien Pavlow) beginnenden Transgression, welche das Eindringen der russischen Virgatiten bis nach Ostengland (Yorkshire) und Nordfrankreich (Boulonnais) bedingte, entspricht in Mitteleuropa, die oben besprochene, durch limnische und brackische Binnenseen-Bildungen gekennzeichnete Regression (Purbeck-Regression), deren Spuren wir in Westeuropa von Hannover bis zur Westküste Frankreichs (Charente-Gebiet) und Portugal auf einer Länge von mehr als 400 km verfolgen können und welche je nach den Gebieten von der mittleren Portlandzeit bis in die Kreidezeit anhielt und mehr oder weniger lange andauerte (bis zur mittleren Valendisstufe in Norddeutschland, bis zur oberen Hauterive- und Barrêmestufe in England etc.).

Während dieser Zeit blieb das alpin-mediterrane Gebiet unter Wasser, um bald, nach einer kleineren tithonischen Transgression (E. Haug) mit dem Beginn des Palaeocretacicums den Ausgang weiterer, von Süden nach Norden einen großen Teil Mitteleuropa überflutender Transgressionen zu bilden.

B. Älteres Palaeocretacicum (Valendis- und Hauterivestufe).

Während der älteren palaeocretacischen Zeit ändert sich das Bild allmählich infolge einer Reihe meist positiver Verschiebungen der Strandlinien (Transgressionen und Ingressionen).

Zu Anfang der Periode macht sich namentlich am Rande des großen Mittelmeers eine solche positive Bewegung nördlich der Alpen bemerkbar, welche den
allgemeinen Rückzug der Meere in der Nordhemisphäre allmählich beendete. Der
seichten Phase des oberen Jura[1] folgte nämlich bald, beim Beginn des Palaeocretacicums eine vom Süden her kommende Transgression[1], welche neue marine
Faunenelemente mit sich brachte. In Norddeutschland lagerten sich über dem
oberjurassischen Serpulit[1] die mächtigen Reptilien- (*Iguanodon*) und pflanzenführenden Wealdenbildungen mit Süßwasser- und brackischen Conchylien (*Unio,
Cyrena*) und Kohlenflözen ab, und im Boulonnais, sowie im südlichen England
kamen über dem limnischen Purbeck und den Hastings-Sanden die 60—70 m
mächtigen Wealderthone mit ihrer z. T. fluviatilen, z. T. brackischen Helikten-
fauna zur Bildung. In Belgien lagerten sich die 1878 bei Bernissart entdeckten
Kontinentalsedimente mit ihren Iguanodonten- und Fischresten ab, welche
auch eine bezeichnende Flora enthalten und deren Bildung mit dem Ende der
Juraperiode und dem Beginne der Kreidezeit zusammenfällt.

Während aber noch im Pariser Becken, im südlichen England und im nördlichen Deutschland diese limnischen und brackischen Wealdenbildungen sich absetzten, begannen am Nordrande des großen Mittelmeeres und namentlich im südlichen Juragebiete[2] (Cluse de Chaille bei Chambéry, Ste. Croix etc.) die Gewässer
der unteren Valendisstufe (Berriasien) sich nach Norden über die lakustren Sedimente des Purbeckien auszubreiten; mit dem oberen Valanginien und der Hauterivestufe drangen die marinen Gewässer durch die Meerenge von Dijon in das
Pariser Becken, letztere bis nordwestlich von Sancerre, nordöstlich bis zum Meuse-
Departement, wo ihre Abstöße direkt auf Jurakalken anflagern, sowie in die
Pays-de-Bray (Neokomsandsteine mit marinen Fossilien) und erreichen später zur
Zeit der oberen Hauterivestufe[4] das südliche England.

Im Juragebirge ist der Beginn der Transgression durch Alternieren
mariner Schichten der unteren Valendisstufe mit limnischen oberen Purbeckschichten bei Petites-Chietles (nach Maillard, Bertrand) und am Mont-du-Chat bei
Chambéry (nach Révil, Hollande, Maillard) gekennzeichnet; bald setzen sich
die mächtigen Kalke des »Marbre bâtard« mit *Natica Leviathan* Pict. sp. ab, in

---

[1] Irrtümlich wurde von Gagel der westdeutsche Serpulit der Unterkreide einverleibt; wie
von Koenen dargetan, liegt die Juragrenze über dem Serpulit und es beginnt in Norddeutschland das tiefste Palaeocretacicum erst mit den Wealdenbildungen, welche nicht, wie
Struckmann glaubte, dem obersten Portland, sondern der untersten Valendisstufe (Berriasien)
entsprechen.

[2] Diese Transgression läßt sich bis nach Asien verfolgen, wo im Gebiete der Saltrange
(Nordwest-Indien) nach E. Koken (Centralblatt für M., G. u. Pal. 1903, p. 433-441) das untere
Neokom (mittlere Valendisstufe) mit *Hoplites neocomiensis* d'Orb. sp., Bel. subfusiformis d'Orb.
transgredierend auf korrodierten und angebohrten Jurakalken ruht.

[3] E. Baumberger. Über Facies und Transgressionen der unteren Kreide am Nordrande der
mediterrano-helvetischen Bucht im westlichen Jura. (Wiss. Bericht d. Töchterschule zu Basel.
1900—1901. Basel 1901.)

[4] Im Haute-Marne-Departement sind die Äquivalente der Barrème-stufe zum Teil limnischer
Natur (Palér. In England macht sich das Herannahen des Meeres durch die Häufigkeit der
brackischen Einlagerungen am obersten Wealden fühlbar. Über das englische Wealden, vergl.
die Arbeiten von Godwin-Austen, Jukes, Meyer, Topley etc.)

denen neuerdings im Bieler Jura BAUMBERGER und W. KILIAN eine Berriasform,
Hoplites Euthymi PICT. sp. nachgewiesen haben.[1]

Im Pariser Becken, nördlich vom Cher, und in Südengland fehlen daher,
wie HÉBERT und SEMUS schon vor Jahren hervorgehoben, die marinen Vertreter
der Valendisstufe, welche im Haute-Marne-Département noch vertreten sind, vollständig; und im südlichen England fehlt auch das untere Hauterivien; es sind
dieselben durch die nichtmarine Wealdenformation vertreten, während in NO.-Eng-
land (Lincolnshire, Yorkshire) diese Stufen wieder auf marinen oberen Juraschichten
ohne Unterbrechung auflagernde Meeresablagerungen von z. T. wolgischem Typus
aufweisen, welche mit dem norddeutschen Hils viele gemeinsame Arten besitzen.

Während der Hauterivienepoche erreicht das Meer bereits das Pays-de-Bray
nördlich von Paris[2]; marine Sandsteinbänke sind daselbst im unteren Neokom
eingelagert.

Dieses allmähliche Vorrücken des palaeocretacischen Mittelmeeres über Mittel-
europa nach Norden erfolgte stoßweise und oszillatorisch. Zur Zeit der unteren
Barrèmestufe zeigen sich noch im Pariser Becken über dem marinen oberen
Hauterivien und unteren Barrémien (*Argiles ostréennes*) lünnische und brackische
Schichten; in Südengland wechseln obere lakustre Wealdenbildungen mit marinen
neritischen Einlagerungen ab, deren Fauna auf oberste Hauterive- oder untere
Barrèmestufe deuten; erst mit dem obersten Barrémien (Punfield Beds) verschwinden
die nichtmarinen Bildungen vollständig.

Es bringen diese vom Mittelmeer ausgehenden transgredierenden Überflutungen
charakteristische Faunenelemente mit sich; es gilt das besonders von den bathyalen
Typen, unter denen neben *Hoplites* und *Holcostephanus* (*Astieria*) und eigentümlichen
Crioceras, besonders *Desmoceras*, *Holcodiscus*, *Phylloceras*, *Lytoceras*, sowie *Duvalia*
und *Pygope* bedeutsam erscheinen. An den seichteren Stellen z. B. bei Escragnolles
in den Seealpen und im Juragebiete herrschen neben einer verarmten Ammonitenfauna *Hoplites* und *Leopoldia*) (*I. Desori* PICT. sp., *I. Arnoldi* PICT. sp., *I. Kollieri*
HAIMB., *I. Leopoldina* D'ORB. sp., *I. biassalensis* KAR. sp., *I. Inostranzewi* KAR. sp.,
Hoplites radiatus BRUG. sp., *H. ontieranis* KIL., *Parahoplites crassensis* TORC. sp. im
oberen Hauterivien), *Holcostephanus* (*Astieria*) (*Hole. utriculus* MATH. sp., *H. perin-
flatus* MATH. sp.) und *Mortoniceras* (*M. cultrata* D'ORB. sp.), hauptsächlich eine Anzahl neritischer Pelecypoden, Gastropoden, Brachiopoden, Echiniden (Toxaster-
Arten); auch zoogene Bildungen mit Pachyodonten (*Valletia*, *Monopleura*, *Moamieria*)

---

[1] Wie weiter oben auseinandergesetzt worden, sind die Berriasschichten als Äquivalent
der unteren Valendisstufe zu betrachten und gehören, aus historischen Gründen, entschieden
schon zur Unteren Kreide.

[2] Im Pariser Becken stehen die Schichten der Unteren Kreide im Südosten, Osten und
Norden, vom Cher-Département bis zum Ardennenrande in den Départements Cher, Nièvre,
Yonne, Aube, Haute-Marne, Meuse an. (Vergl. Näheres über diese Verbreitung in D'ORBIGNY,
Cours élém. p. 487 u. 561). — Man trifft ferner Schichten dieses Alters an der Boulonnais-Küste
und im Pays-de-Bray an. Bei Le Hâvre kennt man Vertreter der Aptien. Im Westen fehlen
palaeocretacische Gebilde (inkl. des Gault) gänzlich. In England bilden die Unterkreideschichten
einen breiten Zug von der Manchekuste bis nach Yorkshire über Dorsetshire, Sussex, Wiltshire,
Surrey, Kent, Berkshire, Oxfordshire, Cambridgeshire, Buckinghamshire, Bedfordshire, Norfolk
und Suffolk. — Sie treten ebenfalls auf der Isle of Wight auf.

bilden sich im nördlichen Dauphiné (St. Gervais, Fourvoirie), Savoyen (Corbelet
Semnoz) und im südlichen Jura.

Interessante Mengungen dieser mediterranen Typen mit Formen der nordischen (wolgischen) Provinz[1] zeugen von marinen Verbindungen mit dem nordeuropäischen (wolgischen) Meere, so z. B. in Norddeutschland (*Hbladites jaculum*
Phil. sp.[2], *Cosmoceras terrucosum* n'Orb. sp., *Hochianites* in der Valendisstufe, *Ihdeo-
stephanus* (*Astieria*) *Astierianus* n'Orb. sp., *Hoplites radiatus* Bnvn. sp., *Leopoldia
Leopoldina* n'Orb. sp., *Crioceras Duvali* Lev. etc. im Hauterivien), während einzelne
Polyptychites, *Garnieria* (*Oxynoticeras*) und nordische Hopliten im südlichen Juragebiet,
am Pilatus (Schweizer Alpen) und bis an gewissen Stellen der Provence[3] nachgewiesen worden sind. — *Garnieria* (*Oxynoticeras*) *Gevrillana*, *Marcousana* und *hetero-
pleuren* namentlich lassen sich von Rußland bis in das Rhônebecken verfolgen.

Der Weg, über welchen diese Wanderungen möglich wurden, ist noch unbekannt, vermutlich fand über Mitteleuropa eine marine Verbindung statt.[4]

Auch in der Krim gesellen sich einzelne wolgische Elemente zu mediterranen
Ammonitiden, so kommt z. B. bei Biassala *Simbirskites versicolor* Pavl. mit einer
südlichen Hauterivienfauna vor, unter deren bezeichnendsten Elementen namentlich *Hoplites* (*Leopoldia*), *Inostranzewi* Kar. bedeutsam sein dürfte, der am Pilatus
und bei Escragnolles in den Seealpen wiedergefunden wurde. Diese Mengungen,
welche zur Zeit der Valendisstufe verhältnismäßig selten und auf einige Typen
beschränkt sind, werden mit der unteren Hauterivestufe häufiger (Zone des *Hopl.
noricus* Roem. sp. und *radiatus* Bnvn. sp.); es verwischt sich momentan der Gegensatz zwischen wolgischer und mediterraner Provinz, um mit dem oberen Hauterivien
und Barrémien (*Simbirskites*-Schichten einerseits — *Angulicostatus* und *Macrocephalites*-
Schichten andererseits) wieder in schrofferer Weise sich einzustellen.

Ein großer Teil der iberischen Halbinsel, sowie das Pyrenäengebiet lag
während dieser ersten Hälfte der palaeocretacischen Zeit außerhalb der marinen
Überflutung, wie das Fehlen der tieferen unteren Kreidehorizonte zeigt; limnische
Wealdenbildungen mit Braunkohlenflözen von großer Mächtigkeit (nach Palacios
y Sanchez und Calderon) entstanden hingegen bei Soria und Logroño, sowie
bei Burgos im NW. bis zum Sajatale bei Santander und an der atlantischen Küste. —

[1] Vergl. die palaeontologischen Monographien von Neumayr und Uhlig, Wahnth, M. Pavlow,
von Koenen etc.

[2] Nach Buktow liegt dort *Hulgpl. terracinum* v. Koen. mit *Duvalia lata* Blain. sp., *Hochianites*
sp., *Hoplites neocomiensis* n'Orb. sp., *H. Thurmanni* Piet. et C., Astierien und Brachiopoden in
glaukonitischen Schichten zusammen.

[3] Vgl. W. Kilian, Sistxmon, p. 738. Besonders sind zu nennen: *Holcostephanus psilostomus*
N. u. U., *H. Grotriani* N. u. U., *H. Carteroni* n'Orb. sp., *H. bidichotomus* Leym. sp., *H. Atherstoni*
Sharpe sp., *Hoplites amblygonius* N. u. U., *H. asygonius* N. u. U., *H. longinodus* N. u. U., *H. Aquirir*
Bean. sp., *H. curvinodus* N. u. U., *H. regalis* Bean. sp., *H. Frantsi* Kil. (*Othmeri*), *H. Vacéki* N. u. U.,
Crioceras Seeleyi N. u. U. u. a.

[4] Es liegen in Sailen des Teutoburger Waldes (vergl. Stille, Jahrb. d. kgl. preuß. Landesanstalt 1905, t. XXVI, p. 103 131) die marinen Neokomschichten diskordant, transgredierend
und lückenhaft auf aufgerichteten Jurabänken, und weiter südlich fehlen dieselben unter dem
Cenoman, was auf das Vorhandensein eines mitteldeutschen Kontinentes zur Zeit der Unteren
Kreide deutet. Die klastische Natur der Unterkreide südlich von Hannover erhellt ebenfalls aus
den Arbeiten von G. Müller.

Eine marine Bedeckung erfolgte in diesen letzteren Gebieten erst zur Zeit der Barrèmestufe; das sog. Urgo-Aptien beginnt bei Utrillas zu unterst mit brackischen Braunkohlen führenden Sedimenten (und Schichten mit *Glauconia Lujani* CHUL. sp); das Meer überflutete dann einen Teil der iberischen Halbinsel und setzte zoogene Kalkmassen (Atalayas de Castellon, Utrillas, Provinz Teruel, Aragon, Navarra, Biscaya) ab, welche durch Pachyodonten und Orbitolinen ausgezeichnet sind: nur im Osten und Südosten von Spanien, in Katalonien, Valencia und bei Mora und Aliaga im Osten der Provinz Teruel (nach NICKLES und DEREIMS), sowie auf den Balearen und in Andalusien südlich des Quadalquivir, treten lückenlose marine bathyale Absätze des mediterranen Neocoms auf.

In Portugal lassen ebenfalls lakustre Wealdenbildungen und Cyrenen-führende Einlagerungen, sowie Sandsteine (Hellas) mit kontinentaler Flora in der Valendisstufe auf eine negative Phase zu Beginn der Kreideperiode schließen; bei Cintra sind jedoch Valendis- und Hauterivestufe marin entwickelt [1], letztere Absätze sind als randliche Bildungen des Mittelmeeres aufzufassen, die sich an der Süd- und Westküste der — bis zur Barrèmienzeit im Norden mit Westfrankreich und im Osten mit dem lyerischen Festlande zusammenhängenden — iberischen Kontinentalmasse ablagerten; die bathyalen Valangienschichten von Andalusien und die neritischen Neocomschichten der Umgegend von Barcelona setzten sich längs des Süd- und Südostrandes desselben iberischen Festlandes ab.

Während dieser Zeit [2] lagerten sich im Gebiete der nördlichen Meere bei Speeton in NO.-England (Lincolnshire, Yorkshire), in Rußland und im nordwestlichen Deutschland marine Sedimente von vorwiegend wolgischem Typus ab, welche auf einen von Ost nach West verlaufenden Meeresarm im Norden der zentraleuropäischen Landmassen hindeuten. — Wichtig sind eine kleine Anzahl von Oxynoliceraten, (*Giarnieria heteropleura* X. u. UHL. sp., *G. Gevriliana* D'ORB. sp., *G. Marrousina* D'ORB. sp.) und einige andere Formen, welche von Zentralrußland und Norddeutschland bis in das Juragebiet verfolgt werden können und vereinzelt auch aus Südfrankreich bekannt sind, sowie (speziell in Norddeutschland) einige seltene *Holcostrphonus* (*Holc.* (*Astieria*) *Asterianus* D'ORB. sp., *H.* cf. *Atherstoni* SHARPE sp.) und *Hoplites* von mesozoischem Typus (*Hopl.* [*Acanthodiscus*] *radiatus* BRUG. sp., *H.* [*Neocomites*] cf. *neocomiensis* D'ORB. sp., *Leopoldia* cf. *Arnoldi* PICT. sp., *L. Leopoldina* D'ORB. sp.), sowie *Saynoceras retrocarense* D'ORB. sp., *Crioceras Duvali* etc., *Hibolites pistilliformis* UH. sp. (*Bel. jaculum* PHILL.). Vor allem aber sind die Sedimente dieser Provinz durch das Vorherrschen einer Reihe ganz eigentümlicher Gattungen wie *Craspedites*, *Polyptychites*, *Simbirskites*, besonderer *Hoplites* (*H. noricus* ROEM. sp.,

---

[1] Eine 1880 von MAYER-EYMAR als möglich angenommene direkte marine Verbindung zwischen Portugal und dem Juragebiet über Mittelfrankreich (!!) ist jedenfalls sehr unwahrscheinlich.

[2] In Nordamerika bildeten sich östlich der Rocky Mountains, auf atlantischer Seite, mächtige Binnen- und Mündungs-absätze (Potomac- und Dakotaformation, Amboy- und Kontinenteschichten etc.). — In Südamerika ist die Untere Kreide nur am pacifischen Saume und in der Cordillere (mit Ausschluß der bolivischen Hochebene) entwickelt; im Nordwesten des Landes aber und in Venezuela und Brasilien zeigen bituminöse petroleumreiche und rote Sandsteine mit eruptiven Einlagerungen brackischer und limnischer Fauna von anderen Verhältnissen. — Aus Schottland (Insel Sky) sind ebenfalls Süßwassergebilde dieser Zeit zitiert worden.

H. longinodus N. u. Cnl., *H. hystrix* Bean. sp. etc.) und von den mediterranen
sehr verschiedener und mit denselben kaum verwandter aufgerollter Formen (*Cr.
semirinctum* v. K., *Crioc. Worckeneri* v. K., *Cr. capricornus* v. Korn.) (vgl. die Hüs-
fauna), ferner durch Belemniten aus der Gruppe der *Infradepressi* (*Cylindroteuthis)
(B. lateralis* Phill., *B. subquadratus* Roem.) und durch Aucellen charakterisiert.

In Rußland beginnt dieses nordische Palaeocretacicum mit dem sog. Rjäsanhorizonte (*sensu stricto* Bogoslowsky) mit *Hoplites Riasanensis* Nik. sp.[1] und *Cra-
pedites spasskensis* Nik. sp., darüber folgen Bänke mit *Hole. hoplitoides* Nik. sp. und
Garnierria-Schichten mit *Craspedites stenomphalus* Pavl., dann Polyptychiten-
reiches oberes Valanginien (im Petschoraland schön entwickelt); phosphoritreiche
sandige Absätze weisen auf zahlreiche Lücken (Moskauer Gegend), namentlich
scheint das in NO.-England über den Polyptychiten-Schichten gut entwickelte
untere Hauterivien (*Noricus*- und *Regalis*-Schichten) in Zentralrußland zu fehlen.
Dem oberen Hauterivien (*Angulicostatus*-Zone der südlicheren Gebiete und vielleicht
dem untersten Barrêmien entsprechen die *Simbirskites*-Schichten (Zone des *Simbirskites
versicolor* der Wolgischen Provinz), welche sowohl in NO.-England, als in Norddeutschland und in Zentralrußland (transgredierend) vorkommen. In der Krim[1]
drangen zu dieser Zeit Aucellen und einige dieser wolgischen Simbirskiten in
das Gebiet der mediterranen Hauterivienfauna vor.

Gegen Norden stand dieses Meer über die Petschoragegend (*Polyptychites*-
[Valendinstufe] und *Simbirskites*-Schichten, nach Pavlow) mit dem Polarmeer in
Verbindung, wie das Vorkommen untercretacischer Sedimente an den Mündungen
des Olenek und der Lena, sowie auf der King Charlesinsel, Novaia Semlia (*Aucella
Keyserlingi* Lah., *Auc. crassicollis* Keys., *Auc. terebratuloides* Lah.) und den Lofoteninseln (*Auc. Keyserlingi* Lah. bei Andö) beweist. — Aus Jameson's Land kennt
man Aucellen und Vertreter der Gattung *Hedenstejanna*.

Ablagerungen von ähnlichem Typus können, wie bereits gesagt, längs der
pacifischen Küste Nordamerikas (Alaska, Queen Charlotte Islands, Britisch Kolumbien, Washington, Oregon, Kalifornien und Mexiko verfolgt werden; die Knox-
ville Beds (Shastan Series), in welchen nach Nikitin, de Castillo, Aguilera,
Boese etc., *Cylindroteuthis, Aucellen* (*A. crassicollis* Keys., *A. Piochii* Gabb, var. *orata
Stant.* (= *Auc. terebratuloides* Lah.) etc., Hopliten, *Simbirskites, Polyptychites* mit
Lytoceras und *Phylloceras* (*Ph. Knoxvillense* Gabb, *Desmoceras* etc.) vergesellschaftet
vorkommen, lassen andererseits eine über Mexiko mit dem großen Mittelmeer
stattfindende Verbindung vermuten und kontrastieren in scharfer Weise mit den
gleichaltrigen Binnenabsätzen der östlichen Vereinigten Staaten.

In den Karpathenländern entspricht die sandige Flyschfacies (Grodnischter
Sandstein, Teschenerschiefer etc.) dem Nordsaume des palaeocretacischen Mittel-

---

[1] Vgl. Suess, Antlitz der Erde, französ. Ausgabe, p. 478. — Der Rjäsanhorizont ist von
Prof. E. Hava als Tithon aufgefaßt worden (l. c. p. 213).

[1] Deutlich zeigen sich in der Krim vorenkome Störungen und, wie C. de Vogt nachgewiesen, die Spuren einer Transgression der untersten Kreideschichten auf älterem Gebirge; es
lassen sich dort Absätze mit Ammoniten der untersten Valendinstufe (Berriasien) mit ausgesprochen
tloralem Charakter, reich an Korallen, Austern etc. beobachten. Diese Schichten besitzen entschieden südeuropäischen Typus, nur im höheren Hauterivien erscheinen einige, durch Ein-
wanderung eingedrungene nordische Gäste, wir z. B. *Simbirskites versicolor* M. Pavl., etc.

meeres; klastische neokome Sandsteine kommen auch in Bakony vor. — Die tieferen Unterkreideschichten von mediterranem Typus mit sporadischen Anklängen an die nordische Provinz verfolgt man durch die prähalkanischen Donauländer (Tschernavoda-Sandsteine) und von der Krim (Sably, Biassala) über den Kaukasus (*Crioceras Duvali* Lév., *Duvalia dilatata* Bl. sp.) und Daghestan (nach Abich), Transkaspien (n. Böhm: *Taranter complanatus*) nach Mangyschlak (n. Semenow), Turkestan, Persien: es kommt dort der nordische *Polyptychites* cf. *bidichotomus* d'Orb. vor (nach Rodler, Stratz und Weithofer); in Belutschistan enthalten die Belemnitenbälke südeuropäische Formen wie *Hibolites pistidiformis* d'Orb. sp. (= *jaculum* Phill. sp.), *H. subfusiformis* Duv. sp., *Duvalia lata* Blainv. sp. und *D. dilatata* Blainv. sp. In den Salt Ranges zitieren Waagen vom Chichalipaß *Holcostephanus* (*Astieria*), *Astieriana* d'Orb. sp. und Koenen *Hoplites* (*Neocomites*) *urocusicrusis* d'Orb. sp.; aber im zentralen Himalaya ruhen Sandsteine auf den bekannten ammonitenreichen *Spitishales*, welch letztere z. T. der untersten Valendisstufe (Berriasien) entsprechen und deren, durch V. Uhlig meisterhaft untersuchte Fauna ein eigentümliches (indopacifisches?) Gepräge besitzt: es nehmen hier eine Reihe von Ammonitidenarten überhand, von denen einzelne, wie *Hopl.* (*Blanfordia*) *Wallichi* Gray sp. durch G. Böhm auch in Neu-Guinea nachgewiesen wurden.

Ein indopacifischer Typus zeigt sich ebenfalls in SO.-Afrika, wo unter dem Namen der Uitenhageserie pflanzenführende Sandsteine (Cycadeen, Farne) mit marinen Bänken wechsellagern, in welchen eine durch Sharpe, Kraus, Neumayr, Holub und Hatch, etc. untersuchte Molluskenfauna eigentümliche Trigonien-typen (*Tr. concordiiformis* Krauss sp., *Tr. ventricosa* Krauss sp., *Tr. Herzogi* Haram. sp.) und einzelne Ammoniten (*Astieria*) aufweist, welch letztere auf Valendisstufe hindeuten[1]; ähnliche Vorkommnisse in Indien (bei Madras) und Kutsch (westliches Vorderindien, n. Waagen) im oberen Teil der »Oomiaschichten« scheinen auf eine von Süden nach Norden ausgreifende untercretacische Transgression zu weisen. Im westlichen Südamerika (Neu-Granada, Chile, Peru etc.) wurden von Steinmann, neben *Pterhomya*, ähnliche Trigonien (*Trig. subquadrata*) wiedergefunden; aber sowohl hier, als in Indien und auch auf Madagaskar (nach Lemoine) sind mediterrane Typen wie *Crioceras Duvali* Lév. (Südamerika), *Hibolites pistilliformis* d'Orb. (= *B. jaculum* Phill.), *Bel.* (*Duvalia*) *binervius* Duv., *B. polygonalis* d'Orb., *Astieria* (West-Madagaskar), *Hoplites* (*H. campylotoxus* Uhl. auf West-Madagaskar nach Lemoine) ziemlich häufig. Auch in Deutsch-Ostafrika bietet die von G. Müller, nach den Aufsammlungen von Bornhardt beschriebene Fauna neben den bezeichnenden Uitenhagetrigonien, auch *Holcostephanus* und *Duvalia* (*Duv. binervia* Duv. sp.). Von Australien sind Crioceren bekannt und aus Neu-Kaledonien *Polyptychites*-ähnliche Formen. Es scheint somit bereits zu dieser Zeit die indopacifische Provinz, welche zur oberen Kreidezeit (Faunen von Indien,

---

[1] Diese Uitenhageschichten sind in früherer Zeit als jurassisch betrachtet worden, vergl. Stein, Antlitz, franz. Übers. I, p. 307 und p. 520.

[2] *Trigonia Delafossei* Bayle und Coq., *Tr. ventricosa* sp. Krauss., *Tr. tuberculifera* Stol., *Tr. transkaria* Steinm., *Tr. concordiiformis* Krauss sp., *Tr. Neoquensis* Burch., *Tr. cum* Sharpe, *Tr. heterosculpta* Stant., *Tr. subventricosa* Stant., *Tr. pisgana* Paulch., *Tr. napea* Paulch. etc. sind aus Südamerika, Indien und Südafrika bekannt.

Madagaskar, Pondoland, Seymourinsel, Quiriquina, Vancouver) so deutlich ausgeprägt erscheint, bereits angedeutet gewesen zu sein.

Was die Herkunft und die Ableitung der ältesten cretaeischen Cephalopoden-Faunen (Valendis-Hauterivestufen) betrifft, so scheinen in den nördlichen Meeren die Ammonitiden der Valendis- und Hauterivestufen (und vielleicht der untersten Barrêmestufe)[1] aus der einheitlichen Entwicklung der wolgischen Jura-Typen (*Virgatites* und andere) entstanden zu sein. *Craspedites*, *Polyptychites*, *Simbirskites* haben jedenfalls mit den mediterranen *Holcostephanen* (*Astieria* und *Spiticeras*) nichts Gemeinsames; besondere Sippen von *Hoplitiden*, *Crioceraten* und *Ancyloceraten* sind ebenfalls für das Palaeocretacicum dieser Provinz bedeutsam.

Die mediterrane Ammonitenfauna des unteren Valanginien (Berriasien) hat sich hingegen aus der Tithonfauna entwickelt, mit der sie sich durch Übergänge verbindet. Ein Teil der bezeichnendsten Valendis-Typen (*Berriasella*, *Acanthodiscus* etc.) können durch Tithonformen an verschiedene Perisphinctengruppen des Jura angeschlossen werden. Gewisse Gruppen, wie *Spiticeras*, welche hier und im oberen Tithon unvermittelt auftreten, scheinen von dem Himalayagebiet über die Krim nach Europa gewandert zu sein; es sind das vermutlich die Ahnen von *Astieria*. Aus dieser Berriasfauna entwickeln sich dann die Faunen des südlicheren Valanginien und Hauterivien.

In seichteren (neritischen) Bildungen zeigen die Ammonitenformen der Valendis- und Hauterivestufen von den bathyalen bedeutend verschiedene Arten, welche mit den nordischen Vorkommen z. T. ident sind.[2] Zugleich fehlen in diesen Fällen fast vollständig Vertreter der Gattungen *Lytoceras*, *Phylloceras* und *Lissoceras* (*Haploceras* u. T.)

Bemerkenswert sind ebenfalls an seichteren Stellen der Mittelmeerprovinz sporadische Kolonien der riesenhaften *Rhynchonella* (*Peregrinella*) peregrina p'Orb. welche nur aus dem Diois in Südostfrankreich, aus der Umgegend von Montpellier (La Vallette), einer Lokalität Süditaliens und aus den Karpathen bekannt ist.

C. Barrêmestufe.

Nachdem sich während dem, den Valendis- und Hauterivestufen entsprechenden Zeitraume, in den verschiedenen Provinzen die eben gekennzeichneten Faunen entwickelt hatten, deren älteste einer Anzahl von palaeontologischen Zonen entsprechen, nachdem durch das Spiel der Transgressionen lokale Mengungen zwischen den

---

[1] Ob die *Simbirskites*-Schichten, deren bezeichnendste Arten auch im norddeutschen oberen Hauterivien vorkommen (v. Koenen), auch einem Teil des Barrêmien entsprechen, scheint nicht sehr wahrscheinlich. Jedenfalls fehlt der größte Teil des Barrêmien in Rußland und im nordöstlichen England (Speeton).

[2] Z. B. kommen bei Beaurutre (Gard) und Moutiers-Ste. Marie (Basses-Alpes) in Südfrankreich Hilsformen wie *Hoplites longinodus* N. u. Uhl., *H. pexinodus* N. u. Uhl., *H. Fontis* Kil. (= *Ottmeri* N. u. Uhl. p. p.), *H. Voeltri* N. u. U., *H. amblygonius* N. u. U., *Crioceras Seeleri* N. u. U., *Polyptychites Heutrieui* N. u. Uhl. sp., *Holcostephanus* (*Astieria*) *psilostomus* N. u. Uhl. etc. vor. In Marokko erscheinen ebenfalls (n. Gentil und Kilian 1907) eine Reihe von *Hoplites* und *Leopoldia* mit neritischen Elementen (Brachiopoden etc.) vergesellschaftet.

Faunenelementen obengenannter Provinzen, namentlich zur unteren Hauteriverzeit
zustande gekommen waren, treten wieder zur Zeit der Barrêmestufe neue und
schroffere Gegensätze zwischen der Mittelmeerprovinz und den anderen Meeres-
gebieten auf.

Beim Beginn dieser neuen Epoche scheint im westlichen Mitteleuropa eine
negative Verschiebung der Strandlinien stattgefunden zu haben, welcher im
Pariser Becken die mit Austernbänken alternierenden Sande, Sandsteine und
Thone (Pays de Bray), sowie limnische (*Unio*) mit marinen Eisenerzen wechsel-
lagernde Einlagerungen (Couche rouge de Wassy) und in verschiedenen Ländern
(Nordostengland, Rußland, Indien (?), Centralasien) das Fehlen des marinen Barrémien
entspricht. Zugleich ersetzen endgültig in Südengland, im Boulonnais und auf
der Isle of Wight (Atherfield), vermutlich von Nordosten herkommende neritische,
marine Sedimente die lakustren Wealdenbildungen und bilden die tieferen Teile
der »Lower Greensands«; das isolierte Auftreten von *Toxenia* (*Requienia*) *Lonsdalei* Sow. sp. weist zwar auf eine indirekte Verbindung mit südlicheren Meeren
hin. Die Pelecypoden- und Brachiopodenfauna dieser südenglischen Schichten ist
übrigens von den neritischen Faunen des Hauterivien kaum verschieden; sie enthalten außer *Ancyloceras gigas* Sow. keine bezeichnenden Cephalopoden.

Es erreicht jedoch mit dem Barrémien der faunistische Gegensatz zwischen
der Provinz des Großen Mittelmeeres und den anderen Gebieten seinen Höhepunkt, wie das von V. Uhlig und Ed. Suess meisterhaft dargetan wurde.[1]

Von Südamerika (Santa Fé de Bogota, Colombia, Neu-Granada)[2], Mexiko
Holoediscus-Schichten, Boese) bis nach den Karpathen (Wernsdorf), dem Banat
(Swinitza), Moldau, Bukowina, Rumänien (Dimbovicióra), der Dobrudscha, Serbien,
Ungarn, der Krim (nach Karakasch) und dem Kaukasus (Kutais), über Südostspanien, Südostfrankreich (Barrême) und die Alpen (Schweizer Voralpen [Altmann],
Nord- und Südtirol [Hintertiersee, Gardenazza], die Lombardei kann eine ein-
heitliche Cephalopodenfauna verfolgt werden, welche durch *Pulchellia, Holcodiscus,
Silesites, Costidiscus,* besondere *Crioceras, Heteroceras, Hamulina, Pictetia, Macroscu-
phites, Desmoceraten, Uhligella* etc. ausgezeichnet ist. Dieselbe Fauna ist ferner
aus Spanien (Illora in Andalusien, Umgegend von Alicante, Sierra Mariola, Katalonien), Italien, West-Marokko (nach Kilian und Gentil) und Nordalgerien (Djebel-
Ouach etc.) bekannt.[3]

Südamerikanische Formen, wie *Pulchellia Caicedi* Karst. sp., *P. provincialis*

---

[1] Ferner kann man die Frage aufwerfen, ob nicht gewisse Typen des südenglischen Ober-
neocom (z. B. *Toxenia Lonsdalei* Sow. sp., eine Form von entschieden mediterraner Herkunft)
nicht von Westen her eingewandert sein dürften, und ob nicht im Südwesten von England, über
atlantischem Gebiete schon zur Barrémienepoche eine marine Verbindung mit dem großen
Mittelmeere anzunehmen sei.

[2] Vergl. u. a. die Arbeiten von Karsten, Hohenegger, Uhlig, Coquand, Kilian, Haug,
Sommermayer, Sayn etc.

[3] Es ist das Verdienst d'Orbigny's, bereits im Jahre 1848 das Vorhandensein dieser Fauna
in Colombien nachgewiesen und daraus eine marine Verbindung Neu-Granadas mit Südfrankreich gefolgert zu haben: vergl. auch die Arbeiten von Karsten, Uhlig, Gerhardt etc.

[4] Sie besteht an gewissen Punkten Südostfrankreichs, der Balearen, Ostspaniens (Prov.
Alicante), Andalusiens, Algeriens und Tunesiens aus verkiesten Ammoniten.

Thl. erreichen in den Karpathen ihr östlichstes Vorkommen; *Parahoplites Teßryanus* KARSTEN sp. kann bis zum Kaukasus verfolgt werden; diese Verbreitung wird von verschiedenen Autoren dem Einflusse von Strömungen im Großen Mittelmeere zugeschrieben.

Zwischen der Barrèmienfauna Norddeutschlands, mit ihren eigentümlichen und zahlreichen, durch von KOENEN unterschieden Ammonitiden (Crioceraten und Ancyloceraten) und der gleichaltrigen Fauna von Barrème, Wernsdorf und Colombia bestehen hingegen nur sehr zweifelhafte gemeinsame Formen (*Cr. Roemeri* v. KOEN. = (?) *barremense* KILIAN); ähnliche Formen kommen im Barrémien Rußlands (n. SINZOW), Marokkos und in Patagonien vor); der Gesamthabitus ist dagegen grundverschieden. Dasselbe konnte schon von den der oberen Hauterivestufe angehörenden *Simbirskites*-Schichten Rußlands (Hauterivien) gesagt werden, welche den gleichaltrigen cephalopodenreichen Absätzen von Speeton und Norddeutschland mit *Bel. (Cylindroteuthis) Brunsvicensis* v. STROMB. sehr nahe stehen, aber von dem Oberen Hauterivien des Mittelmeergebietes durchaus abweichen.

Zugleich ist das Ende der Barrèmezeit in seichteren Gebieten des Großen Mittelmeeres durch das Überhandnehmen der zoogenen Bildungen mit Orbitolinen, Miliolideen, Diploporiden und Pachyodonten (*Requienia Pachytraga, Agria* etc.) ausgezeichnet, welche den unteren Teil der sog. »Urgonkalke« bilden [1] und sich während der folgenden Aptzeit weiter entwickelten. Diese mächtigen »Urgongebilde« kamen namentlich in der Provence und in den Savoyer- und Schweizer Alpen zur Entwicklung. Auch in den Pyrenäen und einem Teil der iberischen Halbinsel herrschte diese zoogene Facies am Schlusse der Barrèmezeit. Den nördlichen und westlichen Teil Spaniens erreichte nämlich das Meer erst zur Urgonzeit (Ende der Barrèmestufe bis Aptstufe), deren zoogene Riffkalke und Sandsteine mit *Trigonia Valentina* VILL. (= *T. Houdanna* Coq.) und *Glauconia (Vicarya) Lujani* Coq. sp. bei Utrillas (Teruel) und in den Pyrenäen schön entwickelt sind und sich durch Catalonien, das nördliche Aragonien, Navarra, Biscaya und Santander ziehen.[1] In Ostrußland bilden sich zu dieser Zeit Sandsteine und in den Balkanländern und Kleinasien, z. B. bei Erigli (n. HEKOWSKY) liegt das Urgon transgredierend auf älterem Gebirge.

Fassen wir nun die Verhältnisse zur Zeit der Barrèmestufe in ihren Hauptzügen zusammen, so erscheinen als wesentlich das Bestehen einer nordischen (wolgischen) Provinz, deren Fauna durch einen Formenreichtum an besonderen Crioceren (*Cr. fissicostatum* ROEM. etc.), an großen Ancyloceraten (Hildesheim), eigen-

[1] Nachdem d'ORBIGNY das Urgon als genaues Äquivalent der Barrèmestufe betrachtet hatte, haben FR. LEENHARDT und W. KILIAN 1895 zum ersten mal auf das sporadische Auftreten von Urgonkalken, sowohl in der Barrème- als auch in der Aptstufe hingewiesen und den Übergang derselben in bathyale Absätze gezeigt, welche dem oberen Barrème und dem unteren Aptien angehören. G. SAYN, P. LORY und namentlich V. PAQUIER haben später einige Punkte des Parallelismus der Dauphinéer Urgons mit den entsprechenden Ammonitenzonen präzisiert, welche obigen Synchronismus durchaus bestätigen.

[2] Die artenreiche Gattung *Pulchellia* ist für den mediterranen Typus der Barrèmestufe leitend, etwa wie *Holcostephanus (Astieria)* zur Zeit des Hauterivien, während *Craspedites, Polyptychites* und *Simbirskites* für die wolgische Provinz während der Zeit der Valanginis- und Hauterivstufen bezeichnend sind.

tümlichen Belemniten (*Cylindroteuthis brunsvicensis* v. Stromb. sp.) etc. ausgezeichnet ist; damit in scharfem Kontraste zeigt sich die ausgedehnte mediterrane Provinz, welche von Colombia bis zur Krim durch eine Anzahl bestimmter Cephalopodentypen (s. oben) charakterisiert ist. Beide Bezirke erscheinen scharf getrennt; ihre Faunen mengen sich in s e h r g e r i n g e m M a ß e höchstens in Südengland und Norddeutschland, doch erinnern eine Anzahl *Crioceras* aus Westmarokko und Patagonien an die gleichaltrigen Formen (*Cr. Roemeri* v. K. etc.) Norddeutschlands.

Ferner ist das Erscheinen der Urgonfacies mit ihren Pachyodonten, Foraminiferen (Orbitolinen, Miliolideen), sowie das häufige Auftreten der neritischen Zweischaler- und Toxasterfacies (*Tox. Ricordeanus* Cott.) in den Randgebieten des Großen Mittelmeerbezirkes (Mésogée) bedeutsam. In dem seichteren Gebiete des Pariser Beckens sind es Bänke mit *Ostrea Leymerici* d'Orb., welche die brackischen und Süßwasserbildungen der Barrêmestufe begleiten und als »Argiles ostréennes« bekannt sind; dieselben finden sich bei Boulogne sur Mer im obersten Teile der Stufe und erreichen bei Sézancey (Jura) am westlichen Fuße des Juragebirges, ihr südlichstes Vorkommen, wo sie sich an Requienien-führende Urgonschichten anschließen.

Mit dem Barrêmien beginnt auch die marine Urgon-Bedeckung der Pyrenäen, und zu derselben Zeit mag im Norden die d i r e k t e V e r b i n d u n g zwischen Nordwest-Deutschland und Zentral-Rußland über Ost-Deutschland aufgehört haben.

Sind uns die Nachkommen der nordischen Ammonitenbevölkerung der oberen Hauterivestufe, d. h. der *Simbirskiten*-Schichten, welche aus der Weiterentwicklung der tieferen Neokomfaunen der wolgischen Provinz entstanden sein mögen, völlig unbekannt, so scheint ihrerseits die mediterrane Barrêmefauna sich aus der Fauna der oberen Hauterivestufe derselben Provinz (Zone des *Parahoplites angulicostatus* d'Orb. sp.) entwickelt zu haben, welch letztere im Rhônebecken bereits eine Reihe von *Holcodiscus*, *Desmoceras* (*D. Juliangi* Honx. sp.) und einzelne *Pulchellia* neben *Parahoplites cruasensis* Torc. sp., dem Ahnen der späteren *Deshayesi*-Gruppe, enthält. Der Übergang zwischen beiden Faunen mag wohl in bathyalen Gebilden begraben sein. deren pyritisierte Faunen (nördliches Algerien) leider nicht genügend durchgearbeitet sind. — Erwähnenswert mag auch sein, daß die neritischen Ammonitentypen der Barrêmestufe (*Desmoceras Charririanum* d'Orb. sp., *Pulchellia Didayi* d'Orb. sp., *P. Dumasiana* d'Orb. sp., *Holcodiscus Perezianus* d'Orb. sp. u. a.) meist von den bathyalen s p e z i f i s c h verschieden zu sein scheinen.

D. Aptstufe.

Während des Beginnes der Aptstufe entwickelten sich an seichteren Stellen des Mittelmeeres, welche auf eine Verminderung der Meerestiefe in diesem Gebiete weisen. bedeutende zoogene Bildungen (Urgonbildungen) mit Pachyodonten (*Requienia*, *Toucasia*) und *Orbitolinen* weiter[1] und erreichen, namentlich in der

---

[1] Zu dieser Facies des unteren Aptien gehören außer einem großen Teile der südfranzösischen Urgons und der schweizerischen und Vorarlberger Schrattenkalke, welche Bittner sporadisch bis zum Ostende der österreichischen Alpen nachgewiesen hat, die Pachyodonten- und

Provence bei Orgon (Bouches du Rhône), in der Luberonkette, der Montagne de
Lure, dem Ventoux, eine ungewöhnliche Mächtigkeit, dasselbe gilt für die Pyrenäen,
wo sie sogar stellenweise das obere Aptien vertreten (La Clape im Audedepartement).
Bezeichnende Arten der neritischen Ausbildung des unteren Aptien sind ferner im
Gebiete des westlichen großen Mittelmeeres in Colombia (*Exogyra aquila* D'ORB. sp.,
Pseudotiadema [*Diplopodia*] *Mathai* CORR., *Orbitolinen*), Bolivien [*Enallaster* (*Heteraster*)
oblongus BRONN. sp.], in der Cordillere von Mexiko (*Dictyomia Heussingerulti*
D'ORB. sp.) und in Mexiko (*Enallaster*) nachgewiesen worden.[1]

Übergänge zur bathyalen Ausbildung mit zahlreichen großen *Ancyloceras*-
Matheroni D'ORB. sp., *Douvilleiceras Albrechti Austriae* UHL., *D. Martini* D'ORB. sp.,
Parahopliten Deshayesi LEYM. sp. (var. *consobrinus* D'ORB. sp.), *P. Weissi* N. u. UHL. etc.
sind namentlich in Südfrankreich (nach LEENHARDT und KILIAS) häufig zu beobachten. Im nördlichen Europa (Hannover, Speeton) herrschen meist thonige
Cephalopodenbildungen, in Südengland neritische Zweischaler- und Brachiopodenschichten (Lower Greensand etc.

Mit dem oberen Aptien machen sich in den Randgebieten der mediterranen
Provinz deutliche Spuren von kleineren Transgressionen und schwachen
Bodenbewegungen (sandige Einlagerungen) bemerkbar.[2]

Auch außerhalb des Verbreitungsbezirkes des großen Mittelmeeres treffen wir
sowohl im westlichen Europa als in Rußland und bis in das indische Gebiet[3] in

Orbitolinen-führenden Kalke und Mergelkalke der Moldau, von Tirnowo, den präbalkanischen
Donauländern. Plewna, von Serbien (Orbitolinenschichten und Rudistenkonglomerate), vom Kaukasus, von der Krim u. Bronn), von Nauplia, Euboea, Heraclea (Kalke mit *Toucasia* und *Rey-
gryphoides* MATH.) und Kleinasien (bei Erzgi transgredierend!), sowie ähnliche Formationen im
adriatischen Gebiete von Dalmatien, Süditalien (Monte Gargano, Prov. Foggia, Volturno [u.
Casserti], Puglia, Kalabrien, Halbinsel von Sorrent und Sizilien (Termini Imerese) und auf Capri
(n. PAROXA). In Spanien sind außer den nordiberischen "Cuneophiten" (Prov. Barcelona (u. b)
Aragon D'Osser), Teruel, Pyrenäen etc.) auch im Süden quaradisch bei Cadix, Alicante und
Jaen (n. R. DOUVILLÉ Orbitolinenschichten mit *Polyconites*, *Apria* etc.) entwickelt. Im südlichen
Teile Algeriens und Tunesiens gelten die bathyalen cephalopodenreichen Aptsedimente der
nördlichen Region und *Phylloceras*, *Lytoceras*) in Requienen- und Orbitolinen-Schichten über,
die eine beträchtliche Ausdehnung erreichen.

In manchen Teilen des südöstlichen Frankreichs (Vaison, Diois, Barrème) ist hingegen die
ganze Stufe durch bathyale Cephalopodenschichten vertreten; es entsprechen diese Gebiete
tieferen Regionen der subalpinen Geosynclinale, der sog. "fosse vocontienne" PAQTIER's. An
anderen Stellen (Ventoux, Apt, Insel Maire bei Marseille) ist die untere Aptstufe zoogen, die
obere dagegen bathyal (Mergel mit verkiesten Ammoniten) entwickelt; an den Rändern des
Beckens, z. B. bei le Teil (Ardèche) und in den Vercorsketten erscheinen selbst im oberen
Aptien sandige Sedimente mit *Orbitolinen* und *Discoidea decorata* DESOR; in Ostrußland entsprechen dieser Stufe Sandsteine mit *Nerineen*, *Cerithien* und *Glauconien*.

[1] Aus Chihuahua und Sonora (Nord-Mexiko) beschrieb COTTEAU *Diplopodia Mathai* CORR.
und *Salenia prestensis* DESOR. Die Rudistenkalke von Salinas, mit Korallen und *Glauconia* und
die Kalke der nordamerikanischen Sierras sind möglicherweise z. T. als zoogene Riffbildungen
der Aptstufe aufzufassen.

[2] Wie CH. JACOB namentlich gezeigt hat.

[3] Nordfrankreich, England, Nordwestdeutschland, Saratow an der Wolga, Kaukasus,
Khorassan, Persien, Alburs; Kutach (Vorderindien), in letzterer Gegend (beim Berge Uhra) sollen
Schichten mit *Parahopliten Deshayesi* LEYM. sp. und *Douvilleiceras Martini* D'ORB. sp. auf Neokom
vom Uitenhagentypus (*Domiasandsteine*) liegen. Auch in Australien hat NEUMAYR eine Trans-

den Absätzen dieser Zeit *Parahoplites Deshayesi* LEYM.[1] sp. und Varietäten, *Douvilleiceras Martini* D'ORB. sp. und einige andere Ammonitiden, welche auf eine bemerkenswerte Ausgleichung der Faunen hinweisen; namentlich verwischt sich der Gegensatz zwischen dem wolgischen Gebiete und den südlicheren Vorkommen; die Unterschiede zwischen den Cephalopodenfaunen verschiedener Gebiete lassen sich lediglich durch bathymetrische Verhältnisse erklären.

Diese Ausgleichung der Faunen wird mit dem oberen Aptien immer größer; zugleich verlieren die zoogenen Bildungen mit Pachyodonten ihre Bedeutung und treten fast überall zurück. Es zeigen sich, wie oben erwähnt, Spuren von Transgressionserscheinungen und es lagern sich sandige und thonige Sedimente ab; doch scheinen nirgends Lücken in der Zonenfolge nachweisbar zu sein.

Aus Neu-Kaledonien hat PIROUTET einen *Douvilleiceras* mitgebracht. In Texas beginnt die marine Transgression mit den Trinitysands, welche eine der bezeichnendsten Arten der oberen Aptstufe *Hoplites furcatus* SOW. sp. (= *H. Dufrenoyi* D'ORB. sp.), enthalten (n. KILIAN und LASSWITZ).

In Rußland (Simbirsk) und in Asien (Kutsch) liegen die »Deshayesischichten« transgredierend auf älterem Palaeocretacicum von wolgischem Typus; bei Heraklea ruhen Requienienkalke übergreifend auf produktivem Karbon.[2] Im Pariser Becken und bis an den Küsten des Boulonnais und von le Havre zeigen sich »Plirintuinthone«, Sande, Sandsteine, Schichten mit *Exogyra aquila* D'ORB. und die fossilreichen Schichten von Grand-Pré und les Croûtes (n. PERON) als Anzeichen einer positiven Bewegung des Meeres über den z. T. nicht marinen roten Absätzen der oberen Barrêmestufe; in England entsprechen dem Aptien die neritischen Gebilde der Isle of Wight und die Schichten des unteren »Lower Greensands«. —

Im großen und ganzen können also für diese Epoche Transgressionen im Südwesten des Pariser Beckens, in Südengland und im Pyrenëengebiete, sowie in Central-Rußland, bei Heraklea, im Himalaya, in Texas und in Ost-Australien erkannt werden, während Regressionsspuren in gewissen Teilen der südlichen Provence am Rande der hocyrischen Masse (z. B. bei Escragnolles, wo zwischen Barrêmien und Gault die Aptstufe fehlt?), und Anzeichen einer Verminderung der Meerestiefe in einigen Teilen der Dauphinée, Savoyen und Schweizer Kalkalpen und im nördlichen Rußland deutlich nachzuweisen sind.

In den Absätzen der Aptstufe läßt sich, trotz der größeren Ausgleichung der Faunen, noch ein deutlicher Kontrast zwischen Nord- und Südeuropa erkennen. Das mediterrane Gebiet ist durch das Vorwalten der Ammoniten aus den

gression der Aptschichten nachgewiesen (Untere Barsetowaschichten) und das Vorkommen einer mitischen Aptform (*Crioceras*) angezeigt. vgl. ANDREWS. Auf Madagaskar (*Douvilleiceras Martini* D'ORB. sp., im Wahitale (Somaliland), an der Delagoabai (Südostafrika) treten ebenfalls bezeichnende Aptformen auf. In Südamerika wurde bei Bogota, in Venezuela und Kolumbien *Douvilleiceras Martini*, bei Port Famine an der Magellanstraße (nach COQUAND) *Ancyloceras Mathewni* D'ORB. gefunden; aus Patagonien kennt man (F. FAVRE und HAUTHAL) *Oppelia* cf. *Nisoides* SAH. und Ancyloceraten.

[1] Die typische Form von *P. Deshayesi* LEYM. kommt eigentlich (Pariser Becken) in einem etwas höheren Horizonte als die südfranzösische Varietät *P. consobrinus* D'ORB. sp. und *Parahoplites Weissi* N. u. U., sowie naheliegende Formen wie *P. Deshayesi* KOEN. (non LEYM.) vor.

[2] Lethaea palaeozoica, 2.

Gruppen der *Lytoceras*, *Tetragonites* (*Tetr. Ducalianus* D'Orb.[1], *Macroscaphites* (*M. striatisulcatus* D'Orb. sp.), *Phylloceraten* (*Ph. Guettardi* Rasp. sp., *Ph. Gareti* Kil.) und *Desmoceraten* (*D. Emerici* D'Orb. sp., *D.* [*Uhligella*] *Zürcheri* Jacob etc.), sowie Belemniten aus der Gruppe der *Duralia Grasiana* Rasp. sp., ausgezeichnet, während im mittleren und nördlichen Europa die *Hopliten*, *Parahopliten*, *Douvilléiceraten* und *Oppelien* (*Opp. Nisus* D'Orb. sp.) fast ausschließlich vorherrschen. Gewisse Formen wie z. B. *Parahoplites Weissi* Neum. u. Uhl. sp. und *Deshayesi* Leym. sp. (insbesondere die Varietät *consobrinus* D'Orb. sp.), sowie große *Ancyloceraten* aus der Gruppe der *Anc. Matheroni* und *Hillsi* Sow. sp. sind sowohl im unteren Aptien der Rhône-bucht (Montélimar), als auch in den gleichaltrigen Schichten Norddeutschlands und Rußlands häufige Vorkommnisse, verschwinden aber in manchen bathyalen Gebilden des oberen Aptien Südfrankreichs (Hyères, Barrème) und Nordafrikas (Djebel Cheniour) gänzlich.

Die Ammonitenfauna der Unteren Aptstufe ist fast ausschließlich durch das Erscheinen von *Douvilléiceras* bezeichnet, eine vermutlich von *Parahoplites* abzu-leitende Sippe, deren Ursprung bis jetzt noch als ziemlich unvermittelt anzusehen ist. Daneben zeigen sich *Puzosia* (*P. Matheroni* D'Orb. sp.), *Parahopliten* (*P. Des-hayesi* Leym. sp. [sensu lato]) und *Ancyloceras* (*Ancyl. Matheroni* D'Orb.), welche offenbar aus der Barrèmefauna abzuleiten sind.

Die Cephalopodenfauna des oberen Aptien enthält nur eine kleine Anzahl scheinbar unvermittelt auftretender Typen; namentlich *Oppelia Nisus* D'Orb. sp., *Tetragonites Duvalianus* D'Orb. sp., *Tetr.* (*Jauberticllla*[2]) *Jauberti* D'Orb. sp. etc.; daneben findet sich noch eine größere Anzahl von Formen, wie *Douvilléiceras Martini* D'Orb. sp., *Parahoplites crassicostatus* D'Orb. sp., *P. yorgasensis* D'Orb. sp., *Hoplites furcatus* Sow. sp. (= *Dufrenoyi* D'Orb. sp.), die von den *Hopliliden* der Barrème-stufe direkt abstammen dürften. *Macroscaphites striatisulcatus* D'Orb. sp., *Silesites* und einige *Desmoceratiden* aus den Gruppen der *D. Emerici* D'Orb. sp. und *Desm.* (*Uhligella*) *Zürcheri* Jacob, *Desm.* (*Puzosia*) *Angludei* Sayn etc. sind ebenfalls aus der Weiterentwicklung der mediterranen Barrèmienarten entstanden. Wie gesagt, ist die Ableitung der mit dem Ende der Barrèmestufe (Wernsdorf) und dem Be-ginn der Aptstufe auftretenden Gattung *Douvilléiceras*[3] aus dem älteren Parahopliten-stamm sehr wahrscheinlich; jedenfalls dürften diese Formen bei uns eingewandert sein, und das Gebiet, welches uns Übergangsstadien zu älteren Stämmen liefern könnte, ist wohl im fernen Osten (Indopacifisches Gebiet?) zu suchen.

Die neritischen Faunenelemente der Aptstufe sind von denjenigen der vor-hergehenden Stufen hauptsächlich durch spezifische Merkmale verschieden. Zu nennen sind außer einer Menge von Gastropoden, Pelecypoden und Brachiopoden, namentlich *Perten crassitesta* Hoem. (= *P. cinctus* Sow.) (Rußland) in dem wolgischen

[1] Leitfossilien der Aptstufe sind namentlich aus folgenden Gegenden bekannt: Saratow und Simbirsk (Rußland), Krim, Daghestan, Mangischlak, Kleiner Balchan, Persien, Lauristan. Kutsch (Ind. Deshayesi), Tunesien, Algerien, Marokko, Somaliküste, Delagoabai, Patagonien. Oppelien aus der Nisusgruppe kommen z. B. in Rußland (Saratow), Nordfrankreich, Nord-deutschland, Südfrankreich, Nordafrika (und Marokko), Südafrika (Delagoabai), Patagonien, vor.

[2] *Jauberticeras* Ch. Jacob *prius* = *Jauberticlla* Ch. Jacob (emd.).

[3] Vergl. Ch. Jacob, loc. cit. (S. nachstehendes Literaturverzeichnis.)

Verbreitungsgebiete; ferner *Micatula placunea* Lamk. und *radiula* Lamk., *Exogyra aquila* d'Orb., *Sphaera* (*Fimbria, Corbis*) *corrugata* Sow. sp. etc. Dazu gesellen sich in südlichen Meeren neben den gewöhnlichen neritischen Elementen Pachyodonten Radiolen: Orbitolinen, Miliolideen, sowie zahlreiche Kalkalgen (*Boueina, Diplopora, Triploporella*) aus den Gruppen der Codiaceen und Dasycladaceen und eine Reihe von Echiniden, wie *Enallaster, Heteraster, Pygaulus, Salenia* etc.

E. Gaultstufe.

Die bereits in der oberen Aptstufe angedeuteten Transgressionserscheinungen nehmen mit der Gaultstufe eine größere Ausdehnung an.

Mit dem Beginne dieser neuen Epoche ist namentlich ein beträchtliches Ansgreifen der seit dem Anfang der palaeocretacischen Periode allmählich fortschreitenden Transgressionen in Nordwest-Europa[1] zu beobachten; die Grünsande, Sandsteine- und Phosphorit-führenden debitogenen Sedimente dieser Stufe treten an vielen Stellen, so z. B. im Norden (Pas-de-Calais, Aisne, Ardennen) und Westen des Pariser Beckens, sowie bei le Havre und im Nordwesten des Juragebirges, an der bayrischen Masse (Escragnolles) in den Seealpen, über das Areal der Aptschichten hinaus und lagern sich häufig auf älteren Gebirge ab. Weiter im Westen beginnt das Cretacicum aber erst mit dem Cenoman. Zugleich sind in mehreren Gebieten Spuren von Bodenbewegungen wahrzunehmen. Gegen Mitte der Stufe deuten weitverbreitete, thonige Ablagerungen auf eine Ruheperiode; aber mit dem oberen Gault beginnen wieder neue und beträchtlichere Transgressionen. Ein wichtiger Umstand ist z. B., wie schon E. Suess gezeigt, das Auftreten der marinen obersten Gaultschichten mit *Schloenb.* (*Mortoniceras*) *inflata* an den atlantischen Küsten Südamerikas und Afrikas, südlich des Mittelmeeres (Elobiinseln, Angola, Lobito, Conducia, Congoküste), wo dieselben unmittelbar auf vorcretacische Gebirge sich ablagerten, ohne daß unter ihnen marine Absätze der andern palaeocretacischen Stufen zu finden sind. Auch in Kamerun, Madagaskar, Persien, Ägypten, Nubien, Syrien, bei Heraclea, Mangyschlak, Daghestan (u. Amen), dem Kaukasus, Algerien, Marokko, in Indien, auf Borneo, in Australien, auf den Molluken, Mexiko, Südamerika, Palästina und Japan, wie am Libanon etc. sind marine Sedimente der Gaultstufe bekannt. In Mexiko und Zentralamerika sind die oberen Horizonte derselben durch *Schloenbachia* (*Mortoniceras*) *acutocarinata* Shim. reise der *Schl. Koisnyana* d'Orb. sp. sehr naheliegende Form), *Gaudryceras Sacya* Forb. sp., *Tetragonites epigonus* Antu. und eine Zwergfauna gekennzeichnet.

Im Bereiche des Großen Mittelmeeres läßt sich eine Verminderung der Tiefe aus der Häufigkeit der Sandsteine (Gudula Sandstein. Flysch von Solin, Bosnien-Herzegovina (nach Katzer), Kleinasien, Djebel-Amur (Algerien) etc.), Phosphorit- und Glaukonit-reichen Absätze, die auf bathyales oberes Aptien folgen, an vielen Stellen folgern, doch gibt es noch einzelne Teile dieses Gebietes (in dem O. der Basses Alpes, in den Balearen, in Nordalgerien), in denen das Anhalten Cephalopodenführender bathyaler thoniger Sedimente mit ausgesprochen

---

[1] Auch an südlicheren Rändern der Palaeocretacischen Meere, z. B. in Ostspanien, lagern sich die Gaultschichten an den Montes Universales (nach Dereims) transgredierend ab.

»stenotherme« mediterraner Fauna (*Gaudryceras, Kossmatella, Jaubertiella*, *Tetragonites, Phylloceras, Puzosia, Uhligella, Latidorsella, Desmoceras*) auf tieferes Meer deuten. — Nördlich der Alpen breiten sich die verschiedenen Zonen der Stufe aufeinander übergreifend und transgredierend (Jurragebirge) nach Norden aus, wie Ch. Jacob neuerdings dargetan. Im Pariser Becken und im südlichen England[1] (und vielleicht sogar im nordöstlichen Irland) treten Phosphorit-reiche Sedimente, Konglomerate (Tourtia des Artoisgebietes mit *Ficulata radiata* Lamk., Farringdonschichten, Konglomerate von La Hève mit *Parahoplites Milletianus* d'Orb. sp., »Sarrazin von Belligni«x«, Meule de Bruquegnies etc.), Sande und Grünsande (lower Greensand) auf.

Im nordwestlichen Deutschland lagern sich bathyale Thone und Flammenmergel ab, welche sich weit gegen Osten (Greifswald etc.) unter dem Diluvium verfolgen lassen.

Die mit der Aptstufe schon ausgesprochene Ausgleichung der Faunen ist hier ebenfalls bedeutsam; eine Reihe von Ammonitiden lassen sich nicht nur von Westeuropa bis Rußland (*Hoplites dentatus* Sow. sp.), sondern auch außerhalb Europas verfolgen, so z. B. in Kalifornien, wo die oberen Tuscaloosaschichten der Shastagruppe *Desmoceras Benduali* Braxo., *Douvilléiceras* cf. *mamillatum* Schloth. sp. und *Schloenbachia* (*Mortoniceras*) *inflata* Sow. sp. enthalten.

Die Gaultammonitenfauna entwickelte sich im mediterranen Gebiete aus den Typen der Aptstufe[2], wie deutlich aus den paläontologischen Merkmalen eines, im Rhônebecken und bei Perpignan, in den Schweizer Alpen, in Marokko, Mexiko etc. besonders gut entwickelten Übergangshorizontes, des »Horizon de Clansayes«[3] mit *Parahoplites* erhellt. Ähnliche Übergangsformen zeigen sich ebenfalls in den »Milletianus«zonen« Norddeutschlands.

Manche Gruppen von *Desmoceras* (*Desm.* (*Uhligella*) *Toucasi* Jacob, *Puzosia* (*Latidorsella*) *latidorsata* Mich. sp.), sowie *Lytoceras* (*Gaudryceras*[4], *Tetragonites*, *Kossmatella*) und *Phylloceras* verbreiteten sich jedoch nicht in die nördlichen Meere[5], wo hingegen die Hoplitiden (*Parahoplites, Hoplites* (s. str.), *Leymeriella, Sonneratia, Douvilléiceras, Acanthoceras* und *Schloenbachia* (*Mortoniceras*) überhand nehmen.

In einem Teile der Pyrenäen, in Spanien und Portugal zeigt sich ein Anhalten der Orbitolinen- und Rudistenfacies mit *Orbitolina subconcava* Lkm., *Polyconites subcerrundi* Chofv. etc. — Auch in dem Dauphiné bilden sich zoogene Orbitolinen- und Bryozoenkalke (sog. »Lumachelles« Ch. Lory's).

---

[1] Jukes Browne hat 1900 der Stufe eine umfassende Monographie gewidmet (siehe Literaturverzeichnis. Nr. 442.

[2] Ch. Jacob, Recherches paléontologiques et stratigraphiques sur la partie moyenne des terrains crétacés dans les Alpes françaises et les régions voisines, Grenoble 1907.

[3] Vergl. Jacob, loc. cit.

[4] Wie von W. Kilian 1913 nachgewiesen und später durch Ch. Jacob eingehend gezeigt wurde, haben sich die Gattungen *Gaudryceras* und *Tetragonites* im südeuropäischen Gault (Rhônecurel) ausgebildet, um erst später, mit dem Cenoman und Senon in das indopacifische Gebiet zu wandern.

[5] Sie kommen daselbst als Seltenheiten vereinzelt vor, z. B. *Phyll. Velledae* Mich. sp. bei Algermissen (Hannover) und im Upper Greensand; *Tetr. Timotheanus* Pict. sp. im Cambridge Greensand etc.

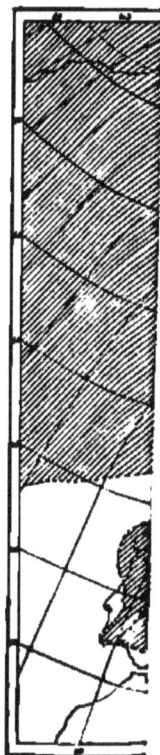

Lethaea geognost.

Kontinental
Meeresgebiet

Eine eigentümliche Ausbildung der oberen Gaultstufe mit *Placenticeras* (*Sphenodiscus*) *Ulrigi* Choff. sp., Orbitolinen und *Enallaster* kennt man aus Portugal, Algerien, Tunesien, Venezuela, Peru, Texas, Borneo, dem Libanon und aus Syrien.

Deutlich transgredierend zeigen sich die Gaultschichten in Rußland, Nord-Mexiko, im östlichen Teile des Pariser Beckens (sie fehlt im Westen), im nordwestlichen Jura, im Saônegebiet und in Südengland (in letzterer Region durch das Erscheinen klastischer und detritogener Absätze angedeutet). Am Rande der hyerischen Masse (Escragnolles) liegt der Gault transgredierend auf Barrémien; in den Karpathen ruht diese Stufe ebenfalls auf älterem Gebirge.

Auf kontinentalen Flächen bildeten sich zur gleichen Zeit Auslaugungsprodukte (*Bauxit*) z. B. in einem Teile der Provence.

Auf das Übergreifen der obersten Gaultstufe (Schichten mit *Mort.* (*Schloenbachia*)¹ *inflatum* Sow.) in Algerien, in Südostfrankreich und an verschiedenen anderen Punkten, an den westafrikanischen Küsten und in Japan haben wir bereits hingewiesen: dieselbe ist ebenfalls (mit *Schlœnb.* (*Mortoniceras*) *acutocarinata* Shrw. = *Rotomagus* d'Orb. sp.) in Mexiko und an mehreren Punkten Amerikas bekannt; eigentümliche Gattungen (*Dipliceras* und *Knemiceras*), sowie besondere Arten sind außerdem, nach R. Douvillé, für Amerika bezeichnend.

Eine allgemeine Regression zeigt sich dagegen im nördlichen und nordöstlichen Europa; in Nordrußland scheinen die Absätze dieser Zeit zu fehlen, ebenso im nördlichen Asien, und deuten auf ein boreales Festland, welches an die Stelle des wolgischen Meeres sich nun ausbreitete.

Mit den aufgeführten Verschiebungen der Strandlinien scheinen wohl Bodenbewegungen, aber nirgends Faltungsprozesse in Verbindung zu stehen. Das, mit dem Ende der Periode, durch die Überflutung der westafrikanischen Küsten erweiterte Große Mittelmeer bildete nun den Ausgang der großen Cenomantransgression, welche sich bald über die atlantischen Küsten, Nordamerika, einen Teil des spanischen Mesela, Westfrankreich, die böhmische Masse und bis an das nördliche Schottland ausbreiten sollte.

* * *

Versucht man nun die eben geschilderten Vorgänge in ihren wesentlichen Zügen knapp zusammenzufassen, so gewahrt man, daß dieselben hauptsächlich und wenigstens bis zur Gaultzeit, in Mittel- und Westeuropa, sowie in Rußland Verschiebungen der Strandlinien bedingten, während im mediterranen (geosynclinalen) Südeuropa sich meistens nur Änderungen der Faciesverhältnisse innerhalb einer ununterbrochenen Sedimentfolge abspielten.

1. Am Ende der Jurazeit sehen wir das wolgische und mediterrane Gebiet zuerst durch eine Regression der Meere in Mitteleuropa (limnische und brackische Purbeckschichten) getrennt; dieser Regression entsprechen in anderen Teilen der Erde die wolgische und lithonische Transgression.

¹ Wie aus verschiedenen Untersuchungen und namentlich aus den Arbeiten Ch. Jacob's erhellt, ist die Gattung *Schloenbachia* eine durchaus heterogene; *Schloenb. cultrata* d'Orb. sp. und *Schlœnb.* (*Mortoniceras*) *inflata* Sow. sp. haben namentlich mit *Schloenb. varians* Sow. sp. keine genetischen Beziehungen: letzterer Gruppe allein gebührt die Bezeichnung *Schloenbachia* (s. stricto).

2. Mit der Valendisstufe beginnt eine neue Transgression der mediterranen Gewässer gegen Norden sich allmählich zu äußern und bedingt zwischen beiden genannten Provinzen einzelne Verbindungen (Norddeutschland, unteres Wolgagebiet) herzustellen. In randlichen Teilen der Mittelmeerprovinz lagern sich Riffkalke (mit *l'alletia*) ab.

3. Mit der Hauterivestufe steigert sich das Übergreifen der südlichen Meere nach Norden und es erweitern sich die marinen Verbindungen (Zentralrußland und Krim, Norddeutschland und Rhônegebiet). — Riffkalke dieser Zeit sind noch nicht nachgewiesen worden. — In Nordost-Europa herrscht während der oberen Hauterivienzeit die wolgische *Simbirskiten*-Fauna.

4. Die Darrêmezeit ist durch Regressionserscheinungen im Pariser Becken (Süßwassereinlagerungen), Rußland und Nordostengland gekennzeichnet: es steigert sich von neuem der faunistische Gegensatz zwischen wolgischer (Norddeutsches Darrémien) und mediterraner Provinz; — im Mittelmeergebiete beginnen die Urgongebilde, welche sich in der unteren Aptstufe fortsetzen.

5. Zur Aptzeit verursacht eine neue Transgression eine Vermengung und Ausgleichung der Faunen. Zugleich erscheinen im oberen Aptien der mediterranen Provinz Anzeichen lokaler Tiefenverminderungen.

6. Mit der Gaultzeit nehmen die Transgressionserscheinungen zu: sie erreichen mit dem Ende der Stufe (*Inflatus*-Schichten) die westafrikanischen (atlantischen) Küsten. Es tritt eine Verminderung der Tiefe an verschiedenen Teilen des Gebietes des Großen Mittelmeeres ein. In Portugal und Amerika verbreiten sich *Hacenticeras, Enguserras, Knemiceras*, Prebyodonten und Orbitolinen. Von Nordasien und Nordrußland zieht sich das Meer zurück.

Allgemeine Merkmale und Verteilung der paläocretacischen Faunen.
Zoographische Provinzen.

Werfen wir einen Blick auf die Entwicklung der verschiedenen marinen Faunen der Unteren Kreide zurück, so fällt uns sofort der Umstand auf, daß zur Beurteilung der zoographischen Verhältnisse (Faunenmengungen und Migrationen) die Ammonitiden wegen ihres großen Formenreichtums und ihrer bewunderungswerten Veränderlichkeit maßgebend erscheinen. Es lassen sich in bezug auf diese Molluskengruppe, welche sich ausgezeichnet dazu eignet, der Stratigraphie Leitfossilien zu liefern, drei Hauptprovinzen oder Entwicklungszentren erkennen, welche meist mit Geosynclinalen (d. h. beweglichen, sich bald vertiefenden, bald hebenden) Zonen der Meere übereinstimmen: das wolgische (sog. boreale), das indopacifische und das mediterrane (sensu lato) (= tropicale Gebiet Neumayr's) oder Gebiet des Großen Mittelmeeres. Je nach dem Spiel der Transgressionen oder Regressionen, und mit dem Erscheinen oder Verschwinden der seichteren Meeresverbindungen zwischen den genannten Provinzen sahen wir während der verschiedenen Phasen des Paläocretacicums die Faunen sich mengen, oder, außer einigen Grenzgebieten, in denen sich vereinzelte Gäste vermischten, in schroffem Gegensatz zueinander stehen (z. B. zur Valanginien- und

Barrémienzeit). Auf den Austausch vereinzelter Ammonitidenarten verschiedener Provinzen (Norddeutschland, Krim, Mexiko) in der Nähe vermutlich verbindender Meeresarme, wurde schon oben hingewiesen. Dergleichen Vorkommnisse führten einige Autoren zu der Annahme einer besonderen **Mitteleuropäischen Provinz**, welche wohl nicht gerechtfertigt sein dürfte und zum Teile nur als **neritisches Randgebiet** der großen Mittelmeerprovinz aufzufassen ist.

Am Nordrande Nordafrikas, im nördlichen Teile Algeriens und in einem Teile Marokkos sind die Absätze der Unteren Kreide bathyal entwickelt; diesen, weiter südlich durch eine Zone neritischer Facies und Sandsteinbildungen begrenzte Gebiet mag dem tiefsten Teil des zentralen Mittelmeeres entsprochen haben; die meist tiefkiesten Ammonitidenfaunen[1], welche leider noch ungenügend paläontologisch untersucht sind, zeigen daselbst einen bedeutsamen Reichtum an *Lytoceratiden*, *Phylloceraten*, *Desmoceraten*, *Silenites*, *Holcodiscus* etc. und anderen mediterranen Typen; vermutlich ist es dasjenige Gebiet, welches uns erlauben wird, die Abkunft mancher in Mitteleuropa unvermittelt[2] auftretenden Ammonitenformen abzuleiten.

Was die oft umfangreichen (mehr als 113 Arten in der Valendisstufe von Anzier; über 320 im Neokom von Ste. Croix; 253 Spezies im oberen Gault Vraconnien) des Waadtlandes; mehr als 340 Arten im gesamten Neokom des Juragebietes) neritischen Faunen betrifft, so äußern sich in denselben die Zonen- und Provinzunterschiede weit weniger als in den bathyalen Cephalopodenfaunen. So sind z. B. die Gastropoden-, Pelecypoden- und Brachiopodenbildungen der Valendis- und Hauterivestufen in ihrer Zusammensetzung kaum verschieden und nur einzelne Formen, namentlich Pachyodonten und Echiniden (*Pygurus rostratus* Ag., *Toxaster granosus* d'Orb. in der Valendisstufe, *Tox. retusus* Lamk. im Hauterivien etc.) erlauben es, die einzelnen Stufen zu datieren.

Was die Provinzen betrifft, so sind nur einzelne Gattungen und Arten wie die zahlreichen *Aucellen*-Arten, *Inoceramus aucella* Tr., *Astarte porrecta* v. Buch, *Pecten cinctus* Sow. (= *crassitesta* Roem.), *Rhynch. obliterata* Lah. etc. im nordischen Gebiete, *Rhynchonella* (*Peregrinella*) *peregrina* d'Orb., *Pygope* (*Pygites*) *diphyoides* Pict., *Pecten alpinus* d'Orb., *Natica* (*Ampullina*) *Leviathan* Pict. et C., die Trigonien (s. oben) Südafrikas und Südamerikas, u. a. im mediterranen Areal bedeutsam. Bemerkenswert ist ferner das Fehlen bedeutender zoogener Bildungen und massenhaft auftretender Pachyodonten in nördlicheren Gebieten.

Zwar gibt es manche, freilich beschränktere Gebiete (z. B. einen Teil von Südostfrankreich), in denen vom Lias und von der untersten Valendisstufe (Berriasien) bis zur Gaultstufe eine ununterbrochene bathyale Ausbildung der Schichten beobachtet werden kann, und durch eine lange Reihe von Stufen, sowohl stratigraphisch als auch paläontologisch Kontinuität herrscht, infolge derer die Entwicklung der Ammonitidenfauna im einzelnen beobachtet werden kann. Doch treten

[1] Vergl. Jourdain in Bull. Soc. géol. de France, 4. série, t. I, p. 113. Das bathyale Barrémien des Mediterrangebietes weist mehr als 100 eigentümliche Cephalopodenarten auf.

[2] Meist mit autochthonen neritischen Arten vermischt und vermutlich durch die Flut von der Hochsee in randlichen Meeresteilen eingeschwemmte Schalen (z. B. in den detritogenen Gaultschichten von Roucurel (Isère), in welchen Ch. Jacob neben *Hoplites* und *Acanthoceraten* noch eine Reihe *Lytoceraten* (*Gaudryceras*, *Kossmatella*, *Tetragonites*, *Jauberticilla*) beschrieben hat.

in den meisten der bekanntesten Areale Faciesveränderungen ein, welche mehr-
fache Abweichungen der Fauna verursachten und es nicht erlauben, bestimmte
Ammonitensippen in ihren Verwandlungen durch mehrere Zonen hindurch zu
verfolgen; neritische Typen treten an Stelle bathyaler Formen und letztere wandern
in andere Gebiete; oder litorale Formen nehmen die Stelle anderer ein etc. Auch
der Austausch von isolierten Formen zwischen angrenzenden Provinzen wirkt
bisweilen sehr beirrend auf die Ableitungsversuche; so wurde z. B. das Eindringen
nördlicher Gäste bis in die Juragegend und in Südfrankreich und die Krim,
das Vorkommen borealer Formen (*Simbirskites* etc.) mit mediterranen Typen in
den Knoxville-Beds Zentralamerikas, sowie das Vordringen südlicher Formen in
das Hilsgebiet und sogar bis in die Yorkshiregegend (zur Hauterivien-Zeit, schon
angedeutet. Ob bei diesen Migrationen einzelner Ammonitenformen wie die *Garnieria*
(*Oxynoticeras*) der mittleren Valendianstufe Meeresströmungen mitgewirkt haben,
mag dahingestellt sein; jedenfalls kann aus denselben das Vorhandensein von
Meeresverbindungen zwischen den betreffenden Ozeanen geschlossen werden.

Mit der Gaultzeit scheint die Vermengung der Faunen ihren Höhepunkt erreicht zu haben und ein entschieden einheitliches Gepräge erstreckt
sich über ganz Europa, dessen marine Fauna wohl mediterranen Ursprungs ist;
doch scheinen zwischen mittel- und südeuropäischen Gaultfaunen gewisse reelle
Unterschiede (Vorherrschen der *Sonneratia*, *Hoplites* (s. str.) im Norden, Lokalisation
der *Gaudryceras*, *Kossmatella* und *Tetragonites* im Süden, wo selbst diese Sippen von
zahlreichen *Phylloceras*, *Uhligellen* und *Puzosien* begleitet sind) zu existieren.

———

Erscheinen während der paläocretacischen Zeit viele Ammonitentypen an
Provinzialverhältnisse gebunden zu sein, wie z. B. die Gattungen *Oxynoticeras*
(*Garnieria*), *Craspedites*, *Polyptychites*, *Simbirskites* u. a. an die wolgische Provinz,
Lytoceras, *Costidiscus*, *Gaudryceras*, *Macroscaphites*, *Pictetia*, *Phylloceras*, *Spiticeras*,
Astieria, *Holcodiscus*, *Uhligella*, *Pulchellia*, *Silesites*, besondere *Crioceras*, *Heteroceras*,
Hamulina, *Ptychoceras* und *Bochianites* etc. an das Gebiet des Großen Mittelmeeres,
so können in jeder Provinz wiederum Formen genannt werden (stenotherme Formen
Haco's), welche an die bathyale Ausbildung, während andere (eurytherme Formen
Haco's, sog. seichwäre, küstennahe Formen [litoraea]), an die neritische Facies
gebunden zu sein scheinen; unter ersteren mögen für die mediterrane Provinz
namentlich *Lytoceras*, *Pictetia*, *Phylloceras*, *Lissoceras* (*Haploceras*), *Uhligella* und
Desmoceras, sowie *Aptychus Didayi* Coq. genannt werden, und unter letzteren besonders *Hoplites* und *Leopoldia*[1] (in der Hauterivestufe) *Crioceras* (*Duvali*-Gruppe),
gewisse *Astieria*[2] (*A. Astieriana* d'Orb. sp., *A. psilostoma* N. u. Uhl. sp., *Schloenbachia*

(*Mortoniceras*) (*Schl. cultrata* D'Orb. sp.). Noch andere verhalten sich als verhältnismäßig indifferent, z. B. viele *Astieria* (*A. Sayni* Kil.), *Saynoceras, Parahoplites* (*P. Milletianus* D'Orb. sp., *P. Campichei* Pict. sp.), *Douvilléiceras* u. a.

Verschiedene Erklärungen dieser eigentümlichen Verbreitung sind von J. Walther, Mojsirs, Ortmann, Haug, Pompeckj, Solger u. a. gegeben worden, auf die wir im paläontologischen Abschnitte dieses Buches zurückkommen werden; jedenfalls erscheint es wahrscheinlich, daß bei der Verbreitung der Ammonitenformen außer den zoographischen Verhältnissen auch bathymetrische und klimatische Einflüsse (Temperatur des Wassers) mitgespielt haben [1], so daß möglicherweise benthonische (autochtone) Arten und Gattungen von schwimmenden ubiquisten Formen unterschieden werden können. (Übereinstimmende Beobachtungen hat F. Frech an paläozoischen Ammoneen machen können.)

Aber auch andere marine Tiergruppen lassen in ihrer Verbreitung das Vorhandensein der obengenannten zoographischen Bezirke erkennen.

Für das Wolga-Gebiet können besonders unter den Lamellibranchiaten die artenreiche Gattung *Aucella*, sowie *Inoceramus aucella* Traut., *Pecten cinctus* Sow. (= *crassitesta* Roem. = *P. imperialis* Keys.) und *Astarte porrecta* v. Buch, namhaft gemacht werden; auch *Rhynch. obliterata* Lah. und *Belemniten* aus der Gruppe der *Infradiapresi* (*Explanati* oder *Cylindrotenthis*) sind ebenfalls für diese Provinz charakteristisch. *Duvalia* und *Hibolites* sind sehr selten.

Für das mediterrane Gebiet sind namentlich die *Pachyodonten* und *Orbitolinen* bedeutsam; daneben gewisse Echiniden und Brachiopoden (*Rhynch.* (*Peregrinella*) *peregrinum* D'Orb., *Rh. Moutoniana* D'Orb., *Pygope* und *Pygites*), sowie die Gruppe der notocoelen Belemniten (*Duvalia*).

Der indo-pacifischen Provinz gehören unter anderen eigentümliche Trigoniengruppen (Gruppe der *Tr. ventricosa* Krauss) an, welche aus Indien (Kutsch), Ostafrika und Uitenhage, sowie dem westlichen Südamerika bekannt sind. Zu nennen sind: *Trigonia concentriiformis* Steinm., *Tr. transitoria* Steinm., *Tr. subvendricosa* Steinm. und eine Reihe verwandter Arten (siehe oben).

Interessant ist ebenfalls die Lokalisierung und das sporadische Erscheinen einzelner Muscheln, wie *Trigonia Valentina* Vill. (= *Houdaana* Coq. non Lah.) bei Utrillas in Spanien, sowie der riesenhaften *Rhynchonella* (*Peregrinella*) *peregrinum* D'Orb., welche an isolierten, weit entfernten Stellen, wie im Drômedepartement (Südostfrankreich), bei Montpellier, in Süditalien (Monte Gargano, Prov. Foggia) und in Mähren und Siebenbürgen (Urmoes) kolonienbildend auftritt; an letztere Brachiopoden-Anhäufungen scheinen gewisse eigentümliche *Halcodiscus*formen und Gastro-

---

paläontologischen Teile dieses Buches näher besprochen werden. Eine Untergattung *Holcostrephanus* - s. str.) für die Gruppe von *Holc. Astierianus* D'Orb. sp. (= *Astieria* Pavlowi) beizubehalten, scheint nicht zweckmäßig.

[1] Für Südostfrankreich ist die scheinbare Abhängigkeit einer Reihe von paläocretacischen Ammonitiden von den Faciesverhältnissen zum ersten Male von W. Kilian (Bull. Soc. géol. de France, 3. série, t. XXIII, p. 779, 1895) nachgewiesen und durch zahlreiche Beispiele bekräftigt worden.

poden gebunden zu sein. Auch *Ter. Platana* Kayx. bildet lokale Kolonien. Im Jura und in den Seealpen kommen *Eudesia* aus der Gruppe *Eud. Marcousana* d'Orb. vor.

Ein rätselhaftes Fossil: *Neumania neocomiensis* E. Dum., vermutlich aus der Gruppe der Hydromedusen, ist durch sein sporadisches, aber massenhaftes Auftreten in gewissen Gebieten (Garddépartement etc.) auffällig.

Zahlreiche Formen besitzen hingegen eine, sozusagen kosmopolitische subquiste Verbreitung. Es sind das namentlich außer den Vertretern der Gattung *Nautilus*, *Doucilléiceras mamillatum* Schl. sp., *Hoplites dentatus* Sow. sp., *Opplia Nisus* d'Orb. sp., *Parahoplites Milletianus* d'Orb. sp., *Acrylaceras Mathervni* d'Orb. *Deumar*, *bicurratum* d'Orb. (= ? *Pulchellia Fuccei* Oost.), *Belemnites* (*Hibolites*) *semicanaliculatus* Blainv., *Schloenbachia inflata* Sow. sp., *Turrilites Puzosianus* d'Orb. *Anisoceras armatum* Sow. sp. etc., viele Gastropoden, Pelecypoden, Brachiopoden und Echiniden der seichteren marinen Bildungen, so sind z. B. die neritischen Zweischaler-, Brachiopoden- und Echinidenfaunen des Teutoburger Waldes (Berklingen), Südenglands, des Juragebietes und der südlichen Provence (Allanch) fast identisch. In der Gaultstufe zeigen sich in der neritischen Fauna allenthalben die Vertreter der Gattungen *Pleurotomaria*, *Turbo*, *Fusus*, *Actaeon*, *Solarium*, *Arellan*, *Aporrhais*, *Alaria*, *Cinulia*, *Cerithium*, *Scalaria*, *Turritella*, *Emarginula* etc. etc. Eine feinere Zonengliederung, wie es die Ammoniten gestalten, ist bei diesen Faunen kaum durchführbar. Die meisten dieser Arten gehen nämlich durch mehrere Stufen der Unteren Kreide ohne wesentliche Formenänderung durch.

Gewisse Brachiopoden, wie z. B. *Magellania* (*Zeilleria*) *tamarindus* d'Orb. sp. und *Terebratula collinaria* d'Orb. kommen namentlich in England, im Juragebiet, in Südfrankreich, der Provence, Savoyen und den Schweizer Alpen, ebenso wie in Nordafrika, in den Balkanländern, im Kaukasus, in Chile vor. Desgleichen erfreuen sich z. B. *Exogyra Couloni* Defr. sp., *Pseudomonodis Cornuelliana* d'Orb. sp. einer ganz allgemeinen Verbreitung. Zu nennen sind auch in dieser Beziehung als weitverbreitete Formen: *Glauconia* (mehrere Arten), *Ampullina Leviathan* P. et C. sp. (= *Strombus Santieri* Coq.) (kommt auch im Kaukasus vor), *Harpagodes Pelop* d'Orb. sp., *Ptychomya* (Frankreich, England, Schweiz, Südamerika, Südafrika, Norddeutschland) (mehrere Arten: *Ptych. Germani* P. et C. etc.), *Tethis minor* Sow. *Ostrea minos* Coq., *Exogyra aquila* d'Orb. sp., *Exogyra Couloni* Defr. sp., *Alectryonia rectangularis* Roem. sp. (= *macroptera* Sow. sp.), *Cucullaea* (*Arca*) *Gabrielis* Leym. sp. *Cuc. securis* Leym. sp., *Fimbria* (*Corbis*) *corrugata* d'Orb. sp. (= *Corbis cordiformis* d'Orb. sp.), *Astarte Beaumonti* Leym., *Inoceramus concentricus* Park., *In.* (*Actinoceramus*) *sulcatus* Park., *Pholadomya elongata* Münst., *Macromya Couloni* Ag. *Panopaea neocomiensis* d'Orb. sp. (= *Myopsis neocomiensis* d'Orb.), *P. Carteroni* d'Orb. *P. Dupiniana* d'Orb., *Cardium subhillanum* Leym., *Pinna Robinaldina* d'Orb., *Trigonia carinata* Ag., *Tr. caudata* Ag., *Tr. longa* Ag., *Tr. aliformis* Park., *Tr. Fittoni* Desh. *Plicatula radiata* Lamk., *Plic. placunea* Lamk., *Terebratula Montuninea* d'Orb., *Ter. acuta* Q. (= *penelongus* Sow.), *Ter. valdensis* de Lor., *Ter. sella* Sow., *Ter. collinaria* d'Orb., *Ter. Dutempleana* d'Orb. (= *biplicata* Sow.), *Rhynchonella multiformis* Roem. *Rh. Gibbsiana* Sow., *Glossothyris hippopus* Roem. sp., *Pseudodiadema Malbosi* Desor. *Pseudocidaris clunifera* Ag. sp., *Discoidea cylindricus* Lamk. sp., *Goniopygus peltatus*

An. sp., *Clypeopygus Rubinaldinus* d'Orb., *Enallaster* (*Heteraster*) *oblongus* Brongn. sp., *Toxaster retusus* Lam. sp. (= *T. complanatus* Ag.), *Serpula antiquata* Sow. etc. etc.

Die bestbekannten nichtmarinen (kontinentalen) Bildungen der Unteren Kreide (Wealdenbildungen) gestalten keine allgemein durchführbare Zonengliederung. Besonders verbreitet sind diese nichtmarinen Äquivalente, welche an der unteren Grenze des Paläocretacicums entwickelt sind und je nach den Gebieten bis zu der unteren Valendis-, Hauterive- oder unteren Barrêmestufe anhalten, in Nordwestdeutschland, Südengland, an der Boulonnaisküste, in Portugal und Nordostspanien; sie alternieren häufig mit marinen Lagen und gehören sämtlich demselben Mitteleuropäischen Gebiete an.

Der Charakter der portugiesischen Wealdenflora stimmt mit demjenigen der nordamerikanischen Potomacformation [1] überein. Im östlichen Südamerika sollen ähnliche Bildungen verbreitet sein.

*   *   *

Eine erschöpfende Untersuchung der Unteren Kreidegebilde mag, nach dem bisher Gesagten, die Beschreibung des Paläocretacicums in folgenden Gebieten umfassen:

A. in dem mediterranen Ausbildungsbezirke (Mésogée) und dessen Randgebieten;

B. in dem (borealen) Ausbildungsbezirke der Wolga;

C. in dem indo-pacifischen (und australischen) Ausbildungsbezirke.

A. In dem mediterranen Bezirke sind die bemerkenswertesten und bekanntesten Ausbildungstypen der Unteren Kreide (exkl. der Gaultstufe):

1. Der Typus des Pariser Beckens und Südenglands, namentlich im Südosten des Seinebeckens, in der Isle of Wight und in der Wealdengegend bekannt.

2. Der jurassische Typus, besonders im Waadtländer und Neuenburger Jura entwickelt, mit vorwiegend neritischer Facies.

3. Der alpine Typus, in der Rhônebucht (Südostfrankreich) ausgezeichnet, mit vorwiegend bathyaler Facies, lokaler Entwicklung zoogener Urgonbildungen und *Toxaster*kalken.

Folgt man der historischen Entwicklung unserer Kenntnisse über Untere Kreide, so sind es die südenglischen und jurassischen Vorkommnisse, welche zuerst untersucht wurden und den klassischen Rahmen zur weiteren Bearbeitung des Paläocretacicums lieferten; stellt man sich aber auf den streng wissenschaftlichen Standpunkt, so scheint es methodischer, in erster Linie den »alpinen Typus« zu betrachten, da derselbe infolge seiner bathyalen, lückenlosen Ausbildung zur Aufstellung feinerer Zonen- und Stufengliederung als weitaus ge-

---

[1] Aus dieser Flora sind 400 Arten bekannt, außer zahlreichen Angiospermen (*Sassafras, Aralia* etc.), *Sassafras, Ficus, Myrica, Aralia*), sind Koniferen, einige Cykadeen und Farne zu nennen; sie ist aus dem zentralen und östlichen Teile Nordamerikas (Potomac, Virginia, Kansas, Maryland), sowie aus Westgrönland bekannt.

eigneter erscheint. Von diesem nunmehr bis in seine Einzelheiten bekannten
Typus ausgehend, und nachdem wir die vielfachen in Südostfrankreich bemerk-
baren Faciesveränderungen erörtert haben, wird es angemessen sein, die gleich-
alten Gebilde gegen Osten (Alpen, Karpathen, Serbien, Kaukasus, Asien), Westen
(Pyrenäen) und Süden (Spanien, Nordafrika, Italien, Sizilien etc.) zu verfolgen.

In einem weiteren Kapitel mag der jurassische Typus eingehender geschildert werden, dem sich die Vorkommnisse im Pariser Becken und im südlichen
England naturgemäß anschließen.

B. Die wolgische Ausbildung hat ihre hauptsächlichsten Typen in
Nordostengland (Yorkshire, Lincolnshire), Norddeutschland, Zentral- und Ostrußland, Nordsibirien, Alaska, an der pacifischen Küste Nordamerikas etc.

C. Dem indo-pacifischen (australischen) Bezirke gehört das Paläocretacicum der Kapkolonie, Australiens, Neukaledoniens, Madagaskars und
Indiens an.[1]

Für den Gault sind die Gebiete der Hauptentwicklung in Südengland, im
Pariser Becken, im Juragebiete, in Südfrankreich und den Alpenländern, sowie in
Nordwestdeutschland zu suchen. Die nähere Schilderung derselben, sowie verschiedener gleichaltriger Vorkommnisse wird in einem besonderen Abschnitte
am Schluße des Bandes ihren Platz finden.

---

[1] Es mag darauf hingewiesen werden, daß die paläocretacischen Faunen des australischen
Gebietes (Patagonien, Südafrika) gewisse Anklänge an die Typen des norddeutschen Jura zu
zeigen scheinen (Vorkommen von *Oppelien* der *Nisusgruppe*, *Leopoldien* [*Undatherierven*], *Astieria*
aus der *Atherstonigruppe*, *Parahoplites* [Delagoabai], besondere *Hoplites* und *Crioceras* etc.).

Literaturverzeichnis.

In beifolgender vorläufiger Liste sind meistens nur die Schriften allgemeineren Inhalts über Untere Kreide, sowie die für die Kenntnis des Paläonteraticeums, sei es, was die historische Entwicklung der Forschungen, als auch die Nomenclatur, Zonen- und Stufeneinteilung, Paläontologie usw. betrifft, wichtigeren Werke und Aufsätze angegeben. — Die weitere, noch zahlreiche, dieses Verzeichnis vervollständigende Literatur über die Paläontologie und die Entwicklung der Unterkreide in den verschiedenen Gebieten der Erde wird am Schlusse jeden Kapitels in den folgenden Abschnitten dieses Buches gegeben werden.[1]

1. 1760. MICHELL. Conjectures concerning the cause and phenomena of the earthquakes. (Philos. Transactions, vol. LI.)

2. 1803. L. von Buch. Catalogue manuscrit d'une collection de roches qui composent les montagnes de Neuchâtel. — Une copie de ce manuscrit, faite par Bournet (de la Nièvre), a été offerte par A. Rault à la Société géologique de France, et déposée dans sa bibliothèque. (Ein Exemplar in Neuenburg [Schweig]; davon eine Abschrift in Paris [Geol. Gesellsch.].)

3. 1812. W. Smith. A geological map of England and Wales with part of Scotland. London.

4. 1816. — Strata identified by organised fossils — (in 4°, mit kolorierten Tafeln).

5. 1817. — A stratigraphical System of organised fossils compiled from the original geological collection of British Museum with coloured tables of the geological distribution of the group of Echinodermata (in 4° mit einer „Geological table of British organised fossils" etc. 1817).

5a. 1821. A. Brongniart. Sur les caractères zoologiques des formations, avec l'application de caractères à la détermination de quelques terrains de Craie. (Annales des Mines, 1. série, tome VI, Doll, p. 537.) — (Für Gault der Perte-du-Rhône etc. wichtig!)

6. 1822. W. D. Conybeare and W. Phillips, Outlines of the Geology of England and Wales. — London in 8°.

7. — De la Bèche. Remarks on the Geol. of the south coast of England. (Trans. geol. soc. ser. 2, vol. I, p. 40).

8. — G. A. Mantell. The fossils of the South Downs or Illustrations of the Geology of Sussex. — London, in 4° m. 42 pl.

9. 1820—23. v. Schlotheim. Die Petrefaktenkunde auf ihrem jetzigen Standpunkte und Nachträge zur Petrefaktenkunde. — Gotha.

10. 1824. Fitton. Inquiries respecting the geol. relations of the beds between le Chalk and the Purbeck limestone in the south-east of England. (Annal. of philos. VIII, p. 369 u. 498.)

11. 1825—1836. Brongniart. Recherches sur les ossements fossiles de Cuvier. (T. IV, 2. partie). — Mit Atlas. (Angaben u. Abbild. über Untere Kreide, namentlich über Gault.) — Paris.

12. 1824. De la Bèche. On the Chalk and Sands beneath etc. (Transact. geol. Soc. London, 2. serie, t. II, p. 109.)

13. 1826. Huzey. Description géognostique du bassin du Bas Boulonnais. (Mém. Soc. d'hist. nal. vol. III 1827) — et Paris 1828).

14. 1829. Phillips. Illustrations of the Geology of Yorkshire. (York 1829, I; II, 1835, III. 1875.)

[1] Im Laufe der folgenden Kapitel wird oftmals auf die einzelnen Nummern dieses Literaturverzeichnisses zurückgewiesen werden.

15. 1829. Élie de Beaumont. Recherches sur quelques unes des révolutions de la surface du globe. (Ann. Sc. nat. 1. série, t. XVIII et t. XIX.) Chapitre I.

16. — Rampal. Histoire naturelle des Bélemnites. (Ann. des Sc. d'Observ., vol. I.)

17. 1819—29. Sowerby. Mineral Conchyology of Great Britain. · London. (7 Bände.)

18. 1831. Omalius d'Halloy. Éléments de Géologie. — Paris 1831.

19. — Puzos. Sur le Scaphites Yvani. (Bull. Soc. géol. de Fr., 1. série, vol. II, p. 355.)

20. 1833. de la Bèche. Manual of Geology, p. 884. — London.

21. 1830—33. Lyell. Principles of Geology, 1. édition 1830 (12. édition 1875) und Elements of Geologie, 8 Auflagen (1838—1884).

22. 1834. De la Bèche. Researches in theoretical Geology. (London.) — (Deutsche Übersetzung von Carl Hartmann. Quedlinburg und Leipzig 1836. Traduction française par Collegno. Paris 1838.)

23. 1835. A. de Montmollin. Mémoire sur le terrain crétacé du Jura. (Mém. Soc. neuchâteloise. T. I.) — Neuchâtel.

24. — Sc. Gras. Statistique minéralogique du département de la Drôme (avec une carte géologique). — Grenoble, Prudhomme 1835.

25. — Ch. Lévéillé. Description de quelques nouvelles coquilles fossiles du département des Basses-Alpes. (Mém. de la Soc. Géol. de Fr., 1. série, t. 2, 2. partie.)

26. 1829—33. G. Cuvier et A. Brongniart. Description géologique des environs de Paris. 3. Édit. Paris, d'Ocusagne 1835 (cartes, profils, Pl. de fossiles, Gault des Hte. Savoie, etc.

27. 1836. Thurmann. Résumé des travaux de la Société géologique des Monts-Jura. (Bull. Soc. géol. de France, 1. série, t. VII. p. 207; Séance du 18. mai 1836.)

28. — Discussion sur le synchronisme du terrain crétacé du Jura. (Bull. Soc. géol. de France, 1. série, t. VII, p. 209.)

29. — Voltz. Sur l'âge du terrain néocomien. (Bull. Soc. géol. de Fr., 1. série, t. VII, p. 276.)

30. — Thirria. Sur le terrain Jura-crétacé de la Franche-Comté. (Annales des Mines, 3. série t. X, p. 148.)

31. — Fitton. Observations on some of the Strata between the Chalk and the Oxfordoolithe in the south east of England. (Transactions geol. Soc. of London, 2. série, vol. IV.)

32. 1837. Dubois de Montpéreux. Lettre à Élie de Beaumont sur le Néocomien et le Grès vert aux environs de Neuchâtel. (Bull. Soc. géol. de Fr., 1. série, t. VIII, p. 364.)

33. 1838. Dubois. Position du Néocomien relativement aux autres groupes de terrain crétacé. Observations de MM. Hoyer, de Verneuil, Thurmann, Studer. (Bull. Soc. géol. de France. 1. série, t. IX, p. 453.)

34. — Bouvée. Parallélisme entre le terrain néocomien et la formation wealdienne d'eau douce en Angleterre. (Bull. Soc. géol. de Fr., 1. série, t. IX, p. 435.)

35. — E. Hoyer. Note sur les Grès verts et le Néocomien de la Champagne. (Bull. de la Soc. géol. de Fr., 1. série, t. IX, p. 423.)

36. — Thurmann. Roches du terrain néocomien. — Observations de MM. Roemer, Nicolet. (Bull. Soc. géol. de Fr., 1. série, t. IX, p. 377—376.)

37. — Clément Mullet. Composition du terrain crétacé du département de l'Aube. Observations de MM. Dumas, Itier et Coquand. (Bull. Soc. géol. de Fr., 1. série, t. XI, p. 403.)

38. 1839. L. v. Buch. Pétrifications recueillies en Amérique par M. de Humboldt et par M. Ch. Degenhardt. Berlin 1839.

39. — d'Archiac. Groupe moyen de la formation crétacée. (Mém. Soc. géol. de Fr., t. III, p. 263 et 295.)

40. — Cornuel. Examen détaillé des terrains de l'arrondissement de Vassy. (Bull. Soc. géol. de Fr., 1. série, vol. X, p. 208.)

41. — Ewald et Beyrich. Note sur le terrain crétacé du Sud-Est de la France. (Bull. Soc. géol. de Fr., 1. série, t. X, p. 322.)

42. — Duval. Terrain néocomien de la Drôme. (Ann. Soc. d'agriculture etc. de Lyon, t. II.

43. — A. de Montmollin. Note explicative pour la Carte géologique du canton de Neuchâtel (Mém. Soc. Sc. de Neuchâtel, t. II.)

44. 1840. MONTMOLLIN, IMMETHON, STUDER. Discussion sur le terrain néocomien. (Act. Soc. helvét. de Berne, p. 62.)

45. — THIRRIA. Notices géologiques sur les gîtes de minerai de fer du terrain néocomien de la Haute-Marne. (Annales des Mines, 3. série, t. XV.)

46. LE COQ. Note sur le terrain crétacé du Sud-Est de la France. (Bull. Soc. Géol de France, t. série, T. X, p. 323.)

47. 1837—39. DUVAL-JOUVE. Sur une espèce de Crioceratite. (Ann. de la Soc. d'Agr. de Lyon, t. II (1839) et Bull. Soc. géol. de Fr., 1. série, t. IX, p. 337.)

48. 1840. COQUAND. Sur les terrains néocomiens de la Provence. (Bull. Soc. géol. de Fr., 1. série, t. XI, p. 401.)

49. SC. GRAS. Statistique minérale et géologique du département des Basses-Alpes. Grenoble 1840.

50. 1841. DUVAL-JOUVE. Bélemnites des terrains crétacés inférieurs des environs de Castellane (Basses-Alpes). Paris 1841.

51. CORNUEL. Mémoire sur les terrains crétacés du département de l'Aube. (Mém. Soc. géol. de Fr., t. IV, p. 2.)

52. — Mémoire sur le terrain crétacé inférieur et supra-jurassique de l'arrondissement de Vassy. (Ibid. t. IV, p. 229.)

53. F. A. ROEMER. Die Versteinerungen des norddeutschen Kreidegebirges. — Hannover 1841.

54. COQUAND. Aptychus du Néocomien des Basses-Alpes. (Bull. Soc. Géol de Fr., 1. série, t. XII, p. 382.)

55. 1841—42. A. LEYMERIE. Sur le terrain crétacé du département de l'Aube. (Mém. Soc. géol. de Fr., t. IV et t. V.)

56. 1840—47. D'ORBIGNY. Paléontologie française, terrains crétacés. (Céphalopodes, Gastropodes, Lamellibranches, Brachiopodes.) T. I à t. IV. Paris, Bertrand. — id. Supplément (1847).

57. 1842. HUOT. Voyage dans la Russie méridionale sous la direction du M. DE DEMIDOFF. (Vol. II, S. 213.)

58. — PH. MATHERON. Catalogue méthodique et descriptif des corps organisés fossiles du département des Bouches-du-Rhône et lieux circonvoisins. — Marseille 1842.

59. — Terrains jurassiques du Sud-Est de la France. (Bull. Soc. géol. de Fr., 1. série, t. XIII, p. 423.)

60. A. D'ORBIGNY. Voyage dans l'Amérique méridionale. (Paléontologie, Bd. III, P. IV.)

61. Coquilles et échinodermes fossiles de Colombie (Nouvelle-Grenade) recueillis par BOUSSINGAULT et décrits par l'auteur. — Berger-Levrault, Paris-Strasbourg.

62. 1843. HÉRICART. Cet auteur certifie que l'étage à Chama ammonia est placé sur le calcaire néocomien à Bélemnites, (Bull. Soc. géol. de Fr., 2. série, t. 1, p. 61.)

63. — DE LONGUEMAR. Étude géologique des terrains de la rive gauche de l'Yonne. — Auxerre 1843.

64. A. LEYMERIE. Sur la classification des étages du terrain crétacé de la France. (Bull. Soc. géol. de Fr., 2. série, t. 1, p. 39.)

65. — A. D'ORBIGNY. Sur la classification des étages du terrain crétacé de la France. Observations de MM. ITIER et LEYMERIE. (Bull. Soc. géol. de Fr., 2. série, t. 1, p. 41.)

66. — Notes sur des traces de remaniements au sein des couches de Gault ou terrain albien de France et de Savoie. Observations de MM. HAULIN, MICHELIN, LYELL, HÉRIBÉR. (Bull. Soc. Géol. de Fr., 1. série, t. XIV, p. 537).

67. HAULIN. Observations sur le Gault des Ardennes. (Bull. Soc. géol. de Fr., 1. série, t. XIV, p. 484.)

68. 1844. J. CORNUEL. Description des Entomostracées fossiles du terrain crétacé inférieur du département de la Haute-Marne, suivie d'indications sur les profondeurs de la mer qui a déposé ce terrain. (Mém. Soc. géol. de Fr., 2. série, t. 1, p. 193.)

69. 1843—44. W. DUNKER. Programm der höhern Gewerbeschule in Cassel, p. 45.

70. 1845. A. D'ORBIGNY. Paléontologie universelle des Coquilles et des Mollusques. — Paris 1845.

70a. — FORBES. Report on the cretaceous fossils from Santa Fé de Bogota, etc. (Quart. Journ. geol. Soc. t. I, London.)

146   Literaturverzeichnis.

71. 1815. Sowerby. Conchyologie minéralogique de la Grande Bretagne. — Sowerby 1815.

72.   de Longueman. Lettre sur la zone crayeuse inférieure comprise entre l'Yonne et l'Armance. Observations de MM. Rozet et Élie de Beaumont. (Bull. Soc. géol. de Fr., 2. série, t. II, p. 344, pl. VIII, Fig. 11.)

73.   É. de Beaumont. Lettre de M. de Buch sur les caractères des couches jurassiques dans le Midi de l'Europe. (Bull. Soc. géol de Fr., 2. série, t. XXI, p. 348.)

74.   A. d'Orbigny, Murchison, de Verneuil et Keyserling. Géologie de la Russie d'Europe (t. II, Paléontologie). — Paris 1845.

75. 1844—45. Buvignier. Observations sur un mémoire de M. A. d'Orbigny sur les mollusques gastéropodes et sur des nodules fossilifères du Gault. Remarques de M. Raulin et réponse de M. d'Orbigny. (Bull. Soc. géol. de Fr., 1. série, t. XIV, p. 800 et 2. série, t. I, p. 185 et 216.)

76. 1846. d'Archiac. Études sur la formation crétacée. (Mém. Soc. géol. de Fr., 2. série, t. II.)

77.   Fitton. Comparative remarks on the lower Greensand of Kent and the Isle of Wight. (Proc. geol. Soc. London, t. V, p. 200.)

78.   Ch. Lory. Études sur les terrains secondaires des environs de Grenoble. — Nantes 1846.

79.   Dunker. Monographie der Norddeutschen Wealdenbildung. (Ein Beitrag zur Geognosie und Naturgeschichte der Vorwelt, nebst Abhandlung über die in dieser Gebirgsbildung bis jetzt gefundenen Reptilien.) Braunschweig 1846.

80.   É. Dunker. Classiffication du Néocomien du Gard. (Bull. Soc. géol. de Fr., 2. série, t. IV, p. 630.)

81.   J. Marcou. Sur le Néocomien du Jura salinois. (Bull. Soc. géol. de Fr., 2. série, t. IV, p. 166.)

82.   A. Leymerie. Sur le terrain crétacé du département de l'Aube. (Bull. Soc. géol. de Fr. 2. série, t. III, p. 391.)

83.   Statistique géologique et minéralogique du département de l'Aube. Troyes et Paris.

84. 1847. A. d'Orbigny. Voyage au Pôle Sud. Géologie. Paris 1847.

85.   Ch. Lory et Pidancet. Mémoire sur les relations du terrain néocomien avec le terrain jurassique dans les environs de Ste. Croix. (Mém. Soc. d'Emulation du Doubs, t. III, p. 83.)

86.   J. Marcou. Sur le terrain néocomien qui se trouve dans les montagnes du Jura compris entre Dôle et le Reculet. (Bull. Soc. géol. de Fr., 2. série, t. IV, p. 442.)

87.   Fitton. A stratigraphical account of the section from Atherfield to Rokem End, on the south-west coast of the isle of Wight. (Quart. Journ. geol. Soc., T. III, p. 289.)

88. 1848. Thollière. Note sur une nouvelle espèce d'Ammonite provenant des grès verts supérieurs du département de la Drôme. (Ann. Soc. d'Agr. de Lyon, 1. série, vol. XL)

89.   J. Marcou. Recherches géologiques sur le Jura salinois. (Mém. de la Soc. géol. de Fr. 2. série, t. III, 1. partie.)

89a.   Dufrénoy et Élie de Beaumont. Explication de la Carte géologique de la France. t. I. Paris.

90. 1849. L. von Buch. Observations sur les limites du terrain crétacé dans les deux hémisphères. (Bull. Soc. géol. de Fr., 2. série, t. VI, p. 564.)

91.   Coquand. Sur le parallélisme des assises crétacées et tertiaires des bassins du Rhône et de Paris. (Bull. Soc. géol. de Fr., 2. série, t. VI.)

92.   W. Dunker. Über den norddeutschen sog. Wälderthon und dessen Versteinerungen. (Stud. d. Götting. Ver. bergmänn. Freunde, Bd. V, S. 105.)

93.   L. von Buch. Betrachtungen über die Verbreitung und die Grenze der Kreidebildungen. (Verhandl. d. naturhist. Ber. für Rheinland und Westfalen. S. 211—302.)

94.   Roberau-Desvoidy. Mémoire sur les crustacés du terrain néocomien de St. Sauveur-en-Puisaye. (Ann. de la Soc. entomologique de France, 2. série, t. VII, p. 97 ff.)

95.   De Zigno. Nouvelles observations sur les terrains crétacés et nummulitiques de l'Italie et des Alpes vénitiennes. (Bull. Soc. géol. de Fr., 2. série, t. VII, p. 25.)

96. 1850. L. Saemann. Note sur la glauconie crayeuse, comme engrais. (Bull. Soc. géol. de Fr., 2. série, t. VII, p. 798.)

97. 1850. D'ORBIGNY, (ALC). Prodrôme de paléontologie stratigraphique universelle des animaux mollusques et rayonnés. — Paris 1850—52. (Zahlreiche neue Arten ohne Abbildungen.)

98. — EWALD. Über die Grenze zwischen Neocomien und Gault. (Zeitschr. d. deutsch. geolog. Gesellsch. Bd. II.)

99. — A. D'ORBIGNY. Notes sur quelques nouvelles espèces remarquables d'Ammonites des étages néocomien et aptien de la France. (Journal de Conchyl. t. I.)

100. 1851. IBBETSON. Du terrain jurassique de la Provence, sa division en étages, son indépendance des calcaires dolomitiques associés aux Gypses. (Bull. Soc. géol. de Fr., 2. série, t. XIX, p. 100.)

101. — BAYLE et COQUAND. Mémoire sur les fossiles secondaires recueillis dans le Chili par J. DOMEYKO et sur les terrains auxquels ils appartiennent. (Mém. Soc. géol. de Fr., 2. série, t. 4.)

102. — CORNUEL. Catalogue des coquilles de Mollusques, Entomostracés et Foraminifères du terrain crétacé inférieur de la Haute-Marne, avec diverses observations relatives à ce terrain. (Bull. Soc. géol. de Fr., 2. série, t. VIII, p. 430.)

103. — CAMPICHE. Enumération des étages reconnus aux environs de Ste. Croix. (Bull. Soc. vaud. des Sc. nat., t. III, p. 253.)

104. — D'ARCHIAC. Histoire des progrès de la géologie. Paris 1851. (Siehe Nr. 120.)

105. — D'ORBIGNY. Description de quelques fossiles remarquables de la république de la Nouvelle-Grenade. (Revue et Magasin de Zoologie, 2. série, t. III, p. 376.)

106. — — Notice sur le genre Heteroceras de la classe des Céphalopodes. (Journal de Conchyl, t. II).

107. — ASTIER, J. E. Catalogue descriptif des Ancyloceras appartenant à l'étage Néocomien d'Escragnolles et des Basses-Alpes. — Lyon 1851.

108. — JAUBERT. Description d'une espèce nouvelle d'Ancyloceras de l'étage néocomien de Castellane (Basses-Alpes). (Extr. Ann. Sc. d'Agr. de Lyon.)

109. 1852. BUVIGNIER. Statistique minéralogique, géologique et paléontologique de la Meuse. — Paris 1852.

110. — GIEBEL, C., Fauna der Vorwelt. Bd. III. — Leipzig.

111. — D'ORBIGNY, AL. Cours élémentaire de Paléontologie et de géologie stratigraphique. — Paris, Masson, 1849—52, 3 vols in 8°.

112. — — Notice sur le genre Hamulina. Journ. de Conch., t. III. (1853, p. 207.)

113. — TH. DAVIDSON. A monograph of british cretaceous Brachiopoda. — London.

114. — ALBIN GRAS, Catalogue des corps organisés fossiles de l'Isère. (Bull. Soc. de Stat. de l'Isère.) — Grenoble.

115. 1853. DIXON. Sur l'étage inférieur du groupe néocomien. (Etage valanginien.) (Bull. Soc. sc. nat. de Neuchâtel, t. III, p. 172.)

116. — A. D'ORBIGNY. Sur quelques coquilles fossiles recueillies dans la montagne de la Nouvelle-Grenade par M. J. ACOSTA. (Journ. de Conchyl. t. IV.)

117. — E. RENEVIER. Mémoire géologique sur la Perte-du-Rhône et ses environs. (Mém. soc. helvét. Sc. nat.)

118. — — Note sur le terrain néocomien qui borde le pied du Jura, de Neuchâtel à la Sarraz. (Bull. Soc. vaud. sc. nat. T. III, p. 267.)

119. 1847—53. PICTET et ROUX. Description des mollusques fossiles qui se trouvent dans les grès verts des environs de Genève. — Genève 1847—53.

120. 1851—54. A. D'ARCHIAC. Histoire des progrès de la géologie 1839—1840. — (Inkammondere: T. IV 1851. T. V 1853.); t. V, appendice bibliogr. — Paris.

121. 1854. E. DIXON. Quelques mots sur l'Etage inférieur du groupe néocomien. (Bull. Soc. neuch. des Sc. nat. t. III, p. 177.)

122. — CH. LORY. Sur la série des terrains crétacés du département de l'Isère. (Bull. Soc. géol. de Fr., 2. série. t. IX, p. 57.)

123. 1855. E. RENEVIER. Parallélisme des terrains crétacés inférieurs de l'arrondissement de Vassy (Hte. Marne) avec ceux de la Suisse occidentale. (Bull. Soc. géol. de Fr., 2. série, t. XII, p. 89.)

124. 1855. JAUBERT. Description d'une espèce nouvelle d'Ancyloceras de l'étage néocomien de Castellane (Basses-Alpes). Ann. de la Soc. d'Agr. de Lyon, t. VII).

125. — HÖBERT. Sur le terrain néocomien des Alpes françaises. (Bull. Soc. géol. de Fr., 2. série, t. XII, p. 533.)

126. 1856. DESOR. Enumération des fossiles valanginiens. (Bull. de la Soc. des Sc. nat. de Neu-châtel, vol. III.)

127. — H. KARSTEN. Über die geognostischen Verhältnisse des westlichen Columbien der heutigen Republiken Neu-Granada und Ecuador. (Amtl. Ber. d. Naturf. Gesellsch. zu Wien; Verhand. der Versammlung deutscher Naturforscher zu Wien.) — Siehe auch KARSTEN. Géologie de l'ancienne Colombie. — Berlin 1886.

128. — COTTEAU. Sur l'assise supérieure du terrain néocomien de la Haute-Marne. Obser-vations de M. DE ROYA. (Bull. Soc. géol. de Fr., 2. série, t. XIII, p. 677).

129. — AL. D'ORBIGNY. Description de quelques espèces d'Ammonites nouvelles des terrains jurassique et crétacé. (Revue et Magasin de Zoologie, t. VIII.)

130. 1857. CL. DE TRIBOLET. Sur le terrain valanginien. Réponse à une lettre de M. PILLET. (Bull. Soc. neuch. Sc. nat., t. IV, p. 205.)

131. — COQUAND. Justification de la classification nouvelle qu'il propose de la Craie inférieure et de la Craie supérieure, ainsi que des noms nouveaux qu'il propose à ces étages. (Bull. Soc. géol. de Fr., 2. série, t. XIV, p. 878.)

132. — CH. LORY. Mémoire sur les terrains crétacés du Jura. (Mém. soc. d'Emul. du Doubs, 3. série, vol. II, p. 288.)

133. — P. DE FROMENTEL. Description des Polypiers fossiles de l'étage néocomien.

134. 1858. PICTET, CAMPICHE et DE TRIBOLET. Description géologique des environs de Ste. Croix: description des fossiles du terrain crétacé des environs de Ste. Croix, 1. partie. (Mat. pour la Paléont. suisse, II. série, p. 5–20.)

135. — AB. DE ZIGNO. Prospetto dei terreni sedimentarii del Veneto. (Atti d. Istituto Veneto d. Sc. lett. et arti, vol. III, série III.)

136. 1861–66. PICTET et RENEVIER. Description des fossiles du terrain aptien de la Perte-du-Rhône et des environs de Ste. Croix. (Mat. pour la Paléont. suisse, 1. série, 1854–58.)

137. 1858–60. J. PICTET et DE LORIOL. Description des fossiles contenus dans le terrain néoco-mien des Voirons. (Mat. pour la Paléont. suisse, II. série. — Genève 1858 1860.)

138. 1859. RAULIN. Sur la classification de la Craie inférieure. (Bull. Soc. géol. de Fr., 2. série, t. XVI, p. 436.)

139. — R. F. SHUMARD. Descriptions of new cretaceous fossils from Texas. (Trans. St. Louis Ac. Sc. Vol. I, p. 590.)

140. — COQUAND. Synopsis des animaux et des végétaux fossiles observés dans la formation crétacée du Midi de la France. (Bull. Soc. géol. de Fr., 2. série, t. XVI, p. 945.)

141. — J. MARCOU. Sur le Néocomien dans le Jura et son rôle dans la série stratigraphique. (Arch. des Sc., bibl. univ. de Genève, 1859.)

142. 1857–60. — Lettres sur les roches du Jura et leur distribution géographique dans les deux hémisphères. — Paris 1860.

143. 1853–67. A. D'ORBIGNY et G. COTTEAU. Paléontologie française, terrain crétacé, t. VI—VII. (Echinoïdes. — Paris, Masson.)

144. 1860. CORNUEL. Sur le groupe du grès vert inférieur du bassin de la Seine, sur sa division d'après les oscillations du sol et les caractères géologiques et stratigraphiques et sur les rapports, assise par assise, avec les diverses parties du grès wealdien et du Lower green-sand d'Angleterre. (Bull. Soc. géol. de Fr., 2. série, t. XVII, p. 734.)

145. — Sur les divisions à établir dans le Crétacé inférieur. (Bull. Soc. géol. de Fr., 2. série, t. XVII, p. 425.)

146. 1861. HÉBERT. Études sur le synchronisme et la délimitation des terrains crétacés du Sud-Est de la France. (Mém. de la Soc. d'Emulation de la Provence, t. I, p. 27.)

147. — P. DE LORIOL. Description des animaux invertébrés fossiles contenus dans l'étage néocomien moyen du Mont Salève. — Genève-Bâle.

148. 1861. v. Strombeck. Über den Gault und insbesondere die Gargasmergel im nordwestlichen Deutschland. (Zeitschr. d. deutsch. geol. Ges., XIII.)

149. — E. de Fromentel. Catalogue raisonné des Spongitaires de l'étage néocomien. (Bull. Soc. des Sc. de l'Yonne, Auxerre.)

150. — — Paléontologie française: Terrain crétacé, t. VIII. Zoophytes. — Paris 1861—1807. (Unbeendet.)

150 a. — (Gabb, W. Synopsis of the Mollusca of the cretaceous Formation, 1861. Siehe auch: Geol. Surv. of Calif. t. I (1864), t. II (1869) und Journ. Acad. nat. Sc. Philad. N. S. (2), 6, 1877.

151. 1862. Coquand. Sur la convenance d'établir dans le groupe inférieur de la formation crétacée un nouvel étage entre le Néocomien proprement dit (couches à Toxaster complanatus et à Ostra Couloni) et le Néocomien supérieur (étage urgonien d'Alc. d'Orbigny). (Bull. Soc. géol. de Fr., 2. série, t. XIX, p. 531 et Mém. Soc. d'Emul. de Provence, I, 1861, p. 129.)

152. — Coquand. Sur la limite des deux étages du Grès vert inférieur dans le bassin parisien et sur les rapports de son étage néocomien avec celui du bassin méditerranéen. Observations de MM. Ed. Hébert et de Verneuil. (Bull. Soc. géol. de Fr., 2. série, t. XX, p. 675.)

153. — Hébert. Observations au sujet des travaux géologiques de M. Scipion Gras sur la Provence. (Bull. Soc. géol. de Fr., 2. série, t. XIX, p. 558.)

154. — Woods. Geological observations in South Australia. — London 1862.

155. 1857—63. W. A. Ooster. Pétrifications remarquables des Alpes suisses. Catalogue des Céphalopodes fossiles des Alpes suisses (avec supplément). — Genève 1857—63.

156. 1863. Pictet. Note sur l'étage Barrémien. (Arch. sc. phys. et nat. de Genève.)

157. — Ebray. Stratigraphie de l'étage albien dans les départements de l'Yonne, de l'Aube, de la Haute-Marne, de la Meuse et des Ardennes. (Bull. Soc. géol. de Fr., 2. série, t. XX, p. 608.)

158. — H. Coquand. Monographie paléontologique de l'étage aptien de l'Espagne. (Mém. Soc. d'Emul. de la Provence, t. III, 1863. — Marseille.)

159. — F. J. Pictet. Sur l'enroulement varié de l'Ammonites angulicostatus et sur la limite des genres Ammonites et Crioceras. (Mélanges paléont. — Genève.)

160. — Schafhäutl. Südbayerns Lethaea geognostica. — Leipzig 1863.

161. 1851—64. Owen. Monograph on the fossil Reptilia of the Cretaceous Formations. (Palaeont. Soc. 1851—64, t. 8, 11, 18.)

162. 1864. F. Desor. Tableau des formations géologiques du canton de Neuchâtel. (Bull. Soc. Sc. n. de Neuch. t. VI, p. 590.)

163. — Sur l'étage barrémien de M. Coquand. (Bull. Soc. sc. nat. de Neuchâtel, t. VI, p. 512.)

164. 1860—64. Ch. Lory. Description géologique du Dauphiné. (Isère, Drôme et Hautes-Alpes), pour servir d'explication à la carte géologique de cette province. — (Publiée en trois parties dans les t. V, VI et VII du Bull. de la Soc. de Statist. de l'Isère, et tirée à part, in 8°, 748 p., 5 pl. de Coupes géologiques et une carte; — Grenoble, imp. Maisonville; — Paris, F. Savy.)

165. 1864. Réunion extraordinaire de la Société géologique de France à Marseille (notamment excursions de Cassis à la Ciotat.) (Bull. Soc. géol. de Fr., 2. série, t. XXI, p. 503.)

166. 1865. Hébert. Sur l'âge des couches à Terebratula diphya. (Bull. Soc. géol. de Fr., 2. série, t. XXIII, p. 263.)

167. — Coquand. Modifications à apporter dans le classement dans la Craie inférieure. Observations de M. Marcou. (Bull. Soc. géol. de Fr., 2. série, t. XXIII, p. 560.)

168. — Oppel, A. Die Tithonische Etage. (Zeitschr. d. deutsch. geol. Gesellsch. Bd. XVII, 1865.)

169. — Rhynek. De l'étage dans la formation crétacée. (Mém. Soc. d'émul. de la Provence, III. p. 175.)

170. — H. Trautschold. Die Inoceramenthone von Simbirsk. (Bull. Soc. imp. naturel. de Moscou, t. I, 1865.)

171. 1866. Hébert. Observations sur les calcaires à Terebratula diphya du Dauphiné et en particulier sur les fossiles des calcaires de la Porte de France à Grenoble. (Bull. Soc. géol. de Fr., 2. série, t. XXIII, p. 594.)

172. 1868. Ch. Lory. Sur le gisement de la Terebratula diphya dans les calcaires de la Porte de France, aux environs de Grenoble et de Chambéry. (Bull. Soc. géol. de Fr., 2. série, t. XXIII, p. 514.)

173. — Raspail. Histoire naturelle des Ammonites et des Térébratules. 2. édition. — (Paris-Bruxelles.) — I. Edition parue en 1842.

174. — Pictet et Renevier. Notices géologiques et paléontologiques sur les Alpes vaudoises et les régions environnantes. Environs de Cheville. (Bull. Soc. vaud. Sc. nat., t. IX, p. 105.)

175. 1867. Itzorut. Deuxième note sur les calcaires à Terebratula diphya de la Porte de France. (Bull. Soc. géol. de Fr., 2. série, t. XXIV, p. 389.)

176. — Ch. Mayer. Tableau synchronique des couches crétacées de la zone N. des Alpes. — Zürich.

177. — Pictet. Etudes paléontologiques sur la faune à Terebratula diphyoides de Berrias. (Mélanges paléont.) — Genève.

178. — — Notice sur les calcaires de la Porte de France et sur quelques gisements voisins. (Arch. des Sc. bibloth. univ. Genève.)

179. — — Nouveaux documents sur les limites des périodes jurassique et crétacée. (Arch. Sc. bibl. univers. de Genève.)

180. — de Mortillet. Gisement des Térébratules troués. (Bull. Soc. géol. de Fr., 2. série, t. XXIV, p. 395.)

181. — Judd. On the strata which from the base of the Lincolnshire wolds. (Quart. Journ. geol. Soc. XXIII, p. 227.)

182. — A. de Lapparent. Note sur la géologie du Pays de Bray. (Bull. Soc. géol. de Fr., 2. série, t. XXIV, p. 294.)

183. 1863—68. Pictet. Mélanges paléontologiques. (Genève 1863—68.) (Siehe No. 169, 177. 194.)

184. 1864—68. P. de Loriol. Monographie des couches de l'étage valanginien d'Arzier. (Mat. p. la Paléont. suisse, IV. série, livr. X et XI.) Genève.

185. 1868. Winckler. Versteinerungen aus dem bayrischen Alpengebiet. — München 1868.

186. — Itzorut. Observations sur le mémoire de Pictet, intitulé: Etude provisoire des fossiles de la Porte de France, d'Aizy et de Lémenc. (Bull. Soc. géol. de Fr., 2. série, t. XXV. p. 524, 1868. — Siehe auch ibid. t. XXIV. 1867; C. H. Acad. des Sc. 20. mai 1867; Arch. des Sc. de la Bibl. univ. de Genève 1868.)

187. — — Sur les couches comprises dans le Midi de la France entre les calcaires oxfordiens et le Néocomien marneux à Belemnites dilatatus, en réponse à M. Coquand. (Bull. Soc. géol. de Fr., 2. série, t. XXVI, p. 151.)

188. — — Classification des assises néocomiennes. Réponse aux critiques de M. Coquand. (Bull. Soc. géol. de Fr., 2. série, t. XXVI, p. 214.)

189. — Judd. On the Speeton clay. (Quart. Journ. geol. Soc., t. XXIV, 1868, p. 218.)

190. — A. de Lapparent. Sur l'étage de la Gaize. (Bull. Soc. géol. de Fr., 2. série, t. XXV. p. 868.)

191. — Itzorut. Sur la discontinuité existant dans l'Yonne entre le Néocomien et le Portlandien. (Bull. Soc. géol. de Fr., 2. série, t. XXV, p. 577.)

192. — Zittel. Die Cephalopoden der Stramberger Schichten. (Paläont. Mitteil. aus d. Mus. d. k. bay. Staates, t. II.) — Stuttgart.

193. — Crarval. Sur le travail de M. Pictet intitulé: Etude provisoire des fossiles de la Porte de France, d'Aizy et de Lémenc. (Bull. Soc. géol. de Fr., 2. série, t. XXV, p. 591 et 811.)

194. — de Loriol in Pictet. Etude provisoire des fossiles de la Porte de France, d'Aizy et de Lémenc. (Mélanges paléont.) — Genève 1868.)

195. — de Lapparent. Note sur l'extension du Crétacé inférieur dans le Nord du bassin parisien. (Bull. Soc. géol. de Fr., 2. série, t. XXV, p. 984.)

196. — — Sur l'étage de la Gaize. (Bull. Soc. géol. de Fr., 2. série, t. XXV, p. 868.)

197. 1869. J. Marcou. Note sur l'origine du Tithonique. (Bull. Soc. géol. de Fr., 2. série, t. XXVI, p. 649.)

198. — J. de Loriol et V. Gillieron. Monographie paléontologique et stratigraphique de l'étage urgonien inférieur du Landeron (canton de Neuchâtel). (Mém. soc. helv. Sc. nat. t. XXIII.)

199. 1849. PICTET. Rapport fait à la session de 1849 de la société helvétique des Sciences naturelles, sur l'état de la question relative aux limites de la période jurassique et de la période crétacée. (Arch. de Genève, 1849.)

200. — HÉBERT. Réponse à MM. MARCOU et COTTEAU, à propos de la discussion de l'âge du Calcaire à Terebratula diphya de la Porte de France. (Bull. Soc. géol. de Fr., 2. série, t. XXVI. p. 671.)

201. — Observations sur les caractères de la faune des calcaires de Stramberg (Moravie) et en général sur l'âge des couches comprises sous la désignation d'Etage tithonique (p. 686).

202. — HÉBERT. Examen de quelques points de la Géologie de la France méridionale. (Bull. Soc. géol. de Fr., 2. série, t. XXVII, p. 107.)

203. — P. MERIAN. Die Grenze zwischen der Jura- und Kreideformation. — Basel, 1848.

204. — A. JACCARD. Description géologique du Jura vaudois et neuchâtelois. (Mat. p. la Carte géol. Suisse, livr. VI, p. 184.)

205. — COQUAND. Nouvelles considérations sur les calcaires jurassiques à Diceras du Midi de la France. (Bull. Soc. géol. de Fr., 2. série, t. XXVII, p. 79.)

206. — DAVIDSON. Notes on continental Geology. (Geol. Mag. vol VI, p. 259.)

207. — CH. LORY. Tableau comparatif des assises comprises entre le Gault et l'argile oxfordienne, dans le Jura central et dans les environs de Grenoble, inséré dans un mémoire de M. DAVIDSON. (Geolog. Magazine, Juni 1869.)

208. E. DE VERNEUIL et G. DE LORIOL. Description des fossiles du Néocomien supérieur d'Utrillas. — In 4°, Paris.

209. 1870. CH. VÉLAIN. Nouvelle étude sur la position des calcaires à Terebratula janitor dans les Basses-Alpes. (Bull. Soc. géol. de Fr., 2. série, t. XXVII, p. 673.)

210. — JUDD. Additional observations of the neocomian strata of Yorkshire and Lincolnshire, with notes en their relations to the beds of the same age throughout Northern Europe. (Quart. Journ. of the geol. Soc. of London, p. 328 ff.)

211. 1850—72. F. J. PICTET et CAMPICHE. Description des fossiles du T. crétacé des environs de Ste. Croix (v. 136). Matériaux pour la Paléontologie suisse ou recueil de monographies sur les fossiles du Jura et des Alpes. (VI. série.) Genève. (Siehe Nr. 134, 136, 137, 144, 217—18.)

212. 1871. HÉBERT. Le Néocomien inférieur dans le Midi de la France (Drôme et Basses-Alpes), avec une coupe de la Bedoule. (Bull. Soc. géol. de Fr., 2. série, t. XXVIII, p. 187.)

213. — COQUAND. Sur le Klippenkalk des départements du Var et des Alpes Maritimes. (Bull. Soc. géol. de Fr., 2. série, t. XXVIII, p. 208—234.)

214. — JUDD. Untersuchungen der neokomen Schichten von Yorkshire und Lincolnshire, mit Bemerkungen über ihre Beziehungen zu den gleichalterigen Schichten des nördlichen Europas. (Referat im Neuen Jahrbuch für Miner., Geol. und Paläont. 1871, S. 921.)

215. — SCHENK. Die fossile Flora der norddeutschen Wealdenformation. (Ref. im Neuen Jahrb. für Miner., Geol. und Paläont. 1871, S. 662, 972. 1872, S. 776.)

216. — DE ROUVILLE. Idées d'Em. DUMAS touchant les relations du Néocomien et de l'Aptien. (Bull. Soc. géol. de Fr., 2. série, t. XXIX, p. 393.)

217—218. 1851—72. PICTET. Matériaux pour la Paléontologie suisse ou Recueil de monographies sur les fossiles du Jura et des Alpes. (séries I à VI.) Enthält namentlich: PICTET, CAMPICHE et G. DE TRIBOLET. Description des fossiles du terrain crétacé de Ste. Croix, à Teile, wovon die letzten (Brachiopoden, Echiniden) von P. DE LORIOL.

219. 1872. E. TIETZE. Geologische und paläontologische Mitteilungen aus dem südlichen Teil des Banater Gebirgsstockes. (Jahrb. k. k. Reichs. t. XXII, Mit Tafeln)

220. — HÉBERT. Documents relatifs au terrain crétacé du Midi de la France. (Bull. Soc. géol. de Fr., 2. série, t. XXIX, p. 393.)

221. — BLEICHER. Sur le passage du Jurassique au Néocomien dans le département de l'Hérault. (Bull. Soc. géol. de Fr., 2. série, t. XXIX, p. 690.)

222. — CH. VÉLAIN. L'Oxfordien et le Néocomien au Pont des Pilles. (Bull. Soc. géol. de Fr., 3. série, t. 1, p. 128.)

223. 1872. DE LAPPARENT. Note sur les variations de composition du terrain crétacé dans le pays de Bray. (Bull. Soc. géol. de Fr., 8. série, t. I, p. 259.)

224. 1848—78. ÉLIE DE BEAUMONT et DUFRÉNOY. Explication de la Carte géologique de la France, t. I, II, III, (1. partie. — Paris, 1848—78.)

225. 1873. W. DAMES. Über Ptychomya. (Zeitsch. d. deutsch. geol. Ges., Bd. XXV, S. 874.)

226. — M. DE TRIBOLET. Catalogue des fossiles du terrain néocomien de Neuchâtel. (Vierteljahrschrift der Naturforsch.-Ges. in Zürich.)

227. 1874. LAHUSEN. Über Versteinerungen aus dem Thon von Simbirsk. (Schr. d. Russ. Min. Ges., Serie 2, Bd. IX).

228. · E. RENEVIER. Tableau des terrains sédimentaires. (Bull. soc. Vaud. Sc. nat. XIII, p. 237.) (Siehe auch Nr. 372.)

229. 1875. CH. BARROIS. L'Aachénien et la limite entre le Jurassique et le Crétacé dans l'Aisne et les Ardennes. (Bull. Soc. géol. de Fr., 8. série, t. III, p. 257.)

230. — — Le Gault dans le bassin de Paris. (Bull. Soc. géol. de Fr., 3. série, t. III, p. 707.)

231. — M. NEUMAYR. Über Kreideammoniten. (Sitzungsb. d. k. k. Ak. d. Wiss. zu Wien, LXXI, p. 639.)

232. — — Die Ammoniten der Kreide und die Systematik der Ammonitiden. (Zeitschr. d. deutsch. geol. Ges., Bd. XXVII.)

233. — A. FAVRE. Sur les terrains des environs de Genève. (Bull. Soc. géol. de Fr., 8. série, t. III, p. 686.)

234. — PHILLIPS. Illustrations of the Geology of Yorkshire. (Third Edition 1875.)

235. — JUKES-BROWNE. Über die Beziehungen zwischen dem Gault und Grünsand von Cambridge. (Neues Jahrbuch für Miner., Geol. und Paläont. 1875, S. 977.)

236. 1876. EMILIEN DUMAS. Statistique géologique, minéralogique, etc. du département du Gard. — Paris-Nîmes-Alais. 2. parties.

237. — HENNIG. Description de quelques espèces d'Ammoniten qui se trouvent dans le Museum d'Histoire naturelle de la ville de Marseille. (Bull. Soc. Sc. ind. de Marseille, t. IV, p. 90.)

238. 1878. BAYLE. Explication de la Carte géologique de France. (T. IV, Paris 1878, Atlas.)

239. 1851—79. OWEN. Monograph on the fossil Reptilia of the Wealden and Purbeck Formations (with supplements). (Palaeont. Soc. 1851—79, 1. 7, 10, 37, 50; 5, 11, 16, 32, 33.)

240. 1879. M. VACEK. Über die Vorarlberger Kreide. (Jahrb. d. k. k. geol. Reichsanstalt, Bd. XXIX). — Wien 1879.

241. — HILTON PRICE. The Gault. — London, Taylor and Francis.

242. — C. STRUCKMANN. Über den Serpulit (Purbeckkalk) von Völkzen am Deister, über die Beziehungen der Purbeckschichten zum obersten Jura und zum Wealden und über die oberen Grenzen der Juraformation. (Zeitschr. d. deutsch. geol. Ges., Bd. 31, S. 297.)

243. — A. DE LAPPARENT. Le pays de Bray. — Paris, Quantin, 1 vol. g. 8°. (Ministère des Trav. publics.)

244. 1849—80. BEYRICH. Über die Zusammensetzung und Lagerung der Kreideformation in der Gegend zwischen Halberstadt, Blankenburg und Quedlinburg. (Zeitschr. d. deutsch. geol. Ges., Bd. I, S. 259, 818—321, 1849 und Bd. XXXII, S. 649, 1880.)

245. 1878—80. PH. MATHERON. Recherches paléontologiques dans le Midi de la France. — Marseille 1878—80. Atlas.

246. 1880. M. VACEK. Neokomstudie. (Jahrb. d. k. k. geol. Reichsanstalt Wien, Bd. XXX, No. 3, S. 483.) Umfangreiches Literaturverzeichnis.

247. · C. STRUCKMANN. Die Wealdenbildungen der Umgegend von Hannover.

248. 1881. O. IBER. Contributions à la flore fossile du Portugal.

249. — M. NEUMAYR und V. UHLIG. Über Ammonitiden aus den Hilsbildungen Norddeutschlands. (Cassel 1881, Palaeontographica Bd. XXVII.)

250. — A. JACCARD. Notions élémentaires de géologie. (Autographierte Abhandlung.)

251. — HÉBERT. Sur la position des calcaires de l'Echalllon dans la série secondaire. (Bull. Soc. géol. de Fr., 3. série, t. IX, p. 683.)

252. · RENEVIER. Sur la composition de l'étage urgonien. (Bull. Soc. géol. de Fr., 8. série, t. IX.)

252 a. 1881. G. Steinmann. Über Tithon und Kreide in den permanischen Anden. (Neues Jahrb. f. Min. Beilagehand I. 1881.)

252 b. — — Zur Kenntnis der Jura- und Kreideformation von Caracoles. (Ibid. 1881.)

253. 1882. C. Steinmann. Neue Beiträge zur Kenntnis des oberen Jura und der Wealden-bildungen der Umgegend von Hannover. (Palaeont. Abh. von Dames u. Kayser, Bd. I, S. 1.)

254. — P. de Loriol. Etudes sur la Faune des couches du Gault de Cosne (Nièvre). (Mém. soc. paléont. suisse, vol. IX.)

255. — Munier-Chalmas. Etudes critiques sur les Rudistes. (Bull. Soc. géol. de Fr., 3. série, t. X, p. 472.) (Gattung Petletia.)

255 a. — G. Steinmann. Über Jura und Kreide in den Anden. (Neues Jahrb. f. Min. etc. 1882, I. 116.)

256. — Coquet. Sur les dépots dit Auchéniens du Hainaut et le gisement des Iguanodon de Bernissart. (Bull. Soc. géol. de Fr., 3. série, t. X, p. 400.)

257. — A. Vélot. Limites stratigraphiques des terrains Jurassiques et des terrains crétacés aux environs de Grenoble. (Bull. Soc. des Sc. nat. du Sud-Est. T. I.)

258. — V. Uhlig. Zur Kenntnis der Cephalopoden der Roßfeldschichten. (Jahrb. d. k. k. geol. Reichsanst. Wien, Bd. XXXII.)

259. — Torcapel. Etude stratigraphique. L'Urgonien du Languedoc. (Extrait de la Revue des Sc. nat., t. 7, 1882.) Montpellier.

260. 1883. Hébert. Observation sur la position stratigraphique des calcaires à Terebratula janitor. Am. transitorius, d'après les travaux récents. (Bull. Soc. géol. de Fr., 3. série, t. XI.)

261. — Koken. Die Reptilien der norddeutschen unteren Kreide. (Zeitschr. d. deutschen geol. Ges., Bd. 35, S. 735.)

262. — de Rouville. Quelques mots sur le Jurassique supérieur méditerranéen (résumé d'une leçon à la Fac. des Sc. (Revue des Sciences nat. de Montpellier, III. série, t. II.)

263. — F. Léenhardt. Etude géologique de la région du Mont Ventoux. — In 4°, Montpellier.

264. 1883—87. V. Uhlig. Die Cephalopodenfauna der Wernsdorfer Schichten. (Denkschriften d. k. k. Akademie der Wissensch., Wien, Bd. XLVI.) — (Kostbare Übersicht der Literatur über Untere Kreide.) Siehe ebenfalls Uhlig, Über neocome Fossilien von Gardenazza (Jahrb. d. k. k. geol. Reichsanst. 1887).

264 a. 1883. de Lapparent. Traité de Géologie, 1. édition. — Paris, Savy.

265. — Léenhardt. Réponse à M. Torcapel au sujet de la classification de l'Urgonien. (Bull. Soc. géol. de Fr., 3. série, t. XI, p. 435.)

266. — L. Carez. Remarque sur les rapports de l'Aptien et de l'Urgonien. (Bull. Soc. géol. de Fr., 3. série, t. XI, p. 436.)

267. — — Sur l'Urgonien et le Néocomien de la vallée du Rhône. (Bull. Soc. géol. de Fr., 3. série, t. XI, p. 351.)

268. — — Observation sur la note de M. Torcapel sur l'Urgonien du Languedoc. (Bull. Soc. géol. de Fr., 3. série, t. XI, p. 97.)

269. — Torcapel. Sur l'Urgonien du Languedoc. (Bull. Soc. géol. de Fr., 3. série, t. XI, p. 78.)

270. — Note sur l'Urgonien du Luxeau (Gard). (Bull. Soc. géol. de Fr., 3. série, t. XII, p. 804.)

271. — — Note sur la classification de l'Urgonien du Languedoc. (Bull. Soc. géol. de Fr., 3. série, t. XI, p. 810.) — Observations de M. Douvillé in ibid. p. 815.)

272. 1884. Hébert. Observations sur la communication de M. Lory. (Bull. Soc. géol. de Fr., 3. série, t. IX.)

273. — A. Jaccard. Le Purbeckien du Jura. (Arch. des Sc. phys. et nat., Genève, 3. période, t. XI, p. 501.)

274. — Torcapel. Nouvelles recherches sur l'Urgonien du Languedoc. (Revue des Sc. nat. de Montpellier, 3. série, t. IV, p. 397.)

275. — Quelques fossiles de l'Urgonien du Languedoc. (Bull. Soc. d'études des Sc. nat. de Nimes, 11. année.)

276. — Em. Fallot. Note sur un gisement crétacé fossilifère des environs de la gare d'Èze (Alpes-Maritimes). (Bull. Soc. géol. de Fr., 3. série, t. XII, p. 200.)

277. 1891, O. WEERTH. Die Fauna des Neokomsandsteins im Teutoburger Walde. (Pal. Abhdl. von DAMES und KAYSER, Bd. II, Berlin 1884–85.)

278. 1883–85. ED. SUESS. Das Antlitz der Erde. (Prag. Leipzig, 1883–85, l. I; t. II. 1888; t. III. 1901.) · (Namentlich t. II, Kap. 6; Mesozolsche Meere.)

279. 1884. W. KILIAN. Sur le Jurassique supérieur du Sud-Est de la France. (Referate und kritische Bemerkungen.) (Neues Jahrb. für Min. etc., t. I, p. 296.)

280. — G. MAILLARD. Purbeckien de la Cluse de Chaille. (Mém. Soc. Pal. Suisse, t. XI.)

281. — · Supplément à la monographie des Invertébrés du Purbeckien du Jura. (Mém. soc. paléont. suisse, t. XII.)

282. — · Note sur le Purbeckien de la cluse de Chaille entre le Pont-de-Beauvoisin et les Echelles-sur-Guiers. (Bull. Soc. géol. de Fr., 3. série, t. XIII, p. 990.)

283. · LORY. Quelques observations au sujet des Calcaires du Teil et de Crues. (Bull. Soc. géol. de Fr., 3. série, t. XIV, p. 84.)

284. — P. CHOFFAT. Recueil de monographies stratigraphiques sur le système crétacique du Portugal. Première étude; Contrées de Cintra, de Bellas et de Lisbonne. In 4°. (Direct. trav. géol. du Portugal, 1885.)

285. 1885. PAVLOW (MARIK). Les Ammonites du groupe Olcostephanus versicolor. (Bull. Soc. Imp. nat. de Moscou, 1886, Nr. 3, 2 pl.)

286. — FALLOT. Note sur le Crétacé supérieur du Sud-Est. (Bull. Soc. géol. de Fr., 3. série. t. XIV.)

287. — CORNUEL. Liste des fossiles du terrain crétacé inférieur de la Haute-Marne. (Bull. Soc. géol. de Fr., 3. série, t. XIV, p. 312.)

288. — JUKES-BROWNE. On the application of the term Neocomian. (Extracted from the Geological Magazine, Decade III, vol. III, No. 7, p. 311.)

289. 1887, J. SEUNES. Note sur quelques Ammonites du Gault. (Bull. Soc. géol. de Fr., 3. série. t. XV, p. 559.)

290. — H. HICULIN. Note sur quelques Foraminifères des marnes à Bryozoaires du Valanginien de Ste. Croix. (Bull. Soc. Vaud. Sc. nat. t. 22, p. 980.)

291. · · — Die Lagerungen der schweizerischen Jura- und Kreideformation. (Neues Jahrb. für Min. etc., t. I, p. 177.)

292. — M. NEUMAYR. Über geographische Verbreitung von Jura- und Kreideschichten. (Neues Jahrbuch für Min., Geol. und Paläont. 1887, Bd. II, p. 279.)

292a — Erdgeschichte. (1. Auflage.) Leipzig 1886–87.

293. — D. HOLLANDE. Histoire géologique de la colline de Lémenc, de 1885 à 1886. — Chambéry. (Réunion extraordin. Soc. Géol. de Fr. dans le Jura. (Bull. Soc. géol., 3. série, t. XIII, 1885–86.)

294. — LÉENHARDT. Le Crétacé inférieur de la Clape (Aude). (Bull. Soc. géol. de Fr., 3. série, t. XV.)

295. — WOODWARD, Dr. R. Die Geologie von England und Wales. — 2. éd., London.

296. — KOKEN Die Dinosaurier, Crocodiliden und Sauropterygier des norddeutschen Wealden. (Paläontographica III, 1896–87, Bd. III. (Heft 5.) (Nachtrag ebendort, 1896.)

297. — P. CHOFFAT. Recherches sur les terrains secondaires au Sud du Sado. (Communicações da Commissão dos Trabalhos geologicos de Portugal, vol. I.)

298. — KILIAN et LÉENHARDT. Crétacé au Sud-Est. (Bull. Soc. géol. de Fr., 3. série, t. XVI. p. 54.)

299. 1885. Comptes Rendus du Congrès géologique international de Berlin. (1886 erschienen.) — Enthält interessante Berichte der verschiedenen Länder (Comités de Nomenclature) über den Gault und seine Affinitäten.

300. — H. DOUVILLÉ. Sur quelques Rudistes indiquant le passage de l'Urgonien au Cénomanien. (Annuaire géol. univ. t. V, p. 363.)

301. — MUNIER-CHALMAS. Note sur les Rudistes. (Bull. Soc. géol. de Fr., 3. série, t. XVI, p. 818.)

302. — P. CHOFFAT et A. DE LORIOL. Matériaux pour l'étude stratigraphique et paléontologique de la province d'Angola. (Mém. Soc. phys. et Hist. nat. de Genève, t. XXX, Nr. 2.)

303. — LAHUSEN. Über die russischen Aucellen. (Mém. Com. géol. de St. Pétersbourg, t. VIII. No. 1.)

304. 1884. W. Kilian. Sur quelques fossiles du Crétacé inférieur de la Provence. (Bull. Soc. géol. de Fr., t. XVI, p. 188, Pl.)

305. — E. D. Cope. Report of the Sub-Committee on the Cenozoic (Interior). (International congress of Geologists American Committee; the American Geologist, t. 2, p. 205.)

306. — H. George Cook. Report of the Sub-Comittee on Mezozoic. (International congress of Geologists American Committee; the American Geologist, t. 2, p. 247.)

307. — A. Toucas. Note sur le Jurassique supérieur et le Crétacé inférieur de la vallée du Rhône. (Bull. Soc. géol. de Fr., 4. série, t. XVI, p. 903.)

308. — Gümbel. Geologie von Bayern. Erster Teil: Grundzüge der Geologie, in 5, t. I, Lief. 5 à 5, 815 p. — (Kassel, Fischer.)

309. — Nikitin. Les vestiges de la période crétacée dans la Russie centrale. — (Mém. Com. géol. de St. Pétersbourg, t. 5, Nr. 2.) – En russe, résumé en français. – Refer. von Loewinson-Lessing in P. Verb. Soc. belge de Géol. t. 2, p. 327.

310. — — Sur la grande extension, dans le N. et le S.E. de l'Europe, des couches de passage du Jurassique au Crétacé (Volgien). (Neues Jahrbuch für Min. etc., 1888, I, 174.)

311. — Mayer-Eymar. Systematisches Verzeichnis der Kreide- und Tertiär-Versteinerungen der Umgegend von Thun. (Beiträge zur geologischen Karte der Schweiz, 128 p., 6 pl.)

312. 1888. W. Kilian. Description géologique de la Montagne de Lure (Basses-Alpes). (Thèse de Doctorat. Ann. des Sc. géol. t. XIX, XX). — Paris, Masson.

313. — F. Haro. Beitrag zur Kenntnis der oberneokomen Ammonitenfauna der Puezalpe bei Corvara (Südtirol). (Beiträge z. Pal. u. Geol. Öst.-Ungarns und des Orients. Bd. VII, No. 3. — Wien.)

314. — O. Feistmantel. Über die bis jetzt ältesten dikotyledonen Pflanzen der Potomac-Formation in Nordamerika, mit brieflichen Mitteilungen von Professor W. M. Fontaine. (Sitz. d. böhmischen Ges. Wis, p. 257—283, 1888.)

315. — Nikitin. Quelques excursions dans les musées et dans les terrains mésozoïques de l'Europe occidentale et comparaison de leur faune avec celle de la Russie. (Bull. Soc. belge de Géol. de Paléont. et d'Hydrologie, t. III, 1889 et Bull. Com. géol. de St. Pétersbourg, No. 10, 1889.)

316. — A. Toucas. Nouvelles observations sur le Jurassique supérieur de l'Ardèche. (Bull. Soc. géol. de Fr., 3. série, t. XVII, p. 709.)

317. — C. Struckmann. Die Grenzschichten zwischen Hilsthon und Wealden bei Barsinghausen am Deister. (Jahrb. d. Preuß. Geol. Landes-Anst. für 1889, p. 53.) – Berlin 1890.

318. — H. Douvillé. Faune coralligène supérieure à l'Urgonien. (Bull. Soc. géol. de Fr., 3. série, t. XVII, p. 203.)

319. — A. Pavlow. Jurassique supérieur et Crétacé inférieur de la Russie et de l'Angleterre. (Bull. soc. imp. nat. de Moscou.)

320. — A. Pomel. Les Céphalopodes néocomiens de Lamoricière. (Mat. p. la carte géol. de l'Algérie, 1. série, No. 2. — Alger.)

321. — A. Pictet. Sur le Néocomien inférieur dans l'Yonne et l'Aube. (Bull. Soc. géol. de Fr., 3. série, t. 172.)

322. — Nikolaus Karakasch. Über einige Neokomablagerungen in der Krim. (Sitzungsber. Akad. Wien, 1889.)

323. — G. Sayn. Notes sur quelques Ammonites nouvelles ou peu connues du Néocomien inférieur. (Bull. Soc. géol. de Fr., III. série, t. XVII, p. 679.)

323a. — — Ammonites de la couche à Hopl. Astieri de Villers-le-Lac. (Arch. Soc. phys. et nat. — Genève, Nov 1888.)

324. — F. Dufrénoy-Hartinz. Sur une forme nouvelle de Céphalopode du Néocomien supérieur des Basses-Alpes. (Extr. du Bull. de la Soc. scient. des Basses-Alpes.)

325. — A. Toucas. Nouvelles recherches sur l'Urgonien du Languedoc. (Revue des Sc. nat. de Montpellier, 3. série, t. IV, p. 347.)

326. — Ed. J. Hannibal-Hartinz. Formes nouvelles d'Ammonites, de Bélemnites et de Crioceras. Sur une forme nouvelle de Crioceras du Crétacé inférieur des Basses-Alpes. Crioceras Edoardi, nov. sp. (Ass. franç. pour l'avancement des Sciences. Congrès de Paris.)

327. 1887—90. W. Kilian. Système crétacé (Extrait de l'Annuaire géologique universel, t. I à X. und Kritische Referate im Neues Jahrbuch für Min., Geol. und Paläont. 1884 bis 1888.)

328. 1887—90. Carte géologique détaillée de la France au 1:80000. (Ministère des Travaux publics). Feuilles: 34, Verdun; 82, Commercy; 110, Clamecy; 139, Pontarlier; 160, Nantua; 248 et 249, Toulon et Tour de Camarat. Notices explicatives. (Referate im Annuaire géol. univ. 1887—91; Système crétacé.)

329. 1890. W. Kilian. Jurassique supérieur et Crétacé inférieur de l'Ardèche. (Observations de MM. Toucas, Munier-Chalmas, Hahn. (Bull. Soc. géol. de Fr., 3. série, t. XVIII, p. 37.)

330. — W. M. Fontaine. The Potomac or younger mesozoic Flora. (U'nit. St. geol. Survey. Monographs, XV.)

331. — de Saporta. Sur de nouvelles flores fossiles observées en Portugal et marquant le passage entre les systèmes jurassique et infra-crétacé. (C. R. Acad. des Sc., t. CXI, p. 812—815, t. X. 1890.)

332. — G. W. Lamplugh. On the Spectan Clays and their Equivalents in Lincolnshire. (Reports of the British Assoc. (Leeds), p. 878.)

333. — J. Seunes. Recherches géologiques sur les terrains secondaires et l'Eocène inférieur de la région sous-pyrénéenne du Sud-Ouest de la France. (Thèse de Doctorat. — Paris, Durand, 1890.)

334. — G. Sayn. Note sur le Barrémien de Cobonne (Drôme). (Bull. Soc. géol. de Fr., 3. série, t. XVIII, p. 230.)

335. — Description des Ammonitides du Barrémien du Djebel-Ouaerh, près Constantine. (in Lyon, (Bull. Soc. d'agriculture de Lyon.) (Mit Tafeln.)

336. 1890—91. René Nicklès. Contributions à la paléontologie du Sud Est de l'Espagne. I. Néocomien. (Mém. de la Soc. géol. de Fr., t. I, fasc. II. (No 4.) t. IV, fasc. III. (No 4), — Cénomanien.)

337. 1890. A. Gaudry. Les enchaînements du monde animal dans les temps géologiques; fossiles secondaires. Paris, Savy. — (id. Analysé in Revue scient. t. 48, p. 257.)

338. — Munier-Chalmas. Sur l'âge des couches de Berrias. (C. R. somm. Soc. géol. de Fr., 16. juin 1890.)

339. — A. Toucas. Tithonique de l'Ardèche. (Observations de M. Kilian. (Bull. Soc. géol. de Fr., 3. série, t. XVIII, p. 326.)

340. — Étude de la faune des couches tithoniques de l'Ardèche. (Observations de MM. Munier-Chalmas et Hahn. (Bull. Soc. géol. de Fr., 3. série, t. XVIII, p. 560.)

341. 1890—91. W. Kilian. Sur quelques Céphalopodes nouveaux ou peu connus de la période secondaire. (Ann. de l'Enseig. sup., Grenoble, t. 2, No 2 et 3; Bull. Soc. statist. de l'Isère, t. I, p. 211; Trav. Lab. Fac. Sc. de Grenoble, 1890—91, p. 181.)

342. 1891. W. Kilian. Sur la zone à Hoplites Boissieri. — Observations de M. Munier-Chalmas. (Bull. Soc. géol. de Fr., 8. série, t. XX, p. 29.)

343. — Réunion extraordinaire de la Société géologique de France en Provence. (Bull. Soc. géol. de Fr., 3. série, t. XIX, p. 1037.)

344. — Note sur les couches les plus élevées du terrain jurassique et la base du Crétacé inférieur dans la région delphino-provençale. (Bull. Soc. statist. de l'Isère, t. I, p. 161 et 190 et Trav. Lab. géol. Fac. Sc. de Grenoble, t. I, p. 141.)

345. — P. Lory. Sur les Hoplites valanginiens du groupe de Hoplites neocomiensis. (Bull. Soc. statist. de l'Isère, t. I, p. 229, et Trav. Lab. Fac. Sc. de Grenoble 1890—91, p. 208.)

346. — C. A. White. Correlation Papers; Cretaceous. (U. S. Geol. Survey, bull. Nr. 82, 2 cartes.)

347. — Pavlow et Lamplugh. Ammonites de Speeton et leurs rapports avec les Ammonites des autres pays. (Bull. Soc. imp. nat. de Moscou.)

347a. — Frech und Lenk. Beiträge zur Geologie und Paläontologie der Republik Mexiko. III. Teil. (Palaeontographica, t. XXXVII.)

348. 1892. Cabot. Au sujet de l'étage urgonien. (Bull. Soc. géol. de Fr., 3. série, t. XX, p. 622.)

349. — René Nicklès. Recherches géologiques sur les terrains secondaires et tertiaires de la Province d'Alicante et du Sud de la Province de Valence (Espagne). (Ann. Hébert. de stratig. et de paléont. du Lab. de Géol. de la Fac. des Sc. de Paris, t. I.)

350. 1892. W. Kilian. Notice préliminaire sur les Ammonites du Calcaire valanginien du Fontanil (Isère). (Bull. de la Soc. de Statist. de l'Isère, 3. série, t. XIV. et Trav. Lab. Géol. Fac. Sc. Grenoble, t. I, p. 191.)

351. — — Sur quelques Ammonitides appartenant au Muséum d'histoire naturelle de Lyon. (Archives du Musée d'hist. nat. de Lyon, t. V, 1 Tafel.)

352. — A. Jeanroy. Néocomien et Tithonique. Excursion géologique de Quissac à Perpignan (Gard). (Bull. de la Soc. d'Études des Sc. nat. de Nîmes.)

353. — G. Sayn. Sur le Néocomien de la chaine de Raye et des environs de Coulonvis (Drôme). (Bull. de la Stat. de l'Isère.)

354. — E. Dupont. Le gisement d'Iguanodons de Bernissart. (Bull. Soc. belge de Géol., t. VI, p. 98.)

355. — E. Stolley. Über ein Neokomgeschiebe aus dem Diluvium Schleswig-Holsteins. (Mitt. aus dem Min. Inst. der Universität Kiel, Bd. I, 2.)

356. — E. Honnorat-Bastide. Sur une forme nouvelle de Céphalopode du Crétacé inférieur des Basses-Alpes (Ammonites Fortunei sp.). (Feuille des Jeunes naturalistes, 22. année, p. 241—242.)

357. — A. Pavlow. Le Crétacé inférieur de la Russie et sa faune. (Mém. Soc. Imp. nat. de Moscou, t. XVI, livr. 3, 8 pl.)

358. — A. Pavlow et G. W. Lamplugh. Les argiles de Speeton et leurs équivalents. (Bull. Soc. Imp. nat. de Moscou, 1892, Nos. 3 et 4.)

359. 1893. J. Révil. Note sur le Jurassique supérieur et le Crétacé inférieur des environs de Chambéry. (Bull. de la Soc. d'hist. nat. de Savoie, t. VI, p. 29.)

360. — O. Retowski. Die tithonischen Ablagerungen von Theodosia. Ein Beitrag zur Paläontologie der Krim. (Bull. Soc. imp. nat. de Moscou.)

361. — Ch. Sarasin. Etude sur les Oppelia du groupe du Nisus et les Sonneratia du groupe du Bicurvatus et du Raresulcatus. (Bull. Soc. géol. de Fr., 3. série, t. XXI, p. 149.)

362. — W. Kilian et Zürcher. Sur les environs d'Escragnolles. (Comptes-rendus des séances de la Soc. géol. de Fr., 6 avril 1893.)

363. — E. Koken. Die Vorwelt und ihre Entwicklungsgeschichte. — Leipzig, Weigel 1893, in 8°, 2 Karten.

364. — F. Roman. Belemnites optienses. (Bull. Soc. Vaud. Sc. nat., XXIX, p. 91.)

365. — Lecerf. Quelques fossiles inédits des couches sédimentaires du Nivernais. (Revue scient. du Bourbonnais, 7. année, p. 11—16.)

366. — H. Parent. Le Wealdien du Bas-Boulonnais. (Ann. Soc. géol. du Nord, t. XXI p. 80—91.)

367. — Mayer-Eymar. Über Neokomien-Versteinerungen aus dem Somali-Land. (Vierteljahrschrift d. naturf. Ges. in Zürich Jahrg. 38.)

368. 1894. W. Kilian. Sur le parallélisme du Valanginien Jurassien avec le Crétacé inférieur de la région delphino-provençale. (C. R. des séances de la Soc. géol. de Fr., 22 janvier 1894.)

369. — — Sur la limite des systèmes jurassique et crétacique. (Congrès géol. international VI. Session à Zurich. Procès-verbaux des sections.)

370. — — Sur le Crétacé inférieur de la Provence et du Jura. (Arch. des Sc. phys. et nat., 3. série, t. 31, p. 313.)

371. — W. Kilian, P. Lory et Pavlow. Note au sujet de la limite du Jurassique et du Crétacé. (Compte rendu du Congrès géol. Internat. 6. session, Zurich 1894, p. 87, 89, 80.)

372. — Renevier. Chronographe géologique et texte explicatif, 2ème Edition du Tableau des Terr. sédim. (siehe Nr. 239.) (Compte rendu du Congrès géol. International, VI. session, Zurich, p. 522.)

373. — Munier-Chalmas et de Lapparent. Note sur la nomenclature des terrains sédimentaires. (Bull. Soc. géol. de Fr., 3. série, t. XXI, p. 438.)

374. — Baumberger. Néocomien des environs de Douanne. (Arch. des Sc. phys. et nat. Genève, 3, t. XXXIII, p. 571.)

375. — P. Choffat. Notice stratigraphique sur les gisements de végétaux fossiles dans le Mésozoïque du Portugal. (Direction des trav. géol. du Portugal. Lisbonne.)

376. 1894. DE SAPORTA. Flore fossile du Portugal; nouvelles contributions à la flore mésozoïque, accompagnées d'une notice stratigraphique par CHOFFAT. (Direction des Trav. géog. du Portugal, Lisbonne.)

377. — H. NOLAN. Note sur les Crioceras du groupe de Crioceras Duvali. (Bull. de la Soc. géol. de Fr., 3. série, t. XXII., p. 163.)

378. — O. SAYN et P. LORY. Sur l'existence des lentilles récifales à Ammonites dans le Barrémien, aux environs de Châtillon-en-Diois. (C. R. Acad. des Sc. und Ann. Univ. de Grenoble, t. VIII, Nr. 1, 1896.)

378 a. — G. SAYN. Observations sur quelques gisements néocomiens des Alpes Suisses et du Tyrol. (Trav. Lab. géol. Univ. Grenoble, 1894.)

379. — ED. J. HONNORAT-BASTIDE. Sur une forme nouvelle ou peu connue de Céphalopodes du Crétacé inférieur des Basses-Alpes. (Ass. franç. pour l'avancement des Sciences. Congrès de Limoges.)

380. 1895. W. KILIAN. Notice stratigraphique sur les environs de Sisteron et contributions à la connaissance des terrains secondaires du Sud-Est de la France. (Bull. Soc. géol. de Fr., 8. série, t. XXIII, p. 712.) Für Südost-Frankreich grundlegend! Vide No. 388.

381. — E. PELLAT. Notes préliminaires diverses sur la géologie du Sud du bassin du Rhône. (Bull. Soc. géol. de Fr., 8. série, t. XXIII, p. 426.)

382. — NEUMAYR. Erdgeschichte. (2. Auflage von V. UHLIG) — Leipzig und Wien, 1895.

383. — SCHARDT. Nouveaux gisements du terrain cénomanien et du Gault dans la vallée de Joux. (Arch. des Sc. phys. et nat. de Genève, 8. série, t. XXXIV, p. 492.)

384. — L'âge de la marne à Bryozoaires et la coupe du Néocomien du Collas près Ste. Croix. (Ibid. p. 495.)

385. — P. LORY et V. PAQUIER. Sur les niveaux pyriteux du Crétacé inférieur. (C. R. séances Soc. géol. de Fr., 1895, No. 12, p. 44.)

386. — J. F. WHITEAVES. Notes on Some of the Cretaceous fossils collected during Captain SALLISER's Explorations in British North America in 1857—60. (From the transact. of the Royal Soc. of Canada, 2. série, vol. I, section IV.)

387. — P. LORY et G. SAYN. Sur la constitution du système crétacé aux environs de Châtillon-en-Diois. (Trav. Labor. de Géol. de Grenoble, t. III; Ann. Univ. de Grenoble, 1895; Bull. Soc. statist. de l'Isère, 4. série, t. III.)

388. — W. KILIAN. Réunion extraordinaire de la Société géologique de France dans la Montagne de Lure et les environs de Sisteron. (Bull. Soc. géol. de Fr., t. XXIII, 1895.)

389. 1893—95. — Sur quelques Céphalopodes nouveaux ou peu connus de la période secondaire. A, B (8 Pl.) et III (1 Pl.) (Ann. de l'Univ. de Grenoble, I. trim. 1896 et Trav. Lab. Géol. de Grenoble, t. I, p. 183 et t. III, p. 288.

390. 1895. V. PAQUIER. Note préliminaire sur quelques Chamidés nouveaux de l'Urgonien. (C. R. des séances de la Soc. géol. de Fr., 1895, No. 8, p. 49.)

391. — GÜNTHER MAAS. Die Untere Kreide des subhercynen Quadersandstein-Gebirges. (Abdruck a. d. Zeitschr. d. Deutsch. geol. Ges., Bd. 51, S. 213.)

392. 1890—95. W. KILIAN. Sur les couches les plus élevées du terrain jurassique et la base du Crétacé inférieur dans la région delphino-provençale. (Bull. Soc. de Statist. de l'Isère, t. I, p. 161 et Trav. du Labor. de Géol. Fac. des Sc. de Grenoble, t. I, p. 141. Et aussi in C. R. des séances de la Soc. géol. de Fr., 22 janvier 1891, 16. février 1892, 22. janvier 1894, 4. février 1895; Bull. Soc. géol. de Fr., 8. série, t. XVII et t. XXI.)

393. 1896. — Sur la présence de Caprinidés dans l'Urgonien. (C. R. Acad. des Sc., t. CXXII, p. 1434.)

394. — Sur quelques Rudistes nouveaux de l'Urgonien. (C. R. Acad. des Sc., t. CXXII, p. 1239.)

395. — v. KOENEN. Über die Untere Kreide Norddeutschlands. (Abdruck a. d. Zeitschr. d. deutsch. geol. Ges., Jahrg. 1896, Bd. 48, S. 713.)

396. DLAYAC. Sur le Crétacé inférieur de la vallée de l'Oued Cherf (province de Constantine). (Trav. du Lab. de Géol. de l'Univ. de Grenoble, t. V, p. 19; C. R. Ac. des Sc. t. CXXIII, p. 958; Bull. Soc. géol. de Fr., 3, t. XXV, p. 694.)

397. 1896. A. PAVLOW. On the classification of the strata between the Kimeridgiam and Aptian. (Quart. Journ. Geol. Soc. t. LIII.) London 1896.

398. — G. W. LAMPLUGH. On the Speeton series in Yorkshire and Lincolnshire. (Quarterly Journal of the Geol. society. May 1896, Vol. LII, p. 184 et suiv.)

399. — G. MÜLLER. Beitrag zur Kenntnis der Unteren Kreide im Herzogtum Braunschweig. (Jahrb. d. preuß. geol. Landesanstalt für Berlin, p. 94—110.)

400. — N. BOGOSLOWSKY. Der Iljasan-Horizont; seine Fauna, seine strat. Beziehungen und sein wahrscheinliches Alter. (Mat. Geol. Russ. t. XVIII.) St. Petersburg.

401. — P. DE LORIOL. Note sur quelques Brachiopodes crétacés recueillis par M. ERNEST FAVRE dans la chaîne centrale du Caucase et dans le Néocomien de la Crimée. (Revue suisse de Zoologie et Ann. du Musée d'Hist. nat. de Genève, t. IV, fasc. I.)

402. — L. F. WARD. Some analogies in the lower Cretaceous of Europa and America. (18. Ann. Report U. S. Geol. Survey 1894—95; part I. p. 510, Pl. CV.)

402a. — E. KOKEN. Die Leitfossilien. Ein Handbuch für den Unterricht und für das Bestimmen von Versteinerungen. — Leipzig, Tauchnitz, 1896.

403. 1897. J. W. STANTON. A comparative Study of the lower cretaceous Formations and Faunas of the United States. (The Journal of Geology, t. V, No. 6. — Chicago 1897.)

404. — P. LORY. Remarque sur l'Ammonite Calypso D'ORB. (Ann. de l'Univ. de Grenoble, 4. trimestre 1896 et Trav. Lab. Géol. Grenoble, t. IV, fasc. I.)

405. — PAVLOW. Guide des excursions du VII. Congrès géologique international, St. Pétersbourg. (fasc. XX.)

406. — NIKITIN et PAVLOW. Guide des excursions du VII. Congrès géologique international, St. Pétersbourg (I, II et XX.)

407. K. GEBHARDT. Beitrag zur Kenntnis der Kreideformation in Venezuela und Peru. (In STEINMANN's Beitr. zur Geol. und Paläont. von Südamerika. Neues Jahrb. für Min., Geol. und Paläont. Beil.-B. XI, p. 65—117, Taf. I—II und 8 Fig.)

408. — — Beitrag zur Kenntnis der Kreideformation in Columbien. (Ibid. p. 118—208, Taf. III—V und 14 Fig.)

409. — C. F. PARONA e G. BONARELLI. Fossili albiani d'Escragnolles, del Nizzardo e della Liguria occidentale. (Palaeont. ital. Bd. II, p. 53—112. Taf. X—XIV.)

410. — C. F. PARONA. Descrizione de alcune Ammoniti del Neocomiano veneto. (Palaeont. ital. Bd. III, p. 137—144, Taf. XVII—XVIII.)

411. — F. NOETLING. The Fauna of the (Neocomian) Belemnites beds. (Fauna of Balochistan. Palaeont. Indica ser. XVI, 8 p., Taf. I, II.)

412. — J. SIMIONESCU. Die Barrêmefauna im Quellgebiete der Dimboviciora (Rumänien). (Separat-Abdruck aus den Verh. d. k. k. geol. Reichsanst. 1897, No. 6.)

413. — — Über einige Ammoniten mit erhaltenem Mundsaum aus dem Neokom des Weißenbachgrabens bei Golling. (In Beitr. z. Paläontol. u. Geol. Öster.-Ungarns und des Orients. Bd. XI, p. 207—210, 1896.)

414. — W. KILIAN. Sur une nouvelle Ammonite des Calcaires du Fontanil (Isère). (Assoc. fr. p. l'av. des Sciences, Congrès de St. Etienne, t. XXVI, p. 353.)

415. — CH. SARASIN. Quelques considérations sur les genres Hoplites, Sonneratia, Desmoceras et Puzosia. (Bull. Soc. géol. de Fr., t. XXV, p. 449 et 760.)

416. — O. ABEL. Die Tithonschichten von Niederfellabrunn in Niederösterreich und ihre Beziehungen zur unteren Volgustufe. (Verh. k. k. geol. Reichsanst. 1897, S. 38.)

417. — L. MALLADA. Sinopsis de las Especies fossiles que se han encontrado en España, t. III. Terreno mesozoico. (Boll. Com. Mapa geol. de España.)

418. — NIKITIN. Notiz über die Wolga-Ablagerungen. (Verh. Russ. k. mineral. Ges. St. Petersburg, Ser. 2. XXIV, S. 191.)

419. 1898. JULES-BROWER. Les limites du Cénomanien. (Réponse à M. DOLLFUS.) (Feuille des Jeunes naturalistes, No. 333, 334.)

420. — E. HARO. Portlandien, Tithonique et Volgien. (Bull. Soc. géol. de Fr., 3. série, t. XXVI, p. 197.)

421. — — Néocomien. — (In Grande Encyclopédie, 596. livraison.) — Paris 1898.

150 Literaturverzeichnis.

[21 a. 1896—1898. P. Choffat et P. de Loriol. Recueil d'Études paléontologiques sur la faune crétacique du Portugal. (Direct. des Trav. géol. du Portugal). Siebe der ganze Heilte. (sowie die Communicações) da Seçao des Trab. geol. de Portugal. — Lissabon.
422. 1896. W. Kilian. Observations relatives à la note de M. Ch. Sarasin ayant pour titre: Quelques considérations sur les genres Hoplites, Sonneratia, Desmoceras et Puzosia. (Bull. Soc. géol. de Fr., 3. série, t. XXVI, p. 129.)
423. — Sarasin, Bemerkungen über einige Ammoniten des Aptien. — Chiessa 1896.
124. — W. Kilian et Barthoumieux. Observations sur le Néocomien du Jura. (Bull. Soc. géol. de Fr., 3. série, t. XXVI, p. 505.)
125. — V. Paquier. Sur le parallélisme des calcaires urgoniens avec les couches à Céphalopodes dans la région delphino-rhodanienne. (C. R. Acad. des Sc., 14. sept. 1896. — Trav. du Lab. de Géol. Univ. de Grenoble, t. V, 1. fasc.)
426. — W. Kokert. Geologische und paläontologische Untersuchung der Grenzschichten zwischen Jura und Kreide auf der NW.-Seite der Seller. (Inaug.-Diss. — Göttingen.)
427. — G. Dollfus. Discussion sur la base de l'Étage cénomanien. (Feuille des Jeunes Naturalistes, No. 320 [290 et 334.])
428. — Van den Broeck. Le Wealdien du Bas-Boulonnais et le Wealdien de Bernissart. (Bull. Soc. géol. Belge, t. XII, p. 216 et 244.)
429. — Simionescu. Studii geologici si paleontologici din Carpathi Sudici. II. — La faune néocomienne du bassin de Dimbovicioru (Roumanie). — (Ann. de l'Académie roumaine, Bukarest 1896.)
430. — H. Douvillé. Sur les couches à Rudistes du Texas. (Bull. Soc. géol. de Fr., 3. série, t. XXVI, p. 607.)
430 a. — — Sur quelques fossiles du Pérou. (Ibid. 3, t. XXVI, p. 395.)
431. 1896. W. Kilian et Barthoumieux. Sur la découverte d'un deuxième exemplaire de Hoplites Euthymi près de Bienne (Suisse). (Bull. Soc. géol. de Fr., 3. série, t. XXVII, p. 125.)
432. — Zittel. Geschichte der Geologie und Paläontologie. — München und Leipzig.
433. — Munier-Chalmas. Les assises supérieures du terrain jurassique dans le Bas-Boulonnais. (C. R. Acad. des Sc., t. CXXVIII, p. 1582.)
431. — W. Kilian. Observations au mémoire de M. Haug sur le Portlandien, le Tithonique et le Volgien. (Bull. Soc. géol. de Fr., 3. série, t. XXVI, p. 479.)
435. — N. Karakasch. Fortschritte im Studium der Kreideablagerungen in Russland. (Ann. géol. et minéral. de la Russie, éd. par N. Krichtofowitsch, t. III, No. 7, p. 139.)
436. — E. Barthoumieux et H. Moulin. La série néocomienne à Valangin. (Bull. Soc. neuch. de Sc. nat., extrait du tome XXVI.)
437. — J. D. Antula. Über die Kreidefossilien des Kaukasus. (Beiträge z. Pal. u. Geol. Öster.-Ungarns und des Orients, Bd. XII, Heft II und III). — Wien.
438. — v. Koenen. Über das Alter des Norddeutschen Wälderthons (Wealden) (Aus den Nachrichten der k. Ges. d. Wissensch. z. Gött., Mathem.-physik. Klasse 1899, Heft 3.)
439. — J. Simionescu. Note sur quelques Ammonites du Néocomien français. (Ann. de l'Univ. de Grenoble, t. IX, Nr. 3, 1 Pl.)
440. 1897—1900. Éd. Suess. Das Antlitz der Erde. Deutsche Ausgabe (1883—1902) — und franz. Übersetzung: La Face de la Terre. Paris, Arm. Colin. 2 vol. mit zahlreichen Anmerkungen der Übersetzer und Literatur über Paläocretaceum (von W. Kilian), namentlich Kap. VI; mers mésozoiques. — Paris, Arm. Colin.
441. 1900. Simionescu. Synopsis des Ammonites néocomiennes. (Trav. du Lab. de Géol. de l'Univ. de Grenoble, t. V, p. 100 et 645; Annales de l'Univ. de Grenoble, t. XII, No. 1.) — (Mit ausführlichem Verzeichnis der paläont. Literatur!)
442. — Jukes-Browne. The Gault and upper Greensand of England. (The Cretaceous Rocks of Britain, vol. I. — Mem. Geol. Survey of the united Kingdom. — London.)
443. — E. Barthoumieux. Vorläufige Mitteilungen über die Ammonitenfaunen des Valanginien und Hauterivien im Schweizerjura. (Eclogae geologicae Helvetiae, vol. 6, Nr. 2.)
444. — A. Hyatt. Cephalopoda. In Text-book of Palaeontology, by Karl von Zittel, vol. I. pl. II, p. 502—592. — London and New York.

445. 1900. G. MÜLLER. Versteinerungen des Jura und der Kreide. (Aus: Deutsch-Ostafrika, Bd. VII.)

446. — E. HAUG. Les géosynclinaux et les aires continentales. Contribution à l'étude des transgressions et des régressions marines. (Bull. Soc. géol. de Fr., 3. série, t. XXVIII, p. 617.)

447. — GENTIL. Résumé stratigraphique sur le bassin de la Tafna. (Assoc. franç. pour l'avancement des Sciences, Congrès de Paris, p. 608.)

448. — H. DOUVILLÉ. Sur la distribution géographique des Rudistes, des Orbitolines et des Orbitoïdes. (Bull. Soc. géol. de Fr., 3. série, t. XXVIII, p. 224.)

449. — WOLLEMANN. Die Bivalven und Gastropoden des deutschen und holländischen Neokoms. (Abhand. d. preuß. geol. Landesanst. N. F. Heft 31.)

450. — BOGOSLOWSKY. Über das untere Neokom im Norden des Gouvernements Simbirsk und den Rjasan-Horizont. (Separat-Abdruck aus den Verhandl. d. k. russ. miner. Ges. zu St. Petersburg, 2. Serie, Bd. XXXVII, No. 2.)

451. — DE LAPPARENT. Traité de géologie. (4. édition, p. 1241—1407.)

452. — F. LEENHARDT et W. KILIAN. Mont Ventoux et Montagne de Lure. (Livret-guide du VIIIme Congrès géologique international, excursion XIII.) Siehe auch: Livret-guide, Excursions XIII a (Grenoble von W. KILIAN), XIII b (Dévoluy, Diois und Valentinois von P. LORY, V. PAQUIER und G. SAYN), XIX (Pyrénées von L. CAREZ), XX (Boulonnais von MICHEL-CHALMAS und E. PELLAT) etc.

453. — W. KILIAN et P. LORY. Notices géologiques sur divers points des Alpes françaises, servant de complément au Livret-guide du VIIIme Congrès géologique international. (Bull. Soc. de Statist. de l'Isère et Trav. Labor. géol. Univ. de Grenoble, t. 6, p. 557.)

454. — V. PAQUIER. Recherches géologiques dans le Diois et les Baronnies orientales. — (Thèse de Doctorat, 411 p., 6 pl., 2 cart.; — in Trav. Labor. Géol. Fac. des Sc. Grenoble, t. V., fasc. 2 et 3.)

455. 1901. C. W. STANTON. The marine cretaceous invertebrates. (Reports of the Princ. Univ. Exped. to Patag., vol. IV, Palaeontology.)

456. — V. UHLIG. Über die Cephalopodenfauna der Teschener und Grodischter Schichten. (Wien (1901, mit 9 Tafeln und 3 Textfiguren.) (Denkschr. Math. Nat. Kl. d. k. Ak. d. Wiss. t. LXXII, Wien.)

457. — G. SAYN. Les Ammonites pyriteuses des Marnes valanginiennes du Sud-Est de la France. (Mém. Soc. géol. de Fr. Paléontologie, t. IX, fasc. 2, No. 23.) — (Schluß nicht erschienen.)

458. — V. PAQUIER. Sur la présence du genre Caprina dans l'Urgonien. (C. R. Ac. des Sc., t. 132, p. 228.)

459. — — Sur les Rudistes urgoniens de Bulgarie, de Suisse et de France. (Bull. Soc. géol. de Fr., 4. série, t. I, p. 289.)

460. — — Sur la faune de l'âge des calcaires à Rudistes de la Dobrogea. (Bull. Soc. géol. de Fr., 4. série, t. I, p. 473.)

461. — V. PAQUIER et ZLATARSKY. Sur l'âge des couches urgoniennes de Bulgarie. (Bull. Soc. géol. de Fr., 4. série, t. I, p. 268.)

462. — PAVLOW. Comparaison du Portlandien de Russie avec celui du Boulonnais. (Extrait du compte rendu du VIIIme congrès géologique international 1900.)

463. — W. KILIAN. Sur quelques gisements de l'étage aptien. (Bull. Soc. géol. de Fr., 4. série, t. II, p. 338.)

464. — JOLEAUD. Contribution à l'étude de l'Infracrétacé à faciès vaseux pélagique en Algérie et en Tunisie. (Bull. Soc. géol. de Fr., 4. série, t. I, p. 113.)

465. P. CHOFFAT. Notice préliminaire sur la limite entre le Jurassique et le Crétacique en Portugal. (Bull. Soc. belge de géologie, de paléont. et d'hydrologie, Bruxelles, t. XV.)

466. G. DOLLFUS. L'Étage cénomanien en Angleterre. (Feuille des Jeunes naturalistes, Nr. 368.)

467. — VAN DEN BROECK. Quelques mots concernant les récentes déclarations de M. Lauriaux au sujet de l'âge du Wealdien. (Bull. Soc. belge de Géol. etc., vol. XV, p. 100.)

468. — Étude régionale sur la limite entre le Jurassique et le Crétacique. (Bull. Soc. géol. belge de Géol. etc., t. XV.)

469. 1901. E. Baumberger. Über Facies und Transgressionen der Unteren Kreide am Nordrande der mediterrano-helvetischen Bucht im westlichen Jura. (Wissenschaftliche Beilage zum Bericht der Töchterschule zu Basel, 1900—1901.)

470. — v. Koenen. Über die Gliederung der norddeutschen Unteren Kreide. (Aus den Nachrichten der k. Ges. der Wissenschaften zu Göttingen. Math.-phys. Klasse, Heft 2, 1901.)

471. — de Grossouvre. Recherches sur la Craie supérieure; 1. partie: Stratigraphie générale. (Ministère des Trav. publics; Mémoires pour servir à l'explication de la Carte géologique détaillée de la France. — Paris, 2 vol.)

472. — Sur la transgression cénomanienne. (C. R. de l'Assoc. franç. pour l'Av. des Sc., p. 352—356. Paris.)

473. — Sarasin et Schöndelmayer. Etude monographique des Ammonites du Crétacique inférieur du Châtel St. Denis. (Mém. paléont. suisse, t. 28/29.)

474. 1902. W. Kilian. Sur deux microorganismes du Mésozoïque alpin, (Bull. Soc. géol. de Fr., 4. série, t. II, p. 558.)

475. — Über Aptien in Südafrika. (Centralbl. f. Min., 1902, Nr. 15.)

476. — H. Douvillé. Sur les analogies des faunes fossiles de la Perse avec celles de l'Europe et de l'Afrique. (Bull. Soc. géol. de Fr., 4. série, t. II, p. 290 et 403.)

477. — W. Bullock Clark and Bibbins. Geology of the Potomac group in the Middle Atlantic Slope. (Geol. Soc. Am. Bull., vol. 13, p. 187—214, 6 pl., 2 cartes.)

478. — de Pauw. Contribution à l'étude de l'Iguanodon bernissartensis. Essai de reconstruction de l'Iguanodon dans le milieu où il vivait. (Mons 1902, 8—10 p., 6 Pl.)

479. — G. F. Dollfus. Classification des couches crétacées, tertiaires et quaternaires du Hainaut belge. (Feuille des Jeunes Naturalistes, 1. oct. 1902.)

480. — v. Koenen. Die Ammonitiden des norddeutschen Neokom (Valanginien, Hauterivien, Barrêmien und Aptien), 451 S., 55 pl., Berlin 1902. (Abhand. d. Kgl. preuß. geol. Landesanst. und Bergakademie, Neue Folge Nr. 24.) (Umfangreiches Literaturverzeichnis!)

481. — M. Anderson. Cretaceous deposits of the pacific Coast. — (San Francisco 1902 et in Proceedings of the California Academy of Sciences, vol. II, No. 1, 154 S., 12 Taf.)

482. 1902—03. Woods. Monograph of the Cretaceous Lamellibranches of England. (Paleont. Soc. London, part IV [1902], part V [1903].) (Unbeendet, siehe Nr. 502.)

483. 1901—06. Palaeontologica universalis, fasc. I, sér. 1 et 2 et fasc. II. — Paris-Laval-Berlin. Centuria I (im Erscheinen).

484. 1903. O. Sayn. Sur la faune de l'Hauterivien supérieur du Dauphiné. (Bull. Soc. géol. de Fr., 4. série, t. III, p. 142.)

485. — A. Wollemann. Aucella Keyserlingi Lahusen aus dem Hilskonglomerat (Hauterivien). (Monatsber. d. deutschen geol. Ges. Nr. 5, 1903, Nr. 18.)

486. — F. Hahnert. Die Schaumburg-Lippe'sche Kreidemulde. (Göttingen, geol.-paläont. Inst. 1902, Bd. I, p. 59—90.)

487. — O. Müller. Die Lagerungsverhältnisse der unteren Kreide westlich der Ems und die Transgression der Wealden. (Jahrb. der k. preuß. geol. Landesanst., t. XXIV, Nr. 2.)

488. — E. Pellat. Note sur le Toxaster amplus Dixon d'après les observations de M. J. Lambert. (Bull. Soc. géol. de Fr., 4. série, t. III, p. 127.)

489. — W. Paulcke. Über die Kreideformation in Südamerika und ihre Beziehungen zu anderen Gebieten. (In Steinmann, Beitr. z. Geol. u. Paläont. von Südamerika, Neues Jahrb. für Min. etc., Beilageband XVII, 2, p. 252. Stuttgart 1903.)

490. — V. Uhlig. Himalayan fossils (ser. XV). The fauna of the Spiti Shales. (Mem. of Geol. surv. of India 1903.)

491. 1903—04. V. Paquier. Les Rudistes urgoniens. (Mém. Soc. géol. de Fr., Paléontologie. No. 29, t. 11 et 13.)

492. 1904. Ch. Jacob. Sur l'âge des couches à phosphates de Clansayes près St. Paul-Trois-Châteaux (Drôme). — Observations de MM. Douvillé et Toucas. (Bull. Soc. géol. de Fr., 4. série, t. IV, p. 518.)

493. — Aptien supérieur et Albien du Vercors. (Bull. Soc. géol. de Fr., 4. série, t. IV, p. 804.)

494. 1901. G. Sayn et F. Roman. L'Hauterivien et le Barrémien de la rive droite du Rhône et du Bas-Languedoc. (Bull. Soc. géol. de Fr., 4. série, t. IV, p. 807.)

495. — L. Mallada. Explicacion del Mapa geologico de Espana. Sistemas infracretaceo y cretaceo. (Mem. Mapa geol. de Esp. — Madrid 1904.)

496. — v. Koenen. Über die untere Kreide Helgolands und ihre Ammonitiden. (Abh. d. k. Ges. d. Wiss. z. Göttingen. Neue Folge, Bd. III, Nr. 2.) (Tafeln.)

497. — W. Deecke. Über Wealdengeschiebe aus Pommern. (M. a. d. Nat. f. Neuvorpommern u. Rügen, 36, 1904, S. 137-154.)

498. — Ch. Schlumberger. Note sur le genre Choffatella n. g. (Bull. Soc. géol. de Fr., 4. série, t. IV, p. 763.)

499. — G. Boehm. Beiträge zur Geologie von Niederländisch-Indien. (Palaeontographica 1904, suppl. IV. — Stuttgart.)

500. — A. Douville. Les explorations de M. de Morgan en Perse. (Bull. Soc. géol. de Fr., 4. série, t. IV, p. 539.)

501. — H. Douville. Sur quelques Rudistes à canaux. (Bull. Soc. géol. de Fr., 4. série, t. IV, p. 810.)

502. 1899—1905. Woods. The cretaceous Lamellibranchia of England. (Palaeont. Society, vol. 53, 54, 55, 58, 59, 60.) — (Noch unbeendet.) (Siehe Nr. 482.)

503. 1905. DE Lapparent. Traité de Géologie. — Paris, Masson. (5. édition 1906.)

504. — Ch. Jacob. Etude sur les Ammonites et sur l'horizon stratigraphique du gisement de Clansayes. (Bull. Soc. géol. de Fr., 4. série, t. V, p. 399.)

505. — W. Kilian et M. Piroutet. Sur les fossiles crétaciques de la Nouvelle-Calédonie. (Bull. Soc. géol. de Fr., 4. série, t. V, p. 112.) (Siehe auch Bull. Soc. géol. de Fr., 4, III (1903), p. 184.)

506. — N. Karakasch. Sur quelques Ammonites remarquables de la Crimée. (Extr. des Trav. de la Soc. Imp. des Naturalistes de St. Pétersbourg, vol. XXXVI, liv. I, No. 4-5.) — Russisch, mit französischem Résumé.

507. — E. Harbort. Die Fauna der Schaumburg-Lippe'schen Kreidemulde. (Abh. d. k. preuß. geol. Landesanst. und Bergakademie, neue Folge, Heft 45.)

508. — W. Kilian. Sur quelques fossiles remarquables de l'Hauterivien de la région d'Escragnolles. (Bull. Soc. géol. de Fr., 4. série, t. II, p. 864.)

509. — Bogdow. Über einige evolute Ammonitiden aus dem oberen Neokom Rußlands. — St. Petersburg. (Mater. Geol. Russl. t. XXII.)

510. — V. Uhlig. Einige Bemerkungen über die Ammonitengattung Hoplites Neumayr. (Sitzungsberichte der k. k. Akad. d. Wiss. in Wien, Bd. CXIV, Abt. I, Juli 1905.)

511. — A. Peron. Note stratigraphique sur l'étage aptien dans l'Est du bassin parisien. (Bull. Soc. géol. de Fr., 4. série, t. V, p. 359.)

512. 1905-07. E. Baumberger. Fauna der unteren Kreide im westschweizerischen Jura. (Inaugural-Dissertation 1905 und Abhandl. schweiz. paläont. Ges., vol. XXX-XXXIII.)

513. 1906. E. Philippi. Sur l'âge des Aptis. (Bull. Soc. géol. de Fr., 4. série, t. VI, p. 280.)

514. — N. A. Till. Die Cephalopodengehäuse aus dem schlesischen Neokom. (Versuch einer Monographie der Rhyncholithen.) (Jahrbuch der k. k. geol. Reichsanstalt, Bd. 56, Heft I mit 2 Tafeln und 22 Figuren im Text.)

514a. — Ascher (Else). Die Gastropoden, Bivalven und Brachiopoden der Grodischter Schichten. (Beitr. z. Pal. u. Geol. Österr.-Ung. u. d. Orients. T. 9 (1906), mit 3 Tafeln.)

514b. — Danford. Notes on the Belemnites of the Speeton Clays. (Trans Hull Geol. Soc. vol. V, p. 1-14, Pl. I-VI, 1906.)

515. — J. Sinzow. Die Beschreibung einiger Douvilléiceras-Arten aus dem oberen Neokom Rußlands. (Separat-Abdruck a. d. Verh. d. k. russ. min. Ges., Bd. XLIV, Lief. I.)

516. — J. J. Buckman. Brachiopod Homoeomorphy: Pygope, Antinomia, Pygites. (Quart. Journ. of the Geol. Soc., p. 433-436 et pl. XI.1.)

517. — A. Wollemann. Die Bivalven und Gastropoden des norddeutschen Gault (Aptien und Albien). (Jahrb. d. k. preuß. geol. Landesanst. u. Bergakad. zu Berlin für 1906, Bd. XXVII, S. 259-300, Taf. 6-10.)

164   Literaturverzeichnis.

518. 1908. Fritel. Sur les variations morphologiques d'Acanthoceras Milletianum d'Orb. 4.
(Paris. Le Naturaliste, 1. Nov. 1908.)

518 a. — P. Lioré. Contribuzione alla conoscenza della Fauna del calcare cretaceo di Calinaghe presso Il Lago di S. Croce nelle Alpi venete II. (Rev. It. di Paleont. IX, 1, 2.)

519. — E. Stolley. Über alte und neue Aufschlüsse und Profile in der Unteren Kreide Braunschweigs und Hannovers. (Sonder-Abdruck aus dem XV. Jahresbericht des Vereins für Natur, zu Braunschweig.)

520. — Ch. Jacob. Notes préliminaires sur la stratigraphie du Crétacé moyen. (Ann. de l'Univ. de Grenoble, 1908.)

521. — C. Burckhardt. Géologie de la Sierra de Mazapil de Santa Rosa (Livret, guide du Congrès géol. de Mexico. fasc. XXVI.)

522. — Dorville (Robert). Sur les Ammonites du Crétacé sud-américain. (Extrait des Annales de la Société royale zoologique et malacologique de Belgique, t. XLI.)

523. — L. Rollier. Schweiz; Fossile Fauna. (Sonderabdruck aus dem „Geographischen Lexikon der Schweiz".) Neuenburg, Attinger.

523 a. W. Kilian et L. Gentil. Découverte de deux horizons crétacés remarquables au Maroc. (C. R. Ac. des Sc. Mars, 1908.)

524. — Ch. Jacob et A. Tobler. Etude stratigraphique et paléontologique du Gault de la vallée de la Engelberger Aa. (Mém. Soc. paléont. Suisse, t. XXXIII.)

525. 1907. Ch. Jacob. Recherches paléontologiques et stratigraphiques sur la partie moyenne des terrains crétacés dans les Alpes françaises et les régions voisines. (Trav. Lab. géol. Univ. de Grenoble, t. VIII. Ann. Univ. de Grenoble, t. XIX, 2). - Thèse de Doctorat. — Grenoble-Allier.

526. — v. Koenen. Über das Auftreten der Gattungen und Gruppen von Ammonitiden in den einzelnen Zonen der Unteren Kreide Norddeutschlands. (Aus den Nachrichten der k. Gesellschaft der Wissenschaften zu Göttingen, Math.-phys. Klasse, 1907.)

527. — W. Kilian et L. Gentil. Sur les terrains crétacés de l'Atlas occidental marocain. (C. R. Acad. des Sc., 11. Janvier 1907.) Paris.

528. — Pavlow. Enchaînements des Aucellae et Aucellinae du Crétacé russe. (Nouv. mém. Soc. imp. natur. Moscou, t. XVII (XXII), No. 1, 8 Tafeln).

529. — P. Lemoine. Les variations de faciès dans les terrains sédimentaires de Madagascar. (Bull. Soc. géol. de Fr. 4. série, t. VII, p. 361)

530. — R. Neumann. Beiträge zur Kenntnis der Kreideformation in Mittel-Peru. (Beitr. z. Geol. u. Pal. v. Südamerika von G. Steinmann, XIII; Neues Jahrb. für Min. etc. Beilageb. XXIV. 1907.)

531. — O. Haupt. Beiträge zur Fauna des oberen Malm und der unteren Kreide in der Argentinischen Cordillere. (Id.; Neues Jahrb. für Min., Beilageb. XXIII.)

Außerdem sind viele und wichtige Daten über Untere Kreide und deren Fauna in folgenden Schriften enthalten: — Paleontologia universalis (Laval), [s. oben, No. 483], (Abbildung einzelner pal. Typen des Palaeocretacicums);   Annuaire géologique universel du Dr. Dagincourt, fortgesetzt durch L. Carez (Paris), Jahrgänge 1887 (tome III) bis 1895 (tome XII). Abschnitte über „Système crétacé" mit zahlreichen kritischen Referaten; — Neues Jahrbuch für Mineralogie, Geologie und Paläontologie (Stuttgart), Referate; — Paléontologie Française, Terrains Crétacés (Paris, Masson) (die bis jetzt erschienenen Teile); — t. I bis VIII und „Supplément" (1857) (wichtig für Belemniten!) — Geologisches Centralblatt von Krause (Leipzig, Borntraeger) etc. etc. — Siehe auch den Text und Hände der Blätter Pontarlier, Ornans, Montbéliard, Privas, le Buis, Die, Orange, Forcalquier, le Vigan, etc. der geologischen Karte von Frankreich (1 : 80000).

II.

Spezieller Teil.

A. Das Paläocretacicum (exkl. der Gaultstufe[¹]) im südlichen Europa.

Unter den bekanntesten Vertretern der Unteren Kreidebildungen sind die fossilreichen Ablagerungen Südostfrankreichs, welche seit der Mitte des vorigen Jahrhunderts den Gegenstand zahlreicher Abhandlungen von seiten der tüchtigsten Forscher Frankreichs lieferten und nunmehr als die vollständigst untersuchten Ablagerungen des Paläocretacicums gelten können. Es kann diese, durch Cephalopodentypen reichlich gekennzeichnete, und, was die faciellen Verhältnisse betrifft, in ihren Randgebieten sehr wechselvolle Stufenreihe, für sämtliche paläocretacischen Vorkommnisse des südlichen und mittleren Europa als maßgebend betrachtet werden und demnach erscheint es als gerechtfertigt, an diesen Typus die Beschreibung der übrigen Neokombildungen der mediterran-alpinen Provinz anzuknüpfen.

Durch die reiche Gliederung der paläocretacischen Sedimente, sowie die Mächtigkeit und den Fossilreichtum derselben seit Jahren berühmt ist der zwischen den alten Zentralmassen und den Hochalpen gelegene, von der Rhône und deren Zuflüssen bewässerte und im Süden durch das Mittelmeer begrenzte Teil Frankreichs. Es zerfällt dieses Gebiet in eine rhodanische und eine alpine Gegend. Der reichen Entfaltung der verschiedensten faciellen Abänderungen, dem typischen Vorkommen interessanter Faunen (Rudisten von Orgon, Cephalopoden von Barrême und Apt), deren Elemente durch zahlreiche Sammler nunmehr in den Sammlungen der ganzen Welt verbreitet sind, ist es zuzuschreiben, daß die Untere Kreide Südostfrankreichs seit mehreren Jahrzehnten den Stoff zu einer Anzahl Arbeiten lieferte, deren Inhalt namentlich von Uhlig und Vacek in meisterhafter Weise übersichtlich zusammengefaßt wurde. Es gilt daher diese Gegend als ein klassischer Boden der Neokom-Forschungen und die hier gewonnenen Resultate können mit Recht auf die Vorkommnisse in anderen Gebieten der Erde als maßgebend angewendet werden.

Es wird also zweckmäßig erscheinen, die Beschreibung der Unteren Kreide in Südostfrankreich in diesem Buche den Ausführungen über paläocretacische Formationen fernerer Länder voranzuschicken und an erster Stelle über die Ergebnisse der bekannten Untersuchungen von Alcide d'Orbigny, Matheron, Gar-

[¹] Der Beschreibung der Gaultstufe in den einzelnen Gebieten wird ein besonderes Kapitel gewidmet werden.

sind, Ewald und Beyrich, Coquand, Ebray, Reynès, Émilien-Dumas, Ch. Lory. Pictet, Raspail, Duval-Jouve, Astier, Jaubert, Hébert, Vélain, Scipion und Albin Gras und ihrer zahlreichen Nachfolger: E. Fallot, Carez, Toucarel, Toucas, Collot, Honnorat-Bastide, Pellat, Fr. Léenhardt, W. Kilian, G. Sayn, Paquier, Roman, P. Lory, Sayn, Ch. Jacob etc. zu berichten.[1]

I. Die Untere Kreide im südöstlichen Frankreich (Rhônebucht).

Die Ausbildung der palaeocretacischen Ablagerungen in Südostfrankreich verdient es also aus verschiedenen Gründen als Typus für die Einteilung und Kennzeichnung der unteren Kreidebildungen zu gelten und die nötigen Ausgangspunkte zu einer Gesamtschilderung zu liefern.[1]

Im östlichen Teile jener Gegend herrschten nämlich von der Liaszeit an und durch die ganze palaeocretacische Periode ununterbrochen dieselben Faciesverhältnisse: mit großer Mächtigkeit lagerten sich dort cephalopodenreiche Mergel und Thonkalke ab, welche vom Tithon bis zum Gault und bisweilen bis zur oberen Kreide erlaubten, die Veränderungen zahlreicher Ammonitidengruppen zu verfolgen, das Verschwinden oder Einwandern neuer Formen und die Vermengung mediterraner Typen mit nördlicheren Arten zu beobachten. —

Aus der Provence, dem Dauphiné und dem Vivarais kommen die in den meisten europäischen Sammlungen liegenden Schaustücke der Leitfossilien der Unteren Kreide; aus dem Rhônebecken stammen die meisten Originale der Ammonitidenspecies derselben und von dort sind die typischsten Vorkommnisse zur Aufstellung mehrerer palaeocretacischer Stufen (Barrémien, Urgonien, Aptien, etc.) beschrieben worden.

Wenn man gegen Norden, Nordwesten, Westen und Süden dringt, bietet sich Gelegenheit, das Verhältnis der Cephalopodenfacies zu anderen Ausbildungstypen zu untersuchen und auf ausgezeichnete Weise die einzelnen Stufen und Zonen, trotz ihrer manchmal sehr auffallenden faciellen Veränderungen, zu verfolgen.

Als die bedeutsamsten, z. T. klassischen Profile dieses Bezirkes mögen genannt werden: Col. St. Jacques, Barrême, Sisteron, la Lagne (bei Castellane), Angles, Vergons, Hyèges, Cheiron (Basses-Alpes); Les Filles, la Charce, La Molle-Chalancon, Luc-en-Diois (Drôme), St.-Julien-en-Beauchaine (Bochaine), Moutrlus (Iltes. Alpes) und Escragnolles (Alpes-Maritimes), sowie der Mont Ventoux und die

[1] Vergl. das Literaturverzeichnis S. 133—164, sowie die Angaben am Ende dieses Kapitels.
[1] Über die historische Entwicklung der Forschungen über südfranzösische Untere Kreide vergleiche die Zusammenstellungen in:

Vacek, Neokomstudie. (Jahrb. d. k. k. geol. Reichsanstalt 1880, Bd. XXX, No. 3).
V. Uhlig, Die Cephalopodenfauna der Wernsdorfer Schichten. (Denkschrift Math.-Naturw. Klasse d. k. k. Ak. d. Wiss., Wien 1883, Bd. XLVI.)
W. Kilian. Notice stratigraphique sur les environs de Sisteron (Basses-Alpes). (Bull. géol. de France, 3. série, t. XXIII.)

Es wäre zwecklos, an dieser Stelle wieder auf die nunmehr abgeschlossenen Diskussionen einzugehen, deren Hauptresultate wir oben (Kap. I, S. 15 ff.) bereits angegeben haben und deren Einzelheiten Vacek, Uhlig und W. Kilian in den obengenannten Aufsätzen besprochen haben.

Montagne de Lure. Diesem Gebiete gehören ebenfalls zum großen Teile die Lokalitäten an, welche ALPHE D'ORBIGNY als Typen seiner paläocretacischen Stufen (Etages Urgonien, Aptien) beschrieben hat (siehe namentlich bei D'ORBIGNY, Cours élémentaire, p. 58, 483, 492, 610. Die Profile von Hyèges, Cheiron etc.), sowie die später von F. LRENHARDT und W. KILIAN auf erschöpfende Weise untersuchten Ablagerungen der Ventoux- und Luregebirge und der Umgegend von Sisteron mit ihren cephalopodenreichen, eine Anzahl paläocretacischer Zonen aufweisenden unteren Kreideschichten; ferner die Umgegend von Die, welche dank V. PAQUIER's Arbeiten als eine der bestbekanntesten Gegenden des Rhônebeckens gilt.[1]

Als berühmte Fundorte mögen genannt werden:

Für die Untere Valendisstufe (Berriasien): La Faurie (Htes. Alpes), Charolavon (Basses Alpes), Gigondas (Vaucluse), Porte de France (Isère), La Cadière (Gard), Berrias (Ardèche).

Für die Mittlere und Obere Valendisstufe: St. Julien en Bochaine (Htes. Alpes), Chateauneuf-de-Chabre, Montchus (Htes. Alpes), Eyrolles, Ste. Croix (Drôme), Chamahac (Drôme), Col de Prémol (Drôme), Charolavon (Basses Alpes), Lioux (Basses Alpes), Pélegrine und Jas-de-Madame (Basses Alpes), Brune (Ardèche).

Für die Hauteriventufe: La Charce bei la Motte Chalancon, Chatillon en Diois (Drôme), Valdrôme (Drôme), Vergons (Basses Alpes), les Lattes (Var), Col de Perty, Montchus (Htes. Alpes), Girolières (Var), Crüas (Ardèche), Clatemneuf bei Moustiers-Ste.-Marie, la Lague (B. A.), Allauch, la Nerthe (Bouches-du-Rhône), St. Martin bei Escragnolles, Clars, Bargème, Mons, Trigance, Caussols (Alpes-Maritimes), le Bourguet, la Martre (Var) etc.

Für die Barrêmestufe: La Charce (Drôme), Cheiron bei Castellane, Vergons, Rieux, Barrème, les Lattes, Montegière, Montagne de Lure (Morteyron und Combe-Petite) (Basses Alpes),

[1] Sehr reiches Material aus der Unteren Kreide der Rhônebucht bieten namentlich folgende Sammlungen:

Paris. Sammlung des Geologischen Instituts der Universität Paris (Sorbonne) (Coll. HÉBERT, VÉLAIN, JOUBERT [z. T.], KILIAN [z. T.]) etc.

Sammlungen der Ecole des Mines, des Museum d'Histoire naturelle (D'ORBIGNY'sche Typen) und des Institut catholique; — Coll. PELLAT. (Privatsammlung.)

Grenoble. Sammlung des Geologischen Instituts (Universität) mit den Coll. CH. LORY, JAURENT, (z. T.), TANDRO (z. T.), KILIAN (z. T.), PAQUIER, REBOUL, P. LORY, CH. JACOB, ZÜRCHER, DÉCHAUX, etc.

Naturhistorisches Museum der Stadt Grenoble (Coll. ALBIN GRAS, JOURDAN).

Marseille. Im Museum von Longchamp reiche Sammlung (Coll. MATHERON, BRUNEL, GABRIOL).

Budapest. Coll. COQUAND.

Valence. Städtisches Museum. (Coll. SOULIER).

Lyon. Städtisches Museum (Coll. THIOLLIÈRE); Universität (Coll. ROMAN).

Chambéry. (Museum der Société d'histoire naturelle). (Coll. PILLET und RÉVIL.)

Gap. Städtisches Museum. (Coll. HÉLY, IBARS, VALENTIN).

Nimes. (Museum der Académie de Nimes).

Avignon. (Coll. REQUIEN).

Annecy. Städtisches Museum. (Coll. CHARPY, MAILLARD.) (Schöner Gault und Urgon.)

Genf. Museum der Stadt. (Coll. PICTET). Bern. Museum. (Coll. OOSTER.)

Lausanne. Universitäts- und Cantonalsammlung. (Coll. CAMPICHE, RENEVIER etc.)

Berlin. Museum für Naturkunde. (Coll. BEYRICH, EWALD.)

Ferner sind bedeutsam die Sammlungen der Herren ALLAND (Tarascon), CURET (Chambéry), PELLAT (les Tourettes bei Tarascon), TURCAPEL (Avignon), DEYDIER (Cucuron), GAVREY (Grenoble), GODEN (Luc-en-Diois), HONNORAT-BASTIDE (Digne), LRENHARDT (Montauban), JULLIAY (Hascaque), LAMBERT (Veynes), G. SAYN in Montrendin bei Chalancol (Drôme); (letztere enthält Teile der Coll. TAMERU (z. T.), JACQUEZ, GARNIER, PAVAN etc.).

Colonne (Drôme), Ste. Martin bei Escragnolles, Cuneouls, Séranon, Chamateuil, Andon, Sombola (Alpes Maritimes), La Martre, Brunel, La Boisse, Comps (Var), Blaron, Meysse (Ardèche).

Für die Untere Aptstufe: La Bedoule (Bouches-du-Rhône), l'Homme d'Armes (Drôme), Lafarge, le Teil (Ardèche), Sorgues, Vedènes (Vaucluse) etc.

Für die Urgonfacies sind zu nennen: Orgon (B. d. Rhône), Xavacelles (Gard), Brousset (Gard). Sinsiane (Basses Alpes), Barcelonne (Drôme).

Für die Obere Aptstufe: Gargas, Apt (Vaucluse), Roxans, Serre-Chaitieu, Ste. Jalle (Drôme), Hyèges, Lioux, Rheux, Vergons, Carniol, Gévaudan (Basses Alpes.)

Besonders bekannt sind die Gebiete des „Diois" im Drômedepartement und die Umgegend von Castellane (Basses Alpes).

Trotzdem aus der Unteren Kreide Südostfrankreichs bereits von d'ORBIGNY, ASTIER, MATHERON, COQUAND, HASPAIL, DUVAL-JOUVE, LÉVEILLÉ, PEZON, PICTET, HONNORAT-BASTIDE u. a. eine sehr große Zahl von Formen der Gattungen *Lytoceras, Phylloceras, Aneyloceras, Heteroceras, Hamulina, Macroscaphites, Crioceras, Hamites, Desmoceras, Holcodiscus, Silesites* etc. etc. bekannt geworden sind, wäre eine Reihe monographischer Behandlungen der Cephalopodenfaunen der paläocretacischen Zonen dieses Gebietes doch äußerst wünschenswert. Manche derselben sind nur durch Listen bekannt und harren noch einer umfassenden Beschreibung, wie z. B. die Faunen der Zone des *Hoplites Boissieri* PICT. sp. (Herrnsien), des südfranzösischen Barrémien und des Aptien, welche neben einer Reihe bekannter Formen eine Anzahl neuer Arten enthalten, deren Darstellung bis zum heutigen Tage ausgeblieben ist. Die Ammonitiden des mittleren Valanginien sind, dank des Verdienstes von G. SAYN z. T. monographisch bearbeitet[1] und sehen hoffentlich einer erschöpfenden Veröffentlichung entgegen.

Aus den Urgonbildungen konnte V. PAQUIER den, durch MATHERON u. a. beschriebenen *Requienia, Matheronia, Agria, Monopleura, Ethra* etc. eine Reihe neuer bedeutsamer Typen (*Pachytonga*) und namentlich Capriniden (*Offneria, Praecaprina*) hinzufügen, welche den Gegenstand einer umfassenden Monographie bildeten. Die Cephalopoden der Gaultgebilde hat CH. JACOB eingehend behandelt und vom paläontologischen Standpunkt aus phylogenetisch untersucht. Außerdem sind einzelne Arten[2] aus der Montagne de Lure, aus dem Fontanilkalk, sowie aus der Hauterivestufe von Escragnolles und aus verschiedenen südfranzösischen Fundorten der paläocretacischen Zonen Südfrankreichs in den letzten Jahrzehnten durch die Arbeiten von W. KILIAN, V. PAQUIER, P. LORY, CH. SARASIN, CH. JACOB und SIMIONESCU (siehe Literaturverzeichnis am Ende dieses Abschnittes) bekannt gemacht worden und ist die Synonymik der untercretacischen Ammoniten im allgemeinen namentlich durch W. KILIAN's Monographien der Montagne de Lure und der Umgegend von Sisteron wesentlich gefördert worden.

Paläontologisch ist also das Paläocretacicum Südostfrankreichs in den zahlreichen Monographien und Beiträgen von COQUAND, d'ORBIGNY, MATHERON, DUVAL, HONNORAT-BASTIDE, ASTIER etc. und in den neueren Aufsätzen von KILIAN,

---

[1] Memoires de Paléontologie de la Soc. géol. de France, No. 9, 1903 -1908. (Fortsetzung im Erscheinen.)

[2] Siehe W. KILIAN, Sisteron, p. 661 —662.

Toucarel, Sayn, Simionescu, Ch. Jacob, Savin und V. Paquier zum großen Teil bearbeitet worden und hat die Typen zu einer Menge nunmehr klassischer und weitverbreiteter Leitfossilien geliefert.

Nachdem Mathéron (1842) die Requienienkalke des Urgons irrtümlich als jurassisch aufgefaßt hatte und Scipion Gras (1835 und 1839) die untersten Kreideschichten der Drôme- und Basses Alpes-Departements z. T. als »Grès verts« beschrieben hatte, verfolgten Ewald und Beyrich die Neokomablagerungen vom Schweizer Jura über Savoyen und den Dauphiné bis in die Provence. Durch die Arbeiten von Reynès, Coquand (1840), E. Dumas, Duval-Jouve, Ch. Lory, Garnier u. a. wurden im Rhônebecken gewisse Cephalopodenhorizonte, z. B. die Zone des *Belemnites (Duvalia) dilatatus* Blainv. und namentlich die Schichten mit *Macrocephalites Emerici* Pez. sp. unterschieden; letztere wurde von Coquand als »Barrémien« bezeichnet, nachher aber wieder eingezogen, der Aptstufe einverleibt, von ihm und anderen Autoren (d'Orbigny) als Cephalopodenfacies der sämtlichen Urgonkalke (Calc à Caprotines) aufgefaßt und als Urgo-aptien (Coquand) bezeichnet. Andererseits wies d'Orbigny auf das lokale Fehlen der Aptstufe z. B. in der Umgegend von Escragnolles hin.

Durch Hébert's (1871) eingehende Untersuchungen wurde ferner u. a. gezeigt, daß Reynevier's Rhodanien und das untere Aptien mit Orbitolinen und *Heteraster (Enallaster) oblongus* Brongn. sp. dem oberen Urgon d'Orbigny's entsprechen und daß die »Argiles ostréennes« des Pariser Beckens dem unteren Urgonien und den Cephalopodenkalken von Barrême gleichzustellen sind. Derselbe Autor machte ferner auf die »Spatangenfacies« (»Facies ordinaire« Reynès) und deren Bedeutung aufmerksam, indem er dieselbe als »facies littoral« betrachtete.

Einer Reihe neuerer Monographien von Léenhardt, Kilian, Toucarel, Carez, Toucas, Sayn, Paquier, Jacob ist es zu verdanken, daß die Faciesverhältnisse und Zoneneinteilungen der südfranzösischen Unteren Kreide nunmehr bis in ihren Einzelheiten bekannt worden sind, sowohl was die bathyalen Cephalopodengebilde, als die neritischen Pelecypoden- und *Toxaster*facies, die eingelagerten Riff- und Foraminiferenkalke, sowie die Übergangsgebilde zu letzteren (»Facies subrécifal«) betrifft.

E. Hébert hatte diese Schichtenreihe namentlich bei St. Jacques (Basses Alpes), St. Julien en Bonchâne, les Auches, Montclus (Htes. Alpes), Eyrolles (Drôme) etc. untersucht; bei Sisteron und in der Montagne de Lure (Basses Alpes) sind seither von W. Kilian **acht** paläontologische Zonen und **drei** Faciestypen unterschieden worden:

1. die »facies vaseux« mit der kalkig-mergeligen (Aptychenkalk etc.) und der mergeligen Ausbildung (verkieste Versteinerungen);

2. die Rifffacies;

3. die Sublitoralfacies (Spatangenschichten, glaukonitische Schichten).

Eine Anzahl von Arten und besonders von Ammonitenformen (siehe unten, das Untere Valanginien) sind den obersten Juraschichten und den tiefsten Zonen der Unterkreide gemein: zu erwähnen sind auch eine Reihe von Ammoniten der bathyalen Facies, welche durch mehrere Stufen hindurchgehen, es sind das z. B. *Lissoceras Grasianum* D'ORB. sp., *Holcostephanus (Astieria) Astierianus* D'ORB. sp., *Hdr. Sayni* KIL., welche der Valendis- und Hauterivestufe gemein sind, *Phylloceras infundibulum* D'ORB. sp., (Hauterive- und Barrèmestufe) und noch andere Formen, auf welche im folgenden aufmerksam gemacht werden wird. *Hibolites semicanaliculatus* BLAINV. sp. und besondere Varietäten von *Douvilléiceras Martini* D'ORB. sp. sind z. B. dem echten Aptien und der darüberliegenden Gaultstufe gemein, deren unterste Zone (Horizon de Clansayes) eine Mischfauna enthält.

Eine Reihe von Ammoniten, welche man als »indifferente« Formen bezeichnen möchte, zieht sich unverändert durch zwei oder durch mehrere Stufen und Zonen durch; zu nennen sind besonders *Phylloceras Tethys* D'ORB. sp., *Phyll. infundibulum* D'ORB. sp., *Phyll. Calypso* D'ORB. sp., sowie *Lytoceras subfimbriatum* D'ORB. sp., *Lyt. Liebigi* OPP. sp. und etliche andere. Auch gewisse Belemniliden (*Hib. pistilliformis* BLAINV. sp.) und Brachiopoden (*Ter. Moutoniana* D'ORB., *Pygope janitor* PICT. sp., *Rhynch. multiformis* ROEM. etc.) nebst etlichen Pelecypoden (*Exogyra Couloni* DEFR. sp., *Alectryonia rectangularis* ROEM. sp., Panopaeen, *Pholadomya elongata* MUNST., *Trigonia caudata* AG. etc.) kommen in mehreren Horizonten vor.

Bemerkenswert sind außerdem in dem Gebiete bathyaler Facies die vielen Horizonte mit verkiesten Ammoniten, welche nunmehr von den neueren Forschern in sämtlichen Stufen nachgewiesen worden sind: Untere Valendisstufe (Berriasien) von La Faurie; Mittlere und Obere Valendisstufe mit *Hoplites neocomiensis* D'ORB. sp.; Hauterivestufe der Rayekette (a. SAYN), von Laborel, Col de Perly (n. PAQUIER) und Noyers (n. KILIAN); Barrèmestufe von La Charce (n. KILIAN und LEENHARDT), Vaison (n. LEENHARDT), Col de Garnesier (n. LORY), Cobonne (n. SAYN); Untere Aptstufe von Le Chêne (n. LEENHARDT und KILIAN); Obere Aptstufe von Apt, Carniol, Hyèges etc. Es erinnern diese Horizonte an ähnliche Bildungen, welche neuerdings von Algerien, Marokko, den Baleareninseln und Südostspanien bekannt geworden sind.

Als bezeichnend gelten für die verschiedenen Stufen in der »Toxaster-Facies«, namentlich

für das Berriasien: *Collyrites (Cardiopelta) Malbosi* DE LOR.,

für das Valanginien: *Toxaster granosus* D'ORB. (= *Tox. Campichei* DES.),

für das Hauterivien und Unterstes Barrèmien: *Toxaster retusus* LAMK. sp. (= *Tox. complanatus* AG. = *Echinospatagus cordiformis* D'ORB.) und *Toxaster amplus* L.,

für das Barrèmien: *Toxaster Ricardeanus* COTT. sp. (= *Echinosp. argillaceus* D'ORB.)

für das Aptien: *Toxaster (Hidoxaster) Collegnoi* SISM.,

welche wohl isoliert sich manchmal in mehreren Stufen zeigen, aber massenhaft nur in obengenannten Horizonten vorkommen.

Die konkordante Unterlage der tiefsten Kreideschichten bilden die Bänke des Oberlithons; diese sind bald (Porte de France bei Grenoble, Berrias [Ardèche], etc.) durch einen allmählichen Übergang (Berriasschichten) cephalopodenführender Bänke mit den untersten Zonen der Valendisstufe verbunden, bald durch zoogene Riffkalke ausgezeichnet (l'Echaillon [Isère], Andon [Alpes-Maritimes]), deren oberster Teil bereits der Unteren Kreide angehört und *Natica (Ampullina) Leviathan* PICT. et C. enthält.

Im Südosten des Gebietes (Escragnolles, Rougon, La Palud) macht sich eine gewisse Lückenhaftigkeit bemerkbar, welche aber nicht genau mit der Jura-Kreidegrenze übereinstimmt; vielmehr weist die unterste Valendisstufe (Berriasien) zoogene Kalke mit *Natica (Ampullina) Leviathan* P. et C. auf, das mittlere und untere Valanginien scheint dagegen unter dem Hauterivien zu fehlen.

Im ganzen südöstlichen Frankreich herrscht übrigens, sowohl im Jura, als in den Ablagerungen der Unteren Kreide bis zum Gault (exkl.), eine stets konkordante Lagerung.

Zur Zeit der Unteren Kreide war das ganze südostfranzösische Gebiet zwischen Lyon, Genf, Nizza und Montpellier von marinen Gewässern überflutet; im Westen erhob sich aus dem Meere das alte französische Zentralmassiv; im Südosten ragte die Ilyerische Masse (Maures und Esterel) als Festland aus der See; am Rande dieses letzteren Kontinentes ließen sich Spuren von kleineren positiven und negativen Bewegungen nachweisen (Escragnolles [Fehlen der Aptstufe?], Süden von Castellane etc.).

Diese Rhodanische Bucht stand wohl im S.S.O., wenigstens zur Barrême- und Aptzeit durch eine, zwischen Marseille, Avignon und Montpellier liegende Meeresstraße mit dem nordpyrenäischen Gebiete in Verbindung, wie aus dem Vorhandensein von Urgonkalken in der Provence, im Aude-département (la Clape) und den Corbières zu schließen ist. Zur Zeit der Valendis- und Hauterivestufe reichten die Gewässer im Südwesten wenigstens bis Montpellier. Im Norden erreichten, über die Jurakette und die Meerenge von Dijon, von der Hauterivien-Zeit an, die Gewässer das Pariser Becken und mit dem Barrônien das südliche England. Im Osten fehlen im Alpengebiete genügende Anhaltspunkte, um über die Verbreitung der Unteren Kreide, deren Absätze fast gänzlich infolge voroligoctäner Erosionserscheinungen entfernt worden sind, irgend welche begründete Behauptung auszusprechen; doch ist es wahrscheinlich, daß das Meer sich mindestens über einen Teil der alpinen Zentralmassive gegen Osten erstreckte.

Die größte Tiefe erreichten die Gewässer im Süden des Diois bei Vaison, in einer Tiefenzone, der »fosse vocontienne« (PAQUIER), deren Form und Ausdehnung sich im Laufe des Paläocretacicums veränderten und von V. PAQUIER und CH. JACOB eingehend geschildert wurden. Auch an Stelle der heutigen Lure-Kette deutet die plötzlich zunehmende Mächtigkeit der Schichten auf eine westöstlich streichende geosynklinale Vertiefung des Meeres. Der südlichen Provence und dem Vercorsmassif entsprachen hingegen seichtere Gebiete; letzteres mag namentlich bis nördlich von Die (Drôme) eine Art antiklinale Erhebung des Meeresgrundes gebildet haben, an der sich neritische Sedimente und mächtige zoogene Urgonbildungen, wie übrigens auch in der »Basse Provence«[1] und am südöstlichen Rande des französischen Zentralmassives absetzten.

In bezug auf die faciellen Verhältnisse zur unteren Kreidezeit können in Südostfrankreich folgende mit den oben erwähnten übereinstimmende Gebiete unterschieden werden:

a) Ein zentrales Gebiet mit einheitlich, vom Tithon bis zum Gault fortdauernder bathyaler Cephalopodenfacies (type provençal, »facies vaseux« [VACEK, CH. LORY], »facies pélagique« [HÉBERT], »facies alpin« [PICTET]), welches sich von Crest und Saillans bei Valence südöstlich über das Gebiet des Gapençais, den südöstlichen Teil des Drômedepartements, das sogenannte Diois, die »Baronnies« und das Département der Basses Alpes (Umgegend von Sisteron, Barrême, Allos und Castellane) erstreckt und dem tiefsten Teil einer der jetzigen Alpenkette parallelen Geosynkline (»géosynclinal subalpin«) im paläocretacischen Meere entspricht. Es ist dasselbe durch mächtige Mergel und Mergelkalke mit Ammonitidenresten ausgezeichnet, welche auf ein langsam sich senkendes Areal des Meeresgrundes deuten. Ähnliche Gebilde erscheinen in dem von Süden her überschobenen Teile der Schweizer Voralpen (Voirons, Freiburger Alpen). In diesem zentralen Teile der »Rhône-bucht« erreichen diese bathyalen Sedimente der Unteren Kreide beträchtliche Mächtigkeit (1500–2000 m), welche in schroffem Gegensatze zu der geringen Dicke (50 m) derselben Schichten z. B. im Pariser Becken stehen.

b) Ein nördliches Randgebiet, in dem in verschiedenen Horizonten Einlagerungen zoogener oder sublitoraler, z. T. glaukonitischer Natur, mit Zweischalern, Echiniden etc. erscheinen, und zwar namentlich in der oberen Valendisstufe die neritischen »Fontanilkalke«, sowie im oberen Teile des Barrémien und im Aptien die mächtigen, oft 400 m erreichenden Urgonkalke; diese Ausbildung ist unter dem Namen »Mischfacies« (Facies mixte) bekannt und kommt besonders in der nördlichen Dauphinée (Vercors- und Chartreuse-Ketten), sowie in den Savoyer Kalkalpen zur Geltung. Sie geht nördlich in die durch das Vorwalten neritischer Elemente, wie Pelecypoden, Echiniden, Bryozoen, Spongien, jurassische (Facies jurassien, Facies littoral) und helvetische Facies über (nördlich und nordwestlich von Chambéry). Gegen Osten ist ihre Grenze infolge der Abwaschung der paläocretacischen Sedimente nicht genau festzustellen.

c) Ein westliches und südwestliches Randgebiet, durch die Nähe des französischen Zentralplateaus bedingt, in welchem die reinen Cephalopodenschichten teilweise durch zoogene (Urgon-) Bildungen und Toxasterbänke oder Nerineusinakalke ersetzt sind (Facies rhodanien, Facies provençal z. T.). Es umfaßt dieses letztgenannte Areal den größten Teil der Provence, die Hügel von Orgon an der Durance, den südwestlichen Teil der Lurekette und des Ventouxgebirges (Monts de Vaucluse), sowie das Rhônetal und die rechte Rhôneseite (Beaucaire) bis oberhalb Montélimar.

[1] L. COLLOT verdankt man »in Kürzchen der Anschauung der paläocretacischen Meere in dem südprovençalischen Gebiete. Es mag aber dasselbe, wegen der von COLLOT leider unterdrückten, z. T. exotischen Herkunft von Überschiebungsmassen in seinen Eingetheilten mehrfach zu berichtigen sein.

d) Ein östliches, wenig bekanntes Gebiet, das dem inneren Teile der französischen Alpen entspricht und leider infolge der nachcretacischen und namentlich der voroligocänen Erosionen, sowie der beträchtlichen Denudation, welche die alpinen Zentralmassive erfuhren, nur wenig Anhaltspunkte zur Verfolgung der palaeocretacischen Ablagerungen in dem stark dislocierten Gebirge bietet. Doch scheint es, nach dem Vorkommen von bathyaler unterer Kreide in Savoyen östlich der neritischen Gebilde der Voralpen, und in den von Südosten überschobenen Ketten der französischen Schweiz, daß gegen Osten keine nahe Küste existierte und daß die mächtigen Urgonbildungen der äußeren Kalkalpen (Vercors, Chartreuse, Bauges) eher als Randgebilde des nördlichen und westlichen Typus der südostfranzösischen Geosynkline aufzufassen sind.

e) Ein südöstliches Randgebiet (Umgegend von Nizza), welches durch eine gewisse Lückenhaftigkeit (Valanginien, Aptien) der Schichtreihe, durch die geringe Mächtigkeit der Ablagerungen und das Erscheinen glaukonit- und phosphoritreicher Bänke (im Hauterivien, Barrémien und im Gault), sowie durch Einlagerungen von Spatangiden (Toxaster-) Schichten die Nähe einer Küste (ligerische Masse) bekundet. Diese südöstliche Randzone steht durch die neritischen Neokombildungen der Basse-Provence (Meyrargues, Alpines, Montagnette) mit der südwestlichen Randzone in Verbindung. Diese Ausbildung der Unteren Kreide beginnt südlich von Castellane und erstreckt sich auf den größten Teil des Départements der Alpes-Maritimes (Escragnolles etc.).

Zwischen diesen verschiedenen Typen sind allmähliche Übergänge nachzuweisen; die eingehende Gliederung, sowie das Ineinandergreifen derselben sind aus den am Schlusse dieses Kapitels beigegebenen Tabellen zu ersehen.

Die vertikale Verteilung der Facies ist nicht ohne Interesse: vorherrschend ist für sämtliche Stufen die bathyale Ausbildung[1] mit Cephalopoden, welche als Mergelkalke und Mergel (facies vaseux oder facies alpin)[2] eine große Verbreitung besitzt; auch Mergel mit verkiesten[2] Ammoniten sind nunmehr aus sämtlichen Stufen bekannt, wie aus den Forschungen von F. Léenhardt, W. Kilian, G. Sayn, P. Lory und V. Paquier erhellt.

Die zoogene Riffacies zeigt sich in der unteren Valendisstufe teils linsenförmig (Fourvoirie bei Grenoble), teils als helle Foraminiferenkalke mit Natica (Ampullina) leviathan Pict. et C. (Audon [Alpes-Maritimes], La Buisse [Isère], teils als weiße Hudistenkalke (St. Gervais, l'Echaillon [Isère], Semnoz [Savoyen] (nach Hollande) oder kieselige Valletia-Kalke [le Corbelet bei Chambéry]). Vertreter dieser Ausbildung sind aus der Hauterivestufe nicht bekannt; in der Barrêmestufe zeigt sie sich bei la Charce (als dünne Einlagerung nach Ch. Lory, Kilian und

---

[1] Siehe Kilian, Loire (1888), und Annuaire géol. univ. Système crétacé, t. VII (1891.)

[2] Der Ausdruck „facies alpin" beruht auf einer falschen Auffassung der Verhältnisse, obgleich die cephalopodenführende Facies mit mediterranem Typus in einigen Teilen der Alpen vorherrscht, während im Juragebirge oder in der Provence seichtere Bildungen verbreitet sind. Es sind die allgemeineren Ausdrücke bathyal und neritisch den klaren Bezeichnungen: „facies alpin", „-jurassien" oder „-provençal", entschieden vorzuziehen.

[3] P. Lory und V. Paquier. Trav. Lab. de Géol. Fac. Sc. de Grenoble, III, 2, p. 87 (1894).

LÉENHARDT), linsenförmig bei Menglon (G. SAYN und P. LORY), dem Vaucluse-
gebirge (n. F. LÉENHARDT), mächtiger bei Xavacelle und Drouzel (GANL); in der
unteren Aptstufe bei Banon, Simiane (n. W. KILIAN), Orgon, sowie in dem nördlichen Dauphiné und Savoyen. Die Riffbildungen der oberen Barrême- und Aptstufen sind meistens in Gestalt einer einheitlichen mächtigen Kalkbildung (»Urgonien«) z. B. bei Orgon (Bouches-du-Rhône) verschmolzen, welche teils oolithische,
teils kristalline, kompakte und kreidige Foraminiferenkalke oder Dolomite, teils
Orbitolinenmergel aufweisen und durch Kieselknollenkalke (»Calcaires à silex«)
und Muschelbreccien (»Calcaires à debris«) umrandet werden.[1]

Die neritische Ausbildung zeigt sich in der Form von Toxaster-,
Pelecypoden- und Brachiopodenschichten in den nördlichen, westlichen und südlichen Randgebieten, so z. B. in der Valendisstufe des Dauphiné (Malleval, le
Fontanil), bei Moustiers-Ste.-Marie [Basses-Alpes]); in der Hauterivestufe Savoyens,
des Dauphinés, von Moustiers-Ste.-Marie und südlich von Castellane; im Barrémien
des Mont Luberon und des Gebietes westlich der Rhône (Brouzel); in der unteren
Aptstufe bei Clansayes (Drôme) und le Teil (Ardèche); in dem oberen Aptien als
Orbitolinen- und Echinidenschichten mit Brachiopoden bei le Teil (Ardèche) und
les Navix (Isère).

Der Übergang zur eigentlichen Riff-Facies wird, wie gesagt, häufig durch
Muschel- und Echinodermenbreccien (»Calcaires à debris«) hergestellt, welche auch
selbständige Massen in der Valendisstufe (Calcaire du Fontanil) bilden können. --
Limonit-, glaukonit- und phosphoritreiche Absätze zeigen sich in der Valendisstufe
(gelbe Limonitkalke mit Ostrea (Alectryonia) rectangularis RoEM.) des Dauphiné und
Savoyens; in der Hauterivestufe (Glaukonit von St. Pierre-de-Chérennes [Isère],
Peyroules [Basses Alpes]); in der Barrêmestufe (Escragnolles, le Bourguet, Monté-
gière, Chabrières).

Sandige Mergel, Sande und Sandsteine kommen im südöstlichen französischen Gebiete nur in der obersten Aptstufe vor.

Die Verbreitungen dieser Facies erleiden für die verschiedenen Stufen infolge
von Tiefenveränderungen in der Geosynkline beträchtliche Verschiebungen, welche
in manchen Gebieten den sog. »Mischtypus« der Unteren Kreide bedingten.

Anzeichen von Transgressionen und klastische Einlagerungen beginnen
erst mit der oberen Aptstufe, um mit dem Gault und Cenoman, besonders in den
Randgebieten, noch deutlicher zu werden und sogar durch Lückenhaftigkeit der
Schichtenreihe (z. B. bei Le Teil [Ardèche], n. CH. JACOB) sich zu offenbaren. Doch
gibt es im Osten des Départements Basses Alpes (Allos) ein Gebiet, in dem die
bathyale Facies unverändert bis in die obere Kreide sich fortsetzt.

Ganz besonders interessant ist noch ein gewisser Gegensatz der Cephalopodenfaunen zwischen den Gebieten östlich und westlich des Rhônetales, welcher
durch W. KILIAN betont und neuerdings durch G. SAYN und F. ROMAN näher unter-

---

[1] Über Übergangsbildungen zwischen bathyaler und zoogener Facies („Calcaires subbréci-
faux"), welche in der Montagne de Lure (n. KILIAN) durch Silexkalke vertreten sind, siehe auch
SAYN und P. LORY, Chatillon (Literaturverz. No. 3871), p. 4.

sucht worden ist. Bemerkbar ist namentlich dieser Kontrast in den Schichten der Hauterivestufe durch das im Westen der Rhône (Beaucaire etc.) häufigere Auftreten von Formen aus der Gruppe des *Hoplites (Neocomites) longinodus* N. u. U., *curvinodus* N. u. U. und *nuriens* ROEM. sp., von *Leopoldia* und *Acanthodiscus* (*Ac. radiatus* BRUG. sp., *A. Vaceki* N. u. U., *Leopoldia bio-tranzewi* KAR. etc.), sowie von Parahopliten aus einer im oberen Teil des Hauterivien sich entfaltender und durch *Parahoplites ernaeusis* TOUC. sp., *monasterinais* KIL. sp. und *angulicostatus* D'ORB. sp. ausgezeichneter Formenreihe. Auch gewisse Holcostephanen, wie *Holc. (Astieria) Atherdoni* SIL. sp. und *praustalus* MATH. sp. sind in diesem westrhodanischen Randgebiete speziell verbreitet. Ähnliche Verhältnisse, mit denselben Formen, treten im südöstlichen Randgebiete, in der Nähe der Hyerischen Masse (Moustiers-Ste.-Marie, Escragnolles etc.), auf.

Es mag ebenfalls hervorgehoben werden, daß unter den Cephalopoden leitsttube Gruppen wie *Lytoceras*, *Phylloceras*, *Lissoceras (Haploceras)* und *Desmoceras* (nebst *Uhligella*) stets zusammen in den bathyalen Sedimenten der Drôme-und Basses-Alpes vorkommen, während in den randlichen Seichtseebildungen andere Ammonitentypen vorherrschen, wie *Mortoniceras*, Hopliiden (namentlich *Leopoldia* und *Acanthodiscus*) und Holcostephaniden, und zwar z. T. besondere Arten, welche von den bathyalen Vertretern derselben Gattungen abweichen. Auch gewisse Desmoceraten, wie *D. Charrierianum* D'ORB. sp. scheinen an die glaukonitischen Bildungen gebunden zu sein. Ferner ist zu bemerken, daß für jede der paläocretacischen Unterabteilungen, nach dem Vorherrschen verschiedener Ammonitenformen, mehrere, meist einerseits mit den thonig-kalkigen, andrerseits mit der glaukonitischen oder neritischen Facies zusammenhängende Ausbildungstypen unterschieden werden können; es sind das z. B.

Für die mittlere und obere Valendisstufe:

a) Einerseits die Fauna der Mergel und Mergelkalke, z. T. mit verkiesten Ammoniten durch *Lytoceras* (*L. Juilleti* D'ORB. sp., *L. quadrisulcatum* D'ORB. sp., *L. obliquestrangulatum* KIL. *Phylloceras* (*Ph. semisulcatum* D'ORB. sp., *Ph. Calypso* D'ORB. sp., *Ph. terum* ORB.) und *Lissoceras* (*L. Grasianum* D'ORB. sp.) ausgezeichnet; umfaßt mehrere Zonen und besteht fast ausschließlich aus Cephalopoden. (St.-Julien-en-Rochaine, Ste. Croix [Drôme], Aynelles, Pélégrine, Aranyon.)

b) Andrerseits der Typus von Malleval (Isère) und von Fontanil (Isère), les Alpines (Bouclère-du-Rhône) und Moutiers-Ste.-Marie (Basses Alpes) etc.; neben einer Anzahl von Pelecypoden, Brachiopoden, Echiniden u. a. neritischen Typen (zuweilen mit Echinodermenbreccien) herrschen Hopltiden (*Hoplites* (*Thurmannia*) *Thurmanni* PICT. et C. sp., *H. (Neocomites) regalis* BEAN. sp., *H. (Neocomites) amblygonium* N. et U., *H. (Thurmannia) Albini* KIL., *H. (Leopoldia) provinciata* FELIX sp. (= *Leonhardti* KIL.), *H. (Saravinella) Dewoi* PICT. et C., *H. (Neocomites) longinodus* N. et U., *H. (Acanthodiscus) hysteris* PHILL. sp. etc.) und Holcostephaniden (*Holc. (Astieria) Atherstoni* SIL. sp., *Holc. (Astieria) pallasianus* N. et U., *Holc. (Astieria) striatulus* MATH. sp., *Holc. (Polyptychites) Gratriani* N. et U. vor; — Vertreter der Gattungen *Lytoceras*, *Phylloceras* und *Lissoceras* fehlen oder sind hier sehr selten.

In der Hauterivestufe:

a) Eine bathyale Ausbildung mit Crioceren, der Gruppe des *Cr. Duvali* LEV., *Phylloceras infundibulum* D'ORB. sp., *Lytoceras subfimbriatum* D'ORB. sp., *Holcodiscus intermedius* D'ORB. sp., *Desmoceras ligatum* D'ORB. sp., *Aptychus angulicostatus* DE LOR.

b) eine Ammonitdenfauna der neritischen Toxasterschichten und der glaukonitischen phosphoritführenden Bildungen, vom Typus der neuerdings von BUCKEROFTS im Jura beschriebenen

Fauna, mit Vorherrschen von Hoplitiden aus den Gruppen *Acanthodiscus* und *Leopoldia*: *Hoplites (Acanthodiscus) radiatus* Bruc. sp. und verwandte Arten (Baumberger), *Hopl. (Leopoldia) Leopoldinus* d'Orb. sp., *Hopl. (Leopoldia) Iacimanovi* Kil. und *Biassensis* Kar., *Hoplites (Leopoldia) heliacus* d'Orb. sp., *H. (Leopoldia) anterreudis* Kil., *H. (Acanthodiscus) Veschi* N. et C., *H. (Neocomites) longinodus* N. et Uhl., *Parahoplites Uhligi* Wehrli sp., *Parahoplites cruasensis* Torc. sp. (zu oberst), *P. crionensis* Torc. sp. (zu oberst); *Schloenbachia (Martonicerus)* cultrata d'Orb. sp., Schl. *(Martonicerus) cultratiformis* Uhl., Schl. *(Martonicerus) Bathildae* Bonn sp., Crioceren aus der Gruppe des *Crioceras Sesleyi* N. u. Uhl. — Escragnolles (Alpes-Maritimes), Moustiers-Ste.-Marie und Gréoulx (Basses-Alpes), St. Pierre-de-Chérennes (Isère), Gard und Ardèchedépartements, etc.

In der Barrèmestufe:

a) Bathyaler Typus mit *Macroscaphites Yvani* Pyzol sp., *Desmoceras difficile* d'Orb. sp. und *D. hemiptychum* Kil., *D. coccidoides* Uhl., *D. Julianyi* Honn., *D. Pialli* Math. sp., *Silesites; Lytoceras subfimbriatum* d'Orb., *L. dentifimbriatum* Uhl., *L. Phestus* Math., *L. crebrisulcatum* Uhl., *L. stephanense* Kil., *Costidiscus recticostatus* d'Orb. sp., *Phylloceras Iadinum* Uhl., *Ph. infundibulum* d'Orb. sp., *Holcodiscus fallax* Math. sp. — Barrème, Combe-Petite, Meysse, Colonne.

b) Glaukonitischer Typus mit Vorherrschen von Desm. *Charrierianum* d'Orb. sp., *Holcodiscus Perezianus* d'Orb. sp., *Parahoplites Freaudi'anus* d'Orb. sp., *Pulchellia Demansiana* d'Orb. sp., *P. Didayi* d'Orb. sp. etc.; bei Escragnolles, le Bourguet, la Martre, Andon, Nanteglère entwickelt und sich bei Vence (Alpes-Maritimes) an eine **Brachiopodenfacies** anschließend.

In der unteren Aptstufe

kennt man in Südostfrankreich nur eine einheitliche Cephalopodenfauna und andererseits eine zoogene und neritische Ausbildung ohne jegliche Ammonitenreste.

In der oberen Aptstufe

können wiederum zwei Typen[1] unterschieden werden:

a) Ein östlicher (type oriental Kilian), mit Vorwalten leiosuturaler Formen aus den Gruppen der *Lytoceratiden* (*Tetragonites (Jaubertidia) Jauberti* d'Orb. sp., *Tetr. Duvalianus* d'Orb. sp., *Gaudryceras nausidum* Coq. sp.), *Phylloceratiden* (*Phyll. Guettardi* Kil., *Ph. Guettardi* Raep. sp.) und *Desmoceratiden* (*Desm. Melchioris* Tietze sp., *D. (Uhligella) Zürcheri* Jacob, *D. (Uhligella) Seguenzae* Coq. sp., *D. (Uhligella) Belus* d'Orb. sp., *D. Emerici* d'Orb. sp.) mit seltenen *Douvilléiceraten* (*D. Martini* d'Orb. var. *orientalis* Jacob); bei Hyères, Blieux, Noyers (Basses-Alpes), Ste. Jalle (Drôme) und Leschen (Drôme) entwickelt.

b) Ein westlicher (type occidental Kilian) mit häufigen *Hoplitiden* (*Hopl. furcatus* Sow. [= *Dufrenoyi* d'Orb. sp.], *Parah. Deshayesi* Leym. sp., *Par. consobrinus* d'Orb. sp., *Par. parganensis* d'Orb. sp., *Douvilléiceraten* (*D. Martini* d'Orb. sp.), *Oppelia Nisus* d'Orb. sp., *Desmoceras (Puzosia) Augladei* Coq. sp., seltenen *Phyll. Guettardi* Raep. sp., zahlreichen *Aucelloten, Gastropoden* und *Nuculiden* etc.; bei Apt (Vaucluse), Carniol (Basses-Alpes), Lioux, etc.

Vergleicht man nun, wie es die ersten Forscher, und namentlich Ch. Lory getan, das südfranzösische Palaeocretacicum mit den gleichaltrigen klassischen, von Thurmann und Montmollin zuerst beschriebenen Schichten der Jurakette, so fallen in erster Linie folgende Merkmale auf:

a) Sämtliche Stufen nehmen in den Voralpen Savoyens, des Dauphiné, sowie in den Départements Gard, Ardèche, Vaucluse gegen Süden an Mächtigkeit gewaltig zu; im oberen Teile spielen die Urgonfacies, welche nach Hébert

[1] Es ist sehr wahrscheinlich, daß diese beiden Faunen genau demselben Horizonte entsprechen. Jedenfalls ist der erstere nur im östlichen tieferen Teile der Geosynkline ausgebildet, während der andere im westlichen Gebiete, meist im Hangenden der zoogenen Urgonkalke, vorkommt.

bis 400 m mächtige Massen bilden, deren unterer Teil den »Roches du Mauremont-Marcou's entspricht, sowie andere zoogene Bildungen eine wichtige Rolle. Wo diese Facies fehlt, ist dieselbe durch mächtige Cephalopodenschichten (Néocomien supérieur Ch. Lory) vertreten, welche der Barrême- und Aptstufe angehören. Diesen Gegensatz hatte bereits Ch. Lory erkannt, doch wurde von ihm die Äquivalenz der Urgonkalke mit dem Aptien nicht ausgesprochen und die Verbindung beider Entwicklungsformen durch Lücken und Meeresschwankungen erklärt.

Mit den Urgonkalken hängen Orbitolinenschichten zusammen, welche im Vercorsgebiet sich reich an Echiniden zeigen und sich sogar bis in die obere Aptstufe (Les Navix) fortsetzen.

Die bathyalen, cephalopodenführenden Mergelkalke und Silexknollenkalke, welche an Stelle des Urgons treten, enthalten eine Reihe im Juragebiet unbekannter Cephalopodentypen (z. B. unten: *Macroscaphites Ivani*, etc.; oben: *Parahoplites consobrinus* d'Orb. sp.[1] etc.) der Barrême- und unteren Aptstufe.

b) In der Hauterivestufe entwickeln sich mächtige, durch *Crioceras Duvali* bezeichnete Cephalopodenschichten.

c) Die neritischen Kalke der oberen Valendisstufe verlieren allmählich gegen Süden ihre Bedeutung; dieselben sind als »Calcaires du Fontanil« bei Grenoble und in Savoyen noch gut entwickelt und schließen sich in ihrem unteren Teile an helle zoogene mächtige urgonartige Riffkalke mit Rudisten (*Valletia*) an, z. B. bei Corbelet, Conjux (Savoyen) und bei St. Gervais (Isère), machen aber im Süden von Grenoble einförmigen hoplitenreichen bathyalen Mergelkalken Platz, welche von den tieferen Bildungen kaum zu unterscheiden sind.

d) In der unteren Valendisstufe entwickeln sich gegen Süden an Stelle der Kalke mit *Natica (Ampullina) Leviathan* Pict. et C. mächtige marine Cephalopodenkalke, die sog. Berriasschichten, deren Fauna von Pictet untersucht wurde und in neuerer Zeit im Alpengebiete vom südlichen Frankreich bis in die Vorarlberger Ketten und die Kufsteiner Gegend in ihrem einheitlichen Charakter verfolgt worden ist. Es gab diese Berriasfauna den Anlaß zu heftigen Polemiken (siehe oben S. 15), da dieselbe zuerst irrtümlich von Coqrand als gleichaltrig mit dem limnischen Purbeckien des Juragebietes betrachtet wurde. Im nördlichen Randgebiete treten stellenweise wieder zoogene Foraminiferenkalke mit *Natica (Ampullina) Leviathan* P. et C. in diesem Horizonte auf.[2]

---

[1] *Parahoplites consobrinus* d'Orb. sp. ist eine mit dem echten *P. Deshayesi* Leym. sp. oft verwechselte Form, kommt aber mit *P. Weissi* N. u. Uhl. sp. stets in einem etwas tieferen Niveau (unterste Aptstufe) vor; der typische *P. Deshayesi* Leym. sp. ist z. B. in Südfrankreich kaum bekannt, während *P. Deshayesi* var. *consobrinus* und *P. Weissi* im unteren Aptien der Rhônebucht sehr häufig und als Leitformen vorkommen.

[2] Siehe die Tabellen, Profile, Fossillisten und Diagramme über Südost-Frankreich auf den später folgenden Seiten.

Bathyale Ausbildung der Unteren Kreideschichten im Diois (Drômedépartement).

Figur 1. Profil in der Archette Khan, 2 Kilometer im Osten von la Charce (Drôme).
Nach V. Paquier.

C1 Aptmergel.   Cu Rerlouillon (Unteren Aptien).
Cmc Bank mit verkiesten *Heteroceras* . . . . } Obere Barrêmestufe.
Cmb Knollenschicht und Kalke mit *Macroscaphites Yvani* }
Cma Thonkalke mit *Pulchellia* . . . . Untere Barrèmestufe.
Crv Mergel und Thonkalke . . . . Hauterivestufe.
Cvb Thonkalke mit *Hoplites* . . . . . } Valanginien
Cva Mergel mit verkiesten Ammoniten . } (u. str.)   Valendisstufe.
Cvt Kalke und Thonkalke . . . . . Berriasien   (weitu. Sinn.)
T   Fundstellen von Versteinerungen.

Figur 2. Profil durch das Tal von La Charce bei la Motte Chalancon (Drôme).
Nach V. Paquier.

J—   Tithonkalke mit Cephalopoden.
Cvt Mergel und Kalke mit *Hoplites Boissieri* (Berriasien)
Cvb Mergel mit verkiesten Ammoniten . . . . } Valendisstufe.
Cva Mergelkalke mit *Hoplites pronoianensis* . . . .
Crvc Kalke mit *Crioceras Duvali* . . . . }
Crcb Mergelkalke mit verkiesten Ammoniten . . . . . } Hauterivestufe.
Crva Kalke mit *Hoplites angulicostatus* . . . . . .
Cmc Thonkalke mit *Pulchellia* . . . . }
Cmb Kalke mit *Macroscaphites Yvani* . . . . } Barrémestufe.
Cma Mergel mit *Heteroceras* (verkiest) . . . . . .
Cn   Kalke mit *Parasia Matheroni* (Unteren Aptien) }
C—   Schwärzliche Mergel und Sandsteine (Oberen Aptien } Aptstufe und Gault.
                                        und Albien)
C—   Kalke und Thonkalke . . . . Cenoman.
C—   Unten Sandsteine; oben Kalke mit Silexknollen . . Turon und Untersenon.
T   Fundstellen von Versteinerungen.